機器學習面試指南

啟動你的機器學習與資料科學職涯

Machine Learning Interviews

Kickstart Your Machine Learning and Data Career

Susan Shu Chang 著

劉超羣 譯

目錄

第六章　技術面試：模型部署和端對端 ML　195

前言

無論是否意識到，機器學習（ML）都已經成為日常生活中不可分割的一部分。每次進入像是 YouTube 和 Amazon.com 之類的網站時，你都在和驅動人性化推薦的 ML 產生互動；這表示，網站上的產品顯示方式取決於 ML 演算法對你品味和興趣的判斷。不僅如此，還有基於 ML 的評論審核系統，可以標記垃圾郵件或惡意評論、評論審核等等，在像 YouTube 這樣的網站上，還會有 ML 生成的字幕和翻譯。

除了購物和娛樂，ML 也滲透到我們生活中的各個層面；例如，當你在線上轉帳時，ML 演算法會檢查這筆交易是否存在詐騙風險。我們就是生活在一個以資料和 ML 演算法為基礎而建構的軟體時代。

這些軟體都需要專業人才的設計和建構，這也提升對軟體技能的需求，使 ML 職業的地位不斷提升，薪資也水漲船高。這些因素只是 ML 職業吸引力的一部分，打造我們生活中不可或缺的產品和功能更是主因，因為 ML 技術推動人工智慧的進展，所以這個討論同樣也適用於「人工智慧職業」。

不過，要踏入 ML 領域極富挑戰性。ML 領域的職位通常要求較高學歷文憑，2010 年代大多數的職位需要有博士學位。儘管從 2010 年代末期開始，招募啟事上對所要求的學歷已經逐漸下降，但我在網路上仍然經常看到至少具備碩士學位以上的建議；但就算是那些具備足夠學歷的人，要在資料和 ML 領域中找到工作也很不容易。這到底是網路上提供了錯誤的建議，還是這建議過於籠統和含糊其辭？

我參加過許多 ML 職位的面試，從初階層級、資深層級、主任 +[1] 和首席層級 [2] 上都曾經順利通過面試，在整個過程中，我親身經歷了雄心壯志的應徵者在 ML 面試期間遭遇的相同困難和挫折，我也曾送出無數履歷表卻沒有收到任何回應，在電話面試篩選中就被刷掉過，在等待回應時飽嚐焦慮不安的滋味；甚至專程從多倫多飛到舊金山現場面試，但還是沒通過。我曾經應徵過資料科學家和機器學習工程師（MLE）的職位，但當面試官似乎更想尋找資料工程師或資料分析師時，也很讓我感到困惑不解。

除了作為面試者的經驗以外，我也累積好幾年身為面試官的經驗。作為在 ML 領域工作的一部分，我審查和過濾好幾百份履歷表，主持過多次面試，並參加過許多決策委員會；作為技術領導階層，即兩間公司的首席層級一部分，我審查過工作描述，面試過建教合作生、實習生、初階層級應徵者，以及資深和主任層級的受僱者。我在本書中包含工作應徵者所會犯下的錯誤提示，而正是這些錯誤導致面試官決定不讓他們進入下一輪面試。經常會聽到這句話：「如果應徵者不這樣就好了，他們本來很有希望的。」這本書將幫助你避免犯下這類明顯錯誤。

事實上，對於求職者面試中有許多不言而喻的標準。例如，良好的溝通和團隊合作技巧，可能就不會很明顯地寫進對工作內容的描述中；這些期望並不是惡意地要從工作描述中省略，而是因為業內人士將其視為最低要求。我最近看到一些大公司的 ML 招募啟事明確地將「溝通技巧」列在他們要求清單的最前面，以試圖改善工作描述的明確性。

除了對新求職者和有經驗求職者一視同仁的這些潛在期望以外，面試過程在不同職位和不同公司之間的極大差異，也可能令人感到困惑。甚至連多年在 Google 從事資料工作的作家 Randy Au 在出於好奇，而查看當下資料科學家和 ML 職位招募啟事之後，也指出「情況……各有不同」[3]。

1 主任 +（*Staff+*）指的是高於資深層級的職位。

2 在技術領域中工作層級的推進通常是初階 / 中階層級→資深層級→主任層級→首席層級，然而不同公司之間會有細微差異。例如，有些公司會合併主任和首席層級。

3 Randy Au，〈Old Dog Revisits the DS Job Market out of Curiosity〉，「Counting Stuff」（部落格），2022 年 12 月 1 日，*https://oreil.ly/yzIsx*。

許多人都希望能有個路徑圖，或關於邁入 ML 領域完整循序漸進的保證。例如，最好在大學中主修什麼科系、在哪些地方實習？什麼是最好的業餘專案？應該掌握哪些 Python 函式庫？這些我都能夠理解，對於工作面試過程中的每一個步驟，為了獲悉盡可能多的資訊，我請教過很多朋友關於這方面的事情。我為了面試後是否應該發送後續行動的電子郵件而煩惱，而且查了很多線上論壇，想知道要不要發送這封信；這樣會打擾到面試官嗎？還是他們也期望我這麼做？連這麼小的事情都讓我嚴重焦慮，而且我希望能得到一個明確的答案，而不是「這要視情況而定」，或「應該不會造成什麼傷害」。這是一本我希望當時的我在碰到這些問題時都能拿來參考的書！

現在，我已經是位於另一邊的面試官了，我了解成為雇主傾向僱用求職者的各種情況；現在，對於過去的許多問題，我也有了具體答案，而且對於邁入 ML 領域的路徑圖也有了更多親身體驗；但儘管有這樣具品質保證的路徑圖，它也不會如你所想。在我了解 ML 和資料科學領域的時候，我老早就選好大學主修科目，也畢業了，而且正在攻讀經濟學碩士學位。在大學期間我沒有任何實習經驗；相反地，空閒時間我都在設計、玩電動遊戲，或是到處交朋友。事實上，ML 工作的路徑圖非常有彈性，而且就算起步較晚，也沒什麼大不了，*沒有什麼事情會真的來不及*。

當我找第一個 ML 工作的時候，我並沒有完成所有一定要完成的事情，但無論如何，我都以沒有實習過的學生身分通過工作面試。關於面試過程，我知道的可能比很多人少，也沒有做到所有*該做的*事，卻仍然在 ML 領域中茁壯成長，這也是為什麼，我反而能用這樣的觀點來寫作。實際上，沒有什麼是*該做的*事，只有適合你的事情。

我不會告訴你這樣的事情，「只要在大學主修某個科系，然後在某公司實習過，就萬無一失了。」我想要的是，為每一種不同類型的人寫本專書。一體適用、規範性的路徑圖，只要碰到不在路徑圖的狀況就會失靈；但如果你學會在不完全依賴路徑圖的情況下，也知道應對方法，這樣無論發生什麼事，你都能夠打造自己的路徑圖。

本書將說明成為領航者的方法，並打造自己的路徑圖，無論你是否主修 STEM[4]、是否有實習經驗、有相關工作經驗、有 ML 工作經驗，或具備 ML 以外的工作經驗等，只要能夠堅持，就算你主修的不是一般推薦的領域也沒問題。如果認為以前的工作經驗和 ML 沒有直接關係，那也不要緊；我將指導你增強和利用過去經驗，以及獲得其他相關經驗的辦法。

我主張應該依據自己的情況活化、量身訂做職業路徑圖，因為在我自己的職業生涯中，就曾經碰過很多不在單一路徑圖的情況：

- 以經濟學碩士身分，在大型上市公司[5]找到初階層級的資料科學家（ML）工作
- 在新創公司找到較為資深的職位，這間公司在我剛加入時大約有 200 名員工，全盛時大約有 400 名員工
- 在新興中大型上市公司找到首席資料科學家的工作

根據產業、公司規模、ML 團隊大小和公司生命週期的階段（例如新創階段），雇主對於我所能掌握的事情會有不同期望。如果我只遵照線上建議，或參加過使用不同工作面試流程公司面試者的建議，那我可能無法通過面試；不，絕對沒辦法。為了能夠順利通過面試，我每次都必須準備不同面試的方式才能成功。透過所有我個人經驗和參加過（說真的）數百次 ML 面試，對於在 ML 和資料科學工作面試中得分並成為成功應徵者而言，我已經找到了成功的模式；透過經驗和學到的教訓，現在才有可能寫這本書來幫助懷有野心的應徵者。

成功的求職者知道面試過程中的每個步驟，都是試圖評估各個場景下的事情；但不幸的是，只靠簡單地露個面和具備技術技能並不一定足夠。就像學校中的考試一樣，仔細查看過教學大綱並了解所有考試範圍的人，更有成功的可能。在這種情況下，對於要應徵的每項工作，你都應該試著對它的教學大綱實施逆向工程。

隨著我在 ML 領域中獲得越來越多的經驗，從雄心壯志應徵者那裡也看出越來越多的問題，我參加過很多次咖啡聊天，到目前為止已經超過 100 次了，而且為了幫助更多的人，多年來我一直在部落格「susanshu.com」撰寫有關職業生涯的指引。如果這本書的問世能有機會幫助到更多人，我的決定就顯而易見了。

4　科學、技術、工程和數學。

5　上市公司（*public company*）指這間公司有公開交易的股票。

為什麼要選擇機器學習工作？

我曾經說過，無論了不了解或喜不喜歡 ML，它在我們的日常生活中都已經非常普遍，你可能在自己的生活經歷上也感受到，所以才會讓你產生好奇並拿起這本書！我也會概述我的經驗，這可能會增強你的動機，或讓 ML 領域更具吸引力，而讓你注意到它。

作為一位從事技術工作的人，我認為 ML 是開發可以影響數百萬使用者高價值產品的重要領域；在我離開學校後的第一個工作，就有機會從事這樣的專案，我認為如果當時的我對機器學習不嫻熟，在職業生涯如此早期，可能也不會有這樣的責任和機會。

依我看來，ML 是一個有趣而且能夠實現個人抱負的領域。我喜歡學習新的技術和研究，如果你認同的話，你也會喜歡從事 ML 領域這方面的工作。但是在這個領域中的快節奏創新也有它負面影響；例如，想要專注在家庭或生活中其他重要層面的時候，還要持續追上新的進展可能會讓人精疲力盡。如今，即使我非常專注於在週末參加社交活動，或寫本書之類的其他活動上，但只要不會耗費到太多時間，我仍然會抓住機會學習。我也會在工作期間花些時間聽聽網路上的講座或看看書。這不是 ML 所獨有的，但很多人都說過，持續學習 ML 的步調，會比其他需要學習新觀點的技術相關工作再快一些。

當然，還有薪資方面的考量；一般而言，ML 工作的報酬很好，我不但可以養活自己，甚至還達成許多能改善我和家人生活的財務目標，能夠做到這些，都要感謝我的 ML 職業生涯。另一方面，我能夠有那麼多的成就，也都是因為 ML 領域和社群所促成：我經常飛到世界各地在研討會上演講，且研討會多到我已經在為數年後做準備；還能會晤在 ML 這麼棒地方工作的卓越人才，並親眼目睹 ML 和 AI 領域的進展，這都是能在這個行業工作的好處。

無論拿起這本書的動機為何，為了讓你能夠順利通過 ML 的工作面試，並克服中間過程的障礙，我都希望能夠與你分享一些讓人成功的技巧和工具。

這本書將幫助你了解以下內容：

- 各種類型的 ML 職位，並找出你最可能通過面試的職位
- ML 面試的構成要素

- 找出你在技能上的缺口，好有效地鎖定面試準備
- 順利的通過技術和行為面試

我也會添加我在 O'Reilly 講授的線上直播訓練課程經常被問到的問題，可以把它視為和我一起參加的咖啡聊天，以及從以下不同來源所獲得具支持性的見解：

- 可能不是非「典型」教育或職業背景的應徵者，順利通過面試的辦法
- 大幅增加履歷表得到初篩認可的機會
- 資深以及更高職位的 ML 面試進行方式

當然還有其他項目。

本書受眾讀者

在深入探討各章內容之前，我想先概述以下也許能引起你共鳴的場景，這些是我寫這本書主要想訴求的讀者群：

- 渴望成為業界 ML / AI 從業人員的應屆畢業生。
- 正在轉換成每天以 ML 工作為重心職位的軟體工程師、資料分析師，或其他技術 / 資料專業人員。
- 具有其他領域經驗，且有興趣轉換到 ML 領域的專業人員。
- 正在重回面試戰場，並且以轉換到不同職位或晉升和負更大責任為目標，而且希望能夠全方位複習 ML 內容的有經驗資料科學家或 ML 從業者。

如果以下情況是形容你，那你也可以從這本書獲益：

- 想要獲得主持 ML 面試靈感的經理，或是不想在零散的線上資源浪費太多時間，才能獲得面試過程概觀的非技術人員。
- 具有 Python 程式設計和 ML 理論基本知識，而且很好奇 ML 領域能不能成為未來職業選擇，並有心探討的讀者。

這本書沒談到的範疇

- 本書不是統計學或 ML 教科書。
- 本書不是編碼教科書或教學用書籍。
- 雖然書中含有一些面試問題範例，但*本書非題庫*。因為程式碼片段很快就會過時，所以書中已經盡量使它們簡明扼要了。

因為無法從頭開始涵蓋每一個概念，因此本書假設讀者對 ML 已具備些基本熟悉度，概略了解就夠了；但不用擔心，因為我會以快速提示提到基本定義。因為在 ML 面試和工作中 Python 很熱門，所以我也假設讀者對 Python 程式語言有些熟悉，比如說在 Jupyter Notebooks 上執行腳本。不過，如果你碰巧不太熟悉 Python 也沒關係，因為我也會提到從頭開始學習 Python 的摘要部分。

除此之外，本書也提供大量對外部實務資源的連結庫，讓你在 ML 面試上的準備有所幫助；但是首先，我將幫助你確認目前對你來說，在知識和技能水準之外練習和學習最有幫助的事情。

因此，這本書的目的不是要列出一大堆需要熟記的問題和答案，而是要教你釣魚方法。作為面試官，我見過很多無法通過面試的應徵者，就算他們練習再多的問題，也*沒辦法*讓他們通過面試；更準確的說，他們甚至不知道自己有什麼缺口。我將教你找出自己的優勢和缺口，以及確切利用本書中的資源，將缺口補起來的方法。

本書編排慣例

本書使用以下編排慣例：

斜體字

表示新的術語、URL、電子郵寄地址、檔案名稱和檔案副檔名。中文使用楷體表示。

定寬字

用於程式列表，以及在段落中引用程式的元素，像是變數或函數名稱、資料庫、資料類型、環境變數、敘述和關鍵字等。

定寬粗體字

　顯示應該由使用者按字面意思輸入的命令或其他文字。

定寬斜體字

　顯示應該用使用者提供的值，或由上下文確定的值所替換的文字。

這個圖案表示提示或建議。

這個圖案表示一般註釋。

這個圖案表示警告或小心。

致謝

在許多人的智慧和鼓勵協助之下，才有辦法完成這本書！

非常感謝在這個過程中閱讀並審查本書的審稿人：Margaret Maynard-Reid、Serena McDonnell、Dominic Monn 和 Suhas Pai，在你們初期的所有回饋和評論幫助下，才能讓這本書如此美好。我也要謝謝審閱部分章節的人：Eugene Yan、Prithvishankar Srinivasan、Ammar Asmro、Luis Duque、Igor Ilic、Jeremy C. 和 Masoud H.，對於你們在本書完成過程中的不同階段，總是慷慨地抽出時間來審視內容並回答我的問題，我實為感恩也自嘆不如！

書中我寫的所有內容都累積於整個職業生涯，所以如果沒有提到對我職業生涯有重大影響的朋友、導師和組織之名，將是嚴重怠慢：Nick Miles、Denis Osipov、Denis Osipov、Amir Feizpour、Shannon Elliott、Python Software Foundation、世界各地的 PyCon，以及曾經與我合作過的團隊，之中許多了不起的同事，你們真的超棒！

當然，也非常感謝 O'Reilly 團隊：優秀的企劃編輯 Sara Hunter，在這緊繃的一年寫作中，她一直鼓勵我並幫助我保持專注；還有執行編輯 Elizabeth Kelly、潤稿編輯 Shannon Turlington；以及給了我很多鼓勵的組稿編輯 Nicole Butterfield，而且一開始也是由她聯繫講授 O'Reilly「Machine Learning Interviews」線上訓練課程，這門課程最後也為本書拉開了序幕！

感謝我的親朋好友，無論我在什麼情況下的奇怪冒險，都有他們的支持。一直陪在我身邊，在撰寫這本書期間更是如此的家人，是我動力和靈感的泉源。感謝父親、母親、兄弟和祖父母；謝謝蘇珊，妳是我的太陽。感謝從大學時期就成為我的支持系統，並且給我溫暖的各位朋友。

最後，我還要感謝 Waterloo 大學和 Toronto 大學的老師、同學和一輩子的朋友，他們為我打造出鼓舞人心、積極而且具彈性的環境，讓我去探索自己的好奇心和興趣。這種自由促成我在機器學習的職業生涯，而且如果沒有那個能讓我追逐夢想的環境，我也就不會在這裡了。

第一章

機器學習職位與面試過程

本章第一部分將說明本書架構，接著討論在產業界中使用 ML 技能的各種工作職稱和職位[1]；我也會解釋各種工作職稱的職責，像是資料科學家、機器學習工程師等，因為這是常讓求職者感到困惑之處；全書都將用貫穿整本的 ML 技能矩陣和 ML 生命週期加以說明。

本章第二部分會從頭到尾、一步步說明面試過程。我指導過的求職者都還滿欣賞這種總覽，因為線上資源通常只專注在面試的特定部分，而不會將它們聯繫在一起，導致最後錄用的結果。特別是對應屆畢業生[2]和來自不同行業的讀者而言，本章可以幫助每個人找出一致的思維，並使過程更清晰易懂。

面試相互關聯的部分很複雜，依據你鎖定的 ML 職位而有許多種類型組合。總覽將有助於奠定基礎，讓你知道該將時間集中在哪些方面。例如，有些線上資源專注在「產品資料科學家」特定的知識上，但將課程或文章的標題設定為「資料科學家面試技巧」卻不加以區別；對於一個新人而言，會很難判斷這是否與自己的職業興趣有關。讀完本章之後，你將能夠明白每個工作職稱需要的技能，而在第 2 章，你將能夠從招募啟事中自行解析這些資訊，並讓履歷表盡可能的符合工作職稱和招募啟事。

1 本書專注於 ML 在產業界的應用，而不是關注在 ML 演算法本身相關研究、研討會議上論文發表等大多需要有博士學位的工作。

2 某些時候也會稱為「新鮮人」，本書將使用「應屆畢業生」或「新畢業生」一詞。

本書總覽

本章致力於幫助你區別各種 ML 職位，並詳細說明整個面試過程，如圖 1-1 所示：

- 工作應徵和履歷（第 2 章）
- 技術面試
  — 機器學習（第 3、4 和 6 章）
  — 編碼 / 程式設計（第 5 章）
- 行為面試（第 7 章）
- 你的面試路徑圖（第 8 章）
- 面試後和後續動作（第 9 章）

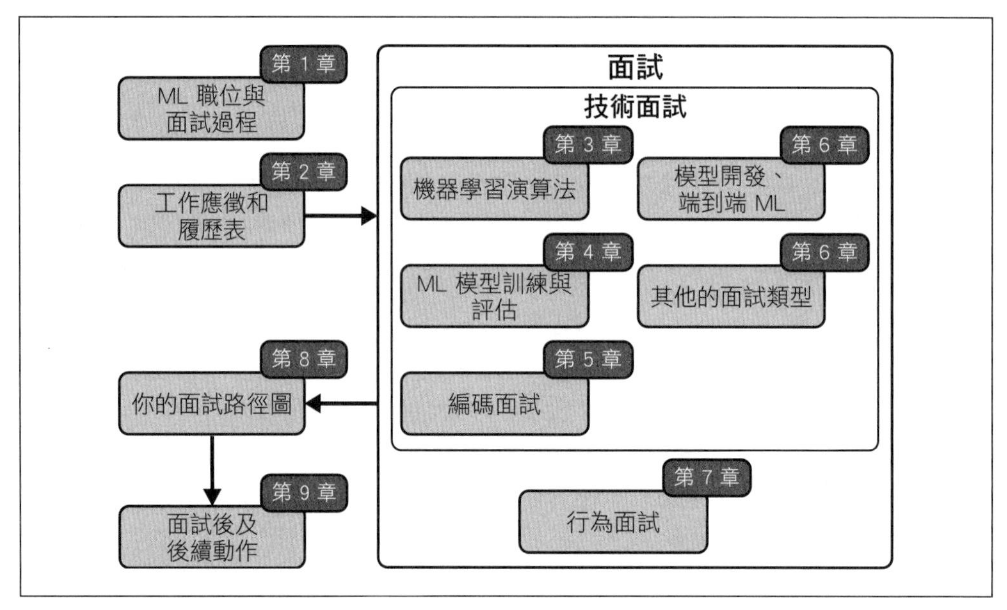

圖 1-1　全書各章總覽，以及它們與 ML 面試過程的關聯。

根據你在 ML 面試過程中所在的位置，我鼓勵你聚焦於和自己相關的章節上。我也將本書規劃成提供這個過程的參考；例如，你可能會多次反覆檢視履歷表，然後在需要的時候回頭看看第 2 章；對於其他章節也是如此。了解這個總覽之後，讓我們繼續往下閱讀。

本書搭配以下網址：*https://susanshu.substack.com*，提供額外內容、輔助資源以及其他教材等。

機器學習與資料科學工作職稱簡史

首先，先來回顧這個工作的簡單歷史。我決定從這一節開始，釐清關於「資料科學家」工作職稱的一些迷思，並更清楚的解釋哪來那麼多與 ML 相關的工作職稱，在了解這段歷史之後，你應該會更清楚怎樣的工作職稱才是自己的目標。如果你曾經對諸如機器學習工程師（MLE）、產品資料科學家、MLOps 工程師等一連串職稱感到困惑，本節就是為你而準備的。

ML 不是什麼新鮮事物；1985 年，David Ackley、Geoffrey E. Hinton 和 Terrence J. Sejnowski 開始推廣 Boltzmann Machine 演算法[3]；甚至早在這之前，迴歸技術[4]在 1800 年代就有了早期發展。長久以來，就有用建模技術來預報和預測的工作和職位，計量經濟學家、統計學家、金融建模師、物理建模師和生化建模師等職業已經存在了數十年；與現今相比，主要區別是除了模擬資料以外，當時的資料集小多了。

直到最近幾年，就在二十一世紀之前，運算能力開始有了指數式的成長。此外，分散的和平行運算的進步創造一個使「大數據」更為容易獲得的循環。這允許從業人員能夠將先進的運算能力，應用於數百萬或數十億的資料點。

3 David H. Ackley、Geoffrey E. Hinton 和 Terrence J. Sejnowski，〈A Learning Algorithm for Boltzmann Machines〉，《Cognitive Science》9（1985）：147–169，*https://oreil.ly/5bY2p*。

4 Jeffrey M. Stanton，〈Galton, Pearson, and the Peas: A Brief History of Linear Regression for Statistics Instructors〉，《Journal of Statistics Education》9，no.3（2001），doi：10.1080/10691898.2001.11910537。

更大的資料集已經開始為了 ML 研究而累積和散發，像是 WordNet[5]，以及隨後由 Fei-Fei Li 領導的 ImageNet 專案[6]。這些共同努力為更多 ML 突破奠定基礎。AlexNet[7] 於 2012 年發布，在 ImageNet 挑戰[8] 中實現了高精確度，證明深度學習可以在前所未有的規模上擅長於類似人類的工作。

許多 ML 從業人員明白，不只是在 AI 社群上，這是機器學習、深度學習和相關主題得到更廣泛人群所認可的跨越式發展時代。盛行於 2022 年和 2023 年的生成式 AI 如 ChatGPT，並非憑空出現，在它之前出現的深度偽造、自動駕駛汽車、西洋棋機器人等也不是；這些應用是最近幾年進步的眾多成果。

當 ML 和資料領域還不太成熟的時候，「資料科學家」一開始是這項工作職稱的總稱。在衡量搜尋詞語熱度的 Google Trends（*https://oreil.ly/0emY4*）上，「資料科學家」一詞在 2012 年急遽上升，就在此年，這篇文章〈Data Scientist: The Sexiest Job of the 21st Century〉在《Harvard Business Review》上發表[9]。到 2013 年 4 月，「資料科學家」的搜尋熱度已經與「統計學家」平手，且隨後更大幅度超越，如圖 1-2 所示。然而，也是在此時，基礎架構工作和模型訓練之間已無狹隘區隔，例如，Kubernetes 於 2014 年首次發布，但是為了協作 ML 工作開發，該公司隔了一段時間之後才採用。因此，對於之前並不存在的 ML 基礎架構來說，現在有了更特定的相關工作職稱。

---

5 WordNet 官方網站提供更多資訊：*https://oreil.ly/91k2g*。

6 Jia Deng、Wei Dong、 Richard Socher、Li-Jia Li, Kai Li 和 Li Fei-Fei，〈ImageNet: A Large-Scale Hierarchical Image Database〉，《2009 IEEE Conference on Computer Vision and Pattern Recognition》，Miami，FL，USA（2009）：248–255，doi：10.1109/cvpr.2009.5206848。

7 Alex Krizhevsky、Ilya Sutskever 和 Geoffrey E. Hinton，〈ImageNet Classification with Deep Convolutional Neural Networks〉，《Advances in Neural Information Processing Systems 25》（NIPS 2012），*https://oreil.ly/iFMkq*。

8 Krizhevsky、Alex、Ilya Sutskever 和 Geoffrey E. Hinton，〈ImageNet Classification with Deep Convolutional Neural Networks〉，《Communications of the ACM》60，no. 6（2017）：84–90，doi：10.1145/3065386。

9 Thomas H. Davenport 和 DJ Patil，〈Data Scientist：The Sexiest Job of the 21st Century〉，《Harvard Business Review》，October 19，2022，*https://oreil.ly/fvroA*。

圖 1-2　「資料科學家」、「機器學習工程師」和「統計學家」在 Google Trends 上搜尋的熱度（2023 年 8 月 9 日檢索）。

隨著社群媒體、網路推薦系統和其他現代使用的案例增加，一些公司開始蒐集更細膩的資料，像是**點擊流資料**（*clickstream data*），也就是蒐集使用者瀏覽網站或應用程式時的資料；另一個最近的進步，是一般公司能夠儲存來自機器和物聯網（IoT）設備大量的遙測資料。從前，資料科學家可能要處理每週或每日更新的資料；現在，隨著許多應用程式更頻繁或即時的更新，需要更多基礎架構為網路產品和應用中的 ML 功能提供服務，因此圍繞著這些功能，也造就了更多的工作機會。

簡而言之：當**機器學習生命週期**（*machine learning lifecycle*）發展得更加複雜，也會產生更多工作職稱，以闡述完整 ML 團隊現在需要的新技能。本章稍後會更詳盡的說明工作職稱和 ML 生命週期。

所有這些都發生在過去十年之內，但公司並不總是能立即改變工作職稱以反映更為專業的職位。無論如何，作為一個求職者，了解這段歷史，在應徵各家公司，發現完全相同職稱卻有不同工作內容時，能有效減少所造成的困惑和挫折。對 ML 相關工作職稱先前的趨勢可參考表 1-1，ML 相關工作職稱的目前趨勢，則可參考表 1-2。

表 1-1　ML 和資料工作職稱先前的趨勢

ML 和資料工作職稱	工作職稱先前的趨勢
資料科學家	什麼事都要做
資料分析師	專門負責與業務決策相關的資料分析

表 1-2　ML 和資料工作職稱目前的趨勢

ML 和資料工作職稱	工作職稱目前的趨勢
資料科學家 機器學習工程師 應用科學家 ……等等	訓練 ML 模型
機器學習工程師 MLOps 工程師、AI 工程師 基礎架構軟體工程師 ML 軟體工程師、機器學習 ……等等	MLOps 和基礎架構工作
資料分析師 （產品）資料科學家 ……等等	資料分析、A/B 測試
資料工程師 新創公司的資料科學家 分析工程師 ……等等	資料工程

這段歷史可用來解釋會碰到不同工作職稱的原因，我也將詳盡一一說明這些工作職稱，以及它們的職責。

需要 ML 經驗的工作職稱

以下是 ML 或密切相關職位的工作職稱清單，但並未包含所有職稱：

- 資料科學家
- 機器學習工程師
- 應用科學家
- 軟體工程師，機器學習
- MLOps 工程師
- 產品資料科學家
- 資料分析師

- 決策科學家
- 資料工程師 [10]
- 研究科學家
- 研究工程師 [11]

就如同第 3 頁「機器學習與資料科學工作職稱簡史」的討論，每個職位負責 ML 生命週期的不同部分，單一工作職稱本身無法傳達這工作蘊含的內容。作為一位求職者需要注意：在不同的公司，完全不同的職稱可能最後是做類似工作！如圖 1-3 的說明，你的 ML 工作職稱將取決於公司、團隊，以及你的職位在 ML 生命週期中所負責的部分。

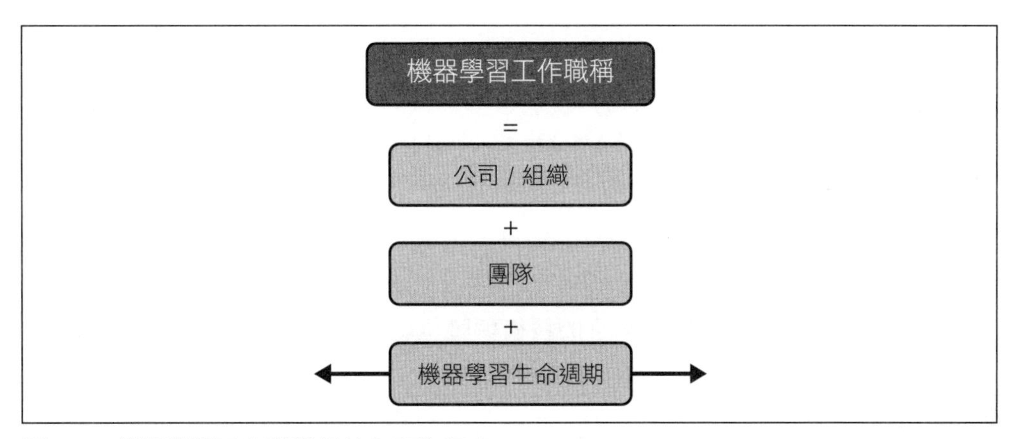

圖 1-3　機器學習工作職稱裡的內容為何？

以下是一些具體例子，來自我與真實人士的對話、職位描述和面試經驗，說明職稱取決於招聘該職位的公司或機構辦法；負責訓練 ML 模型，但不負責構建底層平台的人可能會得到以下職稱：

10 ML 和資料科學使用資料；資料工程師本身不太可能使用 ML 技術，但他們的工作和合作對 ML 工作過程來說不可或缺。

11 前 Shopify 首席資料科學家 Serena McDonnell 指出，在對沖基金的領域，「研究科學家」和「研究工程師」指的是 ML 職位。

- 軟體工程師（ML）或資料科學家（Google）
- 應用科學家（Amazon）
- 機器學習工程師（Meta、Pinterest）
- 資料科學家（Elastic，我工作的團隊）
- 資料科學家（Unity）

本書出版時，這些公司和團隊中的任何工作職稱可能都已經改變。無論如何，這說明了 ML 的工作職稱在公司之間，甚至在同公司的不同團隊之間都可能有所不同。

工作職稱也取決於組織、部門等，Google 的一些部門中有資料科學家[12]的工作職稱，但有些部門沒有。在我任職過的公司中，我的團隊是由資料科學家訓練 ML 模型，由 MLE 整天使用如 Kubernetes、Terraform、Jenkins 等工具，建構基礎架構。在其他的公司中，MLE 則是負責訓練 ML 模型的人。

以我自己為例，我的工作經驗在很大程度上涉及到 ML 模型訓練，所以我要應徵的是具有「機器學習工程師」或「資料科學家」職稱的工作。以下各章節會提供更多可能和你的興趣及技能相吻合的技術與職位範例。

以研究為中心的 ML 職位

如前言所提過，本書更關注於 ML 在產業界的應用，而不是研究職位。以下是對於研究職位的簡要概述：

要求

通常為博士。

12 我也在 Google 上看過研究科學家的招募啟事，但這些是專指研究 ML 的職位，負責在大型研討會上發表論文，而且需要取得博士學位。

職責

類似於學術職位 / 教育界，像是從事研究工作並提出新的演算法和改進、撰寫論文、在學術研討會上演講等。如果是在產業界中從事研究職位，如 Google DeepMind 的研究員，據我所知最主要的區別是不需要教學。

機器學習生命週期

在產業界中，應用 ML 專案以改善客戶體驗是一種期望值，例如，一個可以向使用者顯示更多相關影片、新聞和社群媒體貼文改善型推薦系統。在產業界中，「客戶」也可以意味著內部客戶：有同一公司或組織內的人，例如，你的團隊建構預測需求的 ML 模型，可以幫助公司物流部門更有效規劃出貨排程。不論使用者為外部或是內部，建構一個成熟端到端的 ML 產品都涉及許多元件；以下會用一個簡化的範例說明。

首先，需要有資料，因為大多數 ML 都是用大量資料來訓練和測試。需要有人確保引入（收錄）原始資料，以便日後的資料分析、ML、報告和監控等，可以輕易地存取這些資料。這說明顯示於圖 1-4 中的步驟 A（資料）。

其次，資料到位後，熟悉 ML 演算法和工具的人，就會用這些資料開始著手 ML 開發，如圖 1-4 中步驟 B（ML 開發）的說明。這個步驟涉及特徵工程、模型訓練和評估，如果評估結果不太好，則在步驟 B 中會有許多迭代，而且可能會加強他們的特徵工程或模型訓練，甚至回到步驟 A，並要求收錄更多的資料。

一旦稍微出現令人滿意的結果，將前進到步驟 C：機器學習部署，這步驟將 ML 模型連接到客戶；根據 ML 專案類型，可以部署到網站、應用程式、內部儀表板等，當然，他們希望能確保 ML 正常運作，因此任何優秀團隊都有監控結果的方法。在 ML 中有兩種主要類型的潛在問題。第一種是在軟體層中某些東西無法作用，如程式碼中的錯誤；第二種是資料或 ML 模型的問題，例如在模型開發階段，模型輸出正常的結果，但在部署 / 發布之後，卻出現資料失調，因此模型結果變成不可取。從步驟 C 向前進，可以有更多迭代回到步驟 B 以改進模型，並在步驟 C 中執行更多實驗。

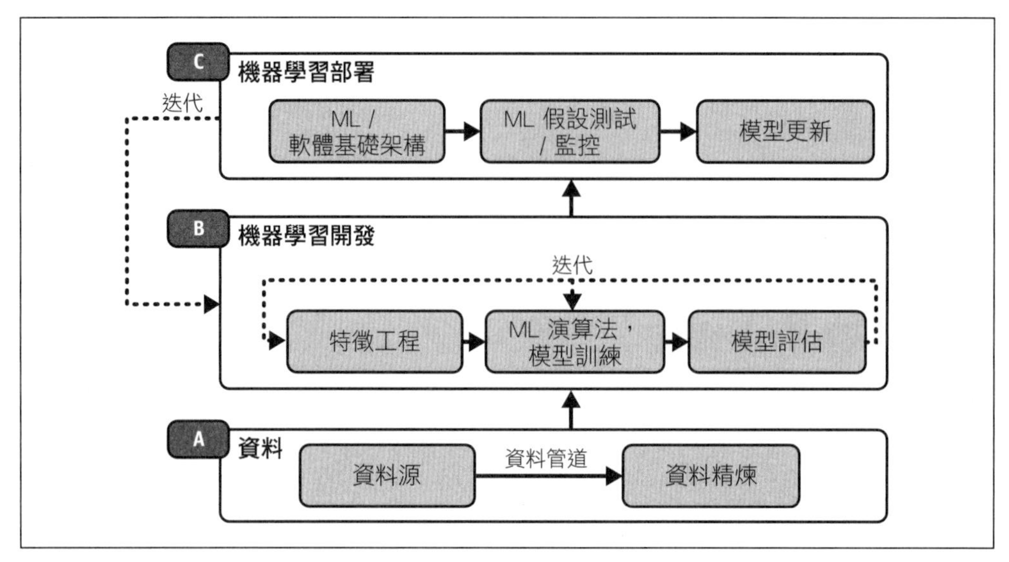

圖 1-4　機器學習生命週期，為了方便說明已將圖形簡化。

在我剛剛說明的機器學習生命週期中，需要各種技能，資料管道、模型訓練、保持持續的整合和持續的部署（CI/CD）：作為求職者，為了準備面試你應該學習什麼？幸好，如第 3 頁「機器學習與資料科學工作職稱簡史」所提到的，現在的公司**可能**會僱用具備部分這些技能的人。例如，他們需要一些人專門從事步驟 A（資料工程），一些人專門從事步驟 B（ML 開發），一些人專門從事步驟 C（ML 部署）等等。我強調**可能**，因為依據公司或團隊這仍然會有所不同，以下將詳細說明一些情景。

新創公司

新創公司的職位通常負有更多責任，這表示他們需要在圖 1-4 所顯示的機器學習生命週期多個步驟發揮作用，如以下範例：

> 我們是一個擁有 5 至 25 位 ML 工程師的團隊，而且經常需要參與設定資料標記的工作、QA 測試，和行動裝置上的性能改進，還要安排示範。
>
> — Dominic Monn，MentorCruise 執行長，曾在 ML 新創公司任職 6 年

通常，新創公司的目標是交付[13]端到端的產品，但因為客戶較少，這樣的公司在早期階段可能不太在乎規模和穩定性。因此，開發和訓練 ML 模型的人，很有可能就是執行資料分析，並向利害關係者展示的人，或甚至就是建構平台基礎架構的人。新創公司的 ML 團隊可能僅有少數人，例如，一家新創公司可能總共有 30 位軟體工程師和資料人員；但在較大的公司裡，可能光是資料分析師就有近 30 個人的團隊來分散工作負荷。

較大的 ML 團隊

如果公司和 / 或團隊已經夠大了，ML 職位很可能會進一步專業化，因為一般而言，團隊越大，職位也就越專業。如果在一家較大公司的「機器學習工程師」負責訓練模型，則可能不會像在新創公司中那樣，需同時負有兩或三項責任。反而，大公司會僱用更多人來擔任這些職位。這並不是說在大公司的工作會比較輕鬆；事實上，大公司通常會有更多資料、更大規模，而且如果 ML 功能故障，也會有更多缺陷，因此，只負一項責任的 MLE，也可能會有完全不夠支應的時間。

較大公司的規模通常對應較大的 ML 團隊，但還是要視情況而定。例如，在傳統非科技產業的大公司，可能會讓它首批僱用的 ML 團隊在類似新創公司的環境下運作，好利用這段期間搞清楚 ML 能為公司提供最好服務的方法。

讓我們再深入一層，並增加 ML 或資料職責更多細節。圖 1-5 延展圖 1-4 的機器學習生命週期，以反映有更專門職位的團隊或公司。（這裡要再強調一次的是，即使這個清單很有用而且通常具啟發性，但為了說明的目的，它仍然有些簡化，因為總是會出現例外或異於一般情況的事。）

13 交付（Ship）是軟體常見術語，延伸到 ML 指的是發布某些東西，如軟體產品或程式碼更新。

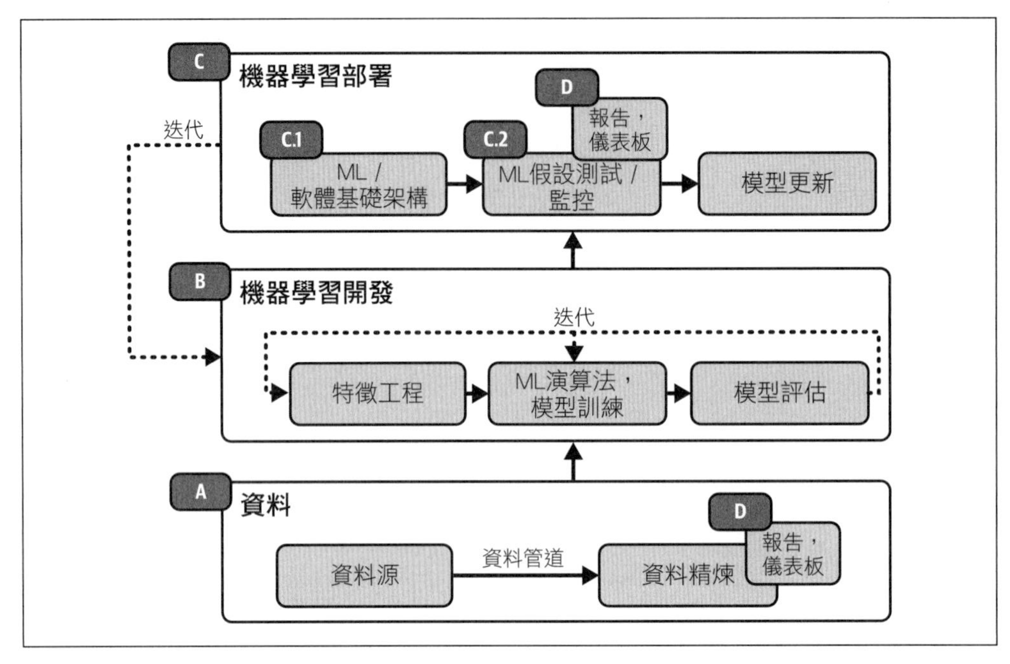

圖 1-5 有更專門職位的機器學習生命週期，此為圖 1-4 的延伸版本。

以下是這些更專門職位中可能會負責的範例，如圖 1-5 所示：

- 為了分析和 ML 建構資料管道（步驟 A）。
- 訓練 ML 模型（步驟 B）。
- 為要部署的 ML 模型建構基礎架構（步驟 C.1）。
- 為新的 ML 產品特徵設計，並執行假設測試，通常是 A/B 測試（步驟 C.2）。
- 執行資料分析，建置報告和儀表板，向利害關係者展示（步驟 D）。

後面幾章會一直提到圖 1-5，建議儲存下來或夾上書籤！

機器學習職位的三大支柱

為了幫本書其餘部分做好準備，這裡會複習一下我稱為 ML 和資料科學職位的三大支柱：

- 機器學習演算法與資料直覺
- 程式設計與軟體工程技能
- 執行與溝通技巧

這些是在 ML 工作面試時會用來評估你技能的廣泛類別。本書的重點集中在幫助你了解這些技能，並找出你目前經驗和技能，與這三個支柱下的經驗和技能之間的差異（參考圖 1-6）；後續章節會一一說明這些技能。

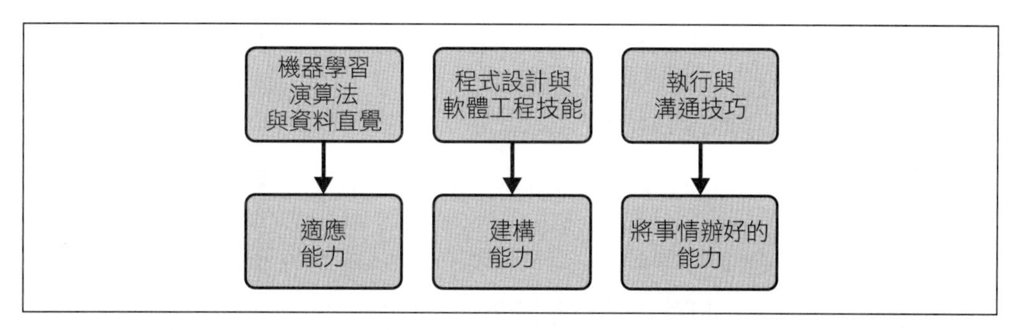

圖 1-6　機器學習工作的三大支柱。

機器學習演算法與資料直覺：適應能力

指的是你了解 ML 演算法和統計理論的基本工作原理，以及它們各自的權衡取捨；面臨真實世界 ML 專案工作中的開放式問題時，這是不可或缺的技能，沒辦法再像交學校作業那樣的按部就班。

具有資料直覺意味著當你面對新的問題時，會知道使用資料來解決它的方法；而且遇到新的資料或資料來源時，也會知道深入以評估它們的辦法。會先自問，這些資料適合 ML 嗎？適合什麼類型的 ML 模型？在將資料用到 ML 之前，這資料是否有任何問題？你會知道要問些什麼以及找出解答。

在機器學習工作面試過程中，各種不同類型的面試和面試問題，目的皆是在評估應徵者對這個支柱的知識與準備情況，第 3 章和第 4 章會再談到。

程式設計與軟體工程：建構能力

在從事一個專案的時候，具有交付所需要的程式設計技能，像是使用 Python 或用內部的部署過程處理資料，以便其他團隊可以使用來自 ML 模型的結果。

即使你很了解理論，但沒有程式設計或軟體工程[14]的意識，也無法使 ML 憑空出現。你需要用程式碼將資料和 ML 演算法連結，而演算法也要靠程式碼實現；也就是說，你必須將理論轉換成實踐。

對其他程式設計技能來說，ML 職位有高度需求的是（軟體）工程師從原型轉變到生產的能力，即整合和發布 ML 的能力。有些職位負責端到端的 ML：從研究和訓練模型到部署和生產；有些如 MLOps 工程師的 ML 職位，則負責建構能夠處理大量資料，以便能在幾秒甚至幾毫秒內，將 ML 回應給使用者需求的軟體基礎架構。

在 ML 面試過程中，各種不同類型的面試和問題都會評估應徵者在這個支柱上的技能，第 5 章和第 6 章會更仔細說明。

執行與溝通：在團隊中將事情辦好的能力

你能夠和不同職位的人一起工作；在 ML 中，我們和軟體工程師、資料工程師、產品經理和許多其他同事一起工作。在團隊中將事情辦好的能力包括一些軟技能，如溝通和一些專案管理技能。

例如，無法和團隊成員溝通對專案來說就是個阻礙（blocker）[15]，而且可能會導致你的 ML 專案停滯不前，或甚至惡化。即使你只和一個人，比如說老闆一起工作，你仍然需要在專案上提出報告，這也不乏溝通技巧。因此，在 ML 領域，高度需要的技能是能夠和非技術利害關係者溝通技術概念。

14 在處理設備上或邊緣 ML 更專業的職位中，擁有一些硬體基本知識也會有很大關係。

15 指阻止另一件事情，通常指專案或時間軸發生的商業用語。

你也需要一些專案管理的技能，好讓工作步入正軌。我們都在教育或自學的過程中學習管理待辦事項清單和行事曆的方法，但是因為現在你的專案行事曆取決於其他人的行事曆和優先事項，所以會更為混亂。即使你有專案和 / 或產品經理來讓團隊步入正軌，在某種程度上仍然需要管理自己。

沒有軟技能，就無法把事情辦好，這是不言而喻的事。不要成為那種只專注在技術技能，而忽略在面試中建立和展示軟技能的應徵者；第 7 章會深入研究 ML 面試在這個支柱上評估應徵者細節的方式。

三大 ML 支柱明確的最低要求

增強這三大 ML 支柱技能是一項艱鉅的任務，而且初階層級的職位通常只會期望你在每個支柱上有最低程度的要求，像是 3/10，如圖 1-7 所示。例如，一個接觸過程式設計的求職者，即使他們還不嫻熟或經驗不足，也可以經由訓練而改善。理想情況下，為了從其他求職者中脫穎而出，你至少要在與特定 ML 職位最相關的一個支柱上，表現得更為擅長，如在程式設計上為 5/10。

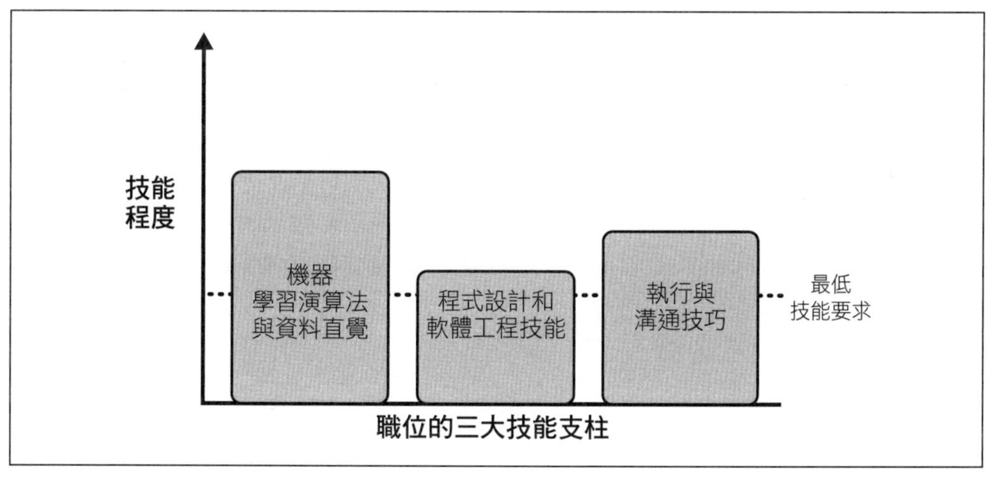

圖 1-7 對 ML 工作要求的最低技能程度（範例）。

對於資深的職位，這些基本最低要求會更高，但類似經驗法則仍然適用：有明確的最低技能要求，也因此，會根據職位將你擅長的技能拿來和其他應徵者比較。只訓練 ML 模型但不部署的資料科學家，對程式設計技能發展的要求，可能比不上 ML 理論和溝通技巧。

對於初階層級職位，的確比較不要求溝通支柱，但也不是 0/10 好嘛！因為要提高這技能，需要和一大群人合作，包括非技術同事在內等得來不易的經驗。這也提供某些求職者在這個支柱上的優勢：對於那些非傳統背景的應徵者，像是自學，或從軟體工程師職位及其他領域轉換過來的應徵者，擅長講述作品集發想過程和展示能力，都可以讓他們顯得比其他應徵者更優秀。

在總覽過這三個支柱後，你就可以利用這種心智模型脫穎而出。

機器學習技能矩陣

恭喜！這個部分相當龐大複雜，但你已經走到最後了！現在你檢視過機器學習生命週期和 ML 技能三大支柱的總覽，是時候將興趣和技能映射到工作職稱上了。

表 1-3 將大略提供想在特定職位上獲得成功，所需要學習的各項技能。範圍從 1 到 3 顆星，1 顆星代表重要性較低的技能，而 3 顆星代表非常重要的技能。

表 1-3　機器學習和資料技能矩陣

技能	工作職稱				
	資料科學家（DS）	ML 工程師（MLE）	MLOps 工程師	資料工程師	資料分析師
資料視覺化、溝通	★★★	★★	★	★	★★★
資料探索、淨化、直覺	★★★	★★★	★	★★★	★★★
ML 理論、統計	★★★	★★★	★★	★	★
程式設計工具（Python、SQL）	★★★	★★★	★★★	★★★	★
軟體基礎架構（Docker、Kubernetes、CI/CD）	★	★ 到 ★★★	★★★	★	★

在後續幾個章節會經常提到表 1-3，現在就存下來或夾上書籤！

看一看這些技能，你可以大致地將它們映射到前一節 ML 技能的三個支柱上，如表 1-4 所示。

表 1-4　機器學習和資料技能映射到 ML 工作的三支柱

支柱	ML 和資料技能
支柱 1 機器學習演算法與資料直覺：適應能力	資料探索、淨化、直覺 機器學習理論、統計 資料視覺化
支柱 2 程式設計與軟體工程技能：建構能力	程式設計工具（Python、SQL） 軟體基礎架構
支柱 3 執行與溝通技巧：在團隊中將事情辦好的能力	溝通等

如果你現在還無法完全確定每種類型的技能需求，也沒關係；第 2 章會重提這個矩陣，而且還有更詳細描述和自我評估檢核表。

給應屆畢業生的提醒

不需要擔心各項單獨技能，很多事情都是進了公司之後才會學到，但表現出你容易接受訓練，並且學習力強，絕對可以從其他求職者中脫穎而出。在 ML 職業生涯早期證明這一點的一個簡單方法，是對你目前尚無經驗的主題有高程度接觸，不夠深入也沒關係。例如，即使你不太常使用版本控制，但熟悉它將會是額外優點；你可以觀看一些可能只有 30 分鐘的影片，並在專案中花個 1 小時安裝 / 測試，而做到這點。

現在，將這一切結合在一起，在審視過機器學習生命週期（圖 1-5）以及機器學習技能矩陣（表 1-3）後，就可以來看看現在最適合你應徵的工作或獲得的技能！先將所有內容關連到 ML 和資料工作職稱目前的趨勢上（表 1-2），如圖 1-8 所示。

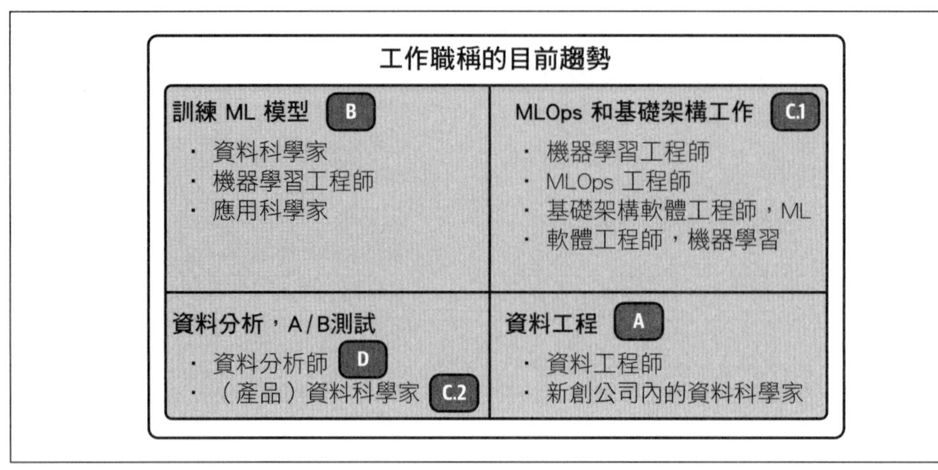

圖 1-8　常見的 ML 工作職稱，以及它們所對應的 ML 生命週期。

圖 1-8 中的字母標註可以映射到圖 1-5 中的標註，為方便而顯示如下：

- （A）資料
- （B）機器學習開發
- （C.1）ML / 軟體基礎架構
- （C.2）ML 假設測試 / 監控
- （D）報告和儀表板

在後續幾章會一直提到圖 1-8，現在就儲存下來或夾上書籤！

當看到工作職稱並檢查招募啟事的詳細資訊時，你可以將它對應到這個職位日常可能會負責的工作。此外，依據你感興趣機器學習生命週期的部分，更可以準備和定位你想要的工作申請，這樣就不會意外的找錯了工作。

練習 1-1

選擇一家招募網站，如 LinkedIn、Indeed，或第 2 章中列出的招募網站來瀏覽，搜尋「機器學習」、「資料科學家」、「資料」、「AI」、「生成式 AI」等，內容為何？你是否發現各種不同類型的工作職稱都標榜使用 ML 呢？

ML 工作面試介紹

我已經介紹很多你可能感興趣的工作職稱，是時候仔細查看在面試過程中你將遭遇的所有步驟和面試類型了！這本書書名是《機器學習面試指南》，但面試遠遠不只是面談時會遇到的問題，還有工作應徵和履歷表，這可是一開始能獲得面試的機會。如果無法增加獲得更多面試的機會，有可能甚至連回答任何面試問題的機會都沒有！以下將從頭到尾涵蓋整個過程，包括面試之後採取的進一步行動（第 9 章）。

快速定義本書術語

為了迅速做好準備，以下是本書使用的一些常用術語。「面試者」一詞，指的是目前正在求職的人；而「面試官」是來自公司，正在面試想要加入公司的人。面試者也可稱為「應徵者」或「求職者」，因為他們是成功錄取人員的候選者（參考表 1-5）。

表 1-5　本書常用術語的同義詞

常用術語	同義詞
回答面試問題的人	面試者 應徵者 / 求職者 找工作者
問面試問題的人	面試官
工作清單	招募啟事 職位空缺
工作或工作職稱	職位

「科技巨頭」指主要且大型的科技公司。因為業界中經常出現變動，例如 Facebook 品牌重塑，以 Meta 為母公司，而 Google 和 Alphabet 也是類似情況，所以一度盛行的 FAANG（Facebook、Apple、Amazon、Netflix、Google）[16] 縮寫詞早已經過時。為了簡單起見，我將使用「科技巨頭」這個總稱。

機器學習工作面試過程

現在來進入整個工作面試的過程。你將從應徵工作開始，參加面試，在經過幾輪面試之後，最後收到工作邀約；圖 1-9 是這整段過程的詳細情形。

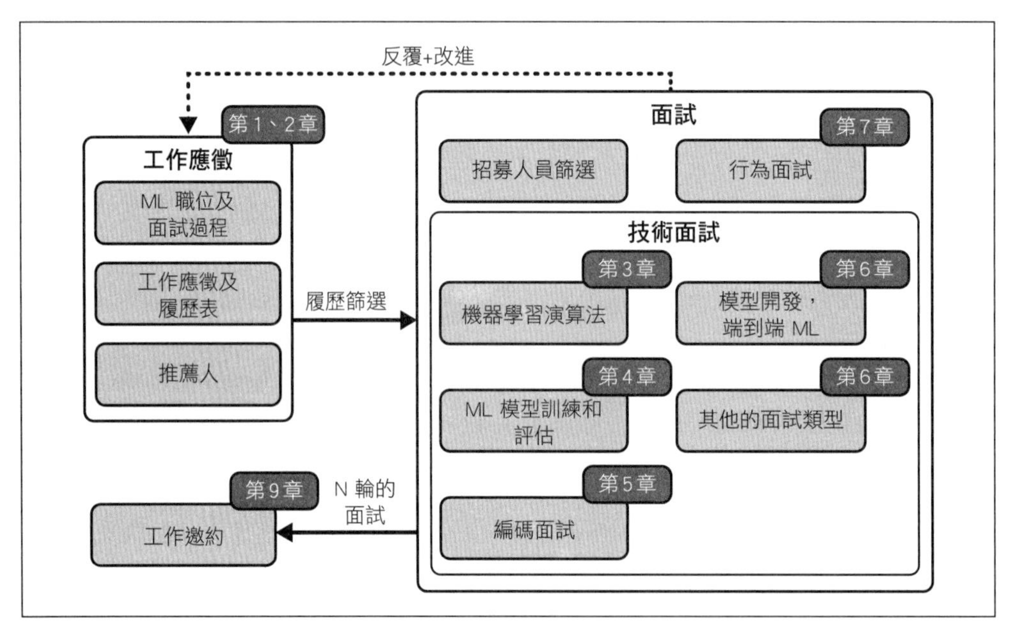

圖 1-9　ML 面試過程。

16 Wayne Duggan，〈What Happened to FAANG Stocks? They Became MAMAA Stocks〉，《Forbes》，9 月 29 日，2023，*https://oreil.ly/JzMys*。

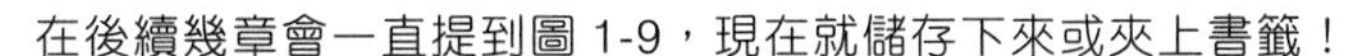

透過網站或求職告示板應徵工作

假設你剛要開始投入職場，並要應徵一家有 HR[17] 部門和完整招募過程公司的 ML 職位，可以用幾種方式開始應徵：經由公司網站或第 2 章討論的求職告示板，開始不靠任何關係的應徵；經由團隊或公司內的某人推薦；也可以透過在 LinkedIn 上傳送陌生訊息，或向招募人員發送電子郵件以獲得面試機會。通常，在擁有 HR 追蹤軟體系統的公司，即使有人推薦你，仍然需要將標準應徵文件上傳到線上入口網站，也就是說，還是需要準備已更新的履歷表，並填寫資訊。

也可以選擇與第三方招募人員合作來加強求職，第三方招募人員與專門為招募公司工作或承包的內部招募人員不同，第三方招募人員經常同時與多家公司合作。我認識的專業同行建議只和特定值得信賴的第三方招募人員合作，並要我小心提防那些提出許多不切實際的承諾或沒有信用的人。《Forbes》的這篇文章中可以獲悉更多關於第三方招募人員的資訊：*https://oreil.ly/Z2LuQ*。

網站或求職告示板應徵者的履歷篩選

使用第一種方法，即經由公司網站或第三方求職告示板，在未事先和對方建立關係下應徵，表示你已經瀏覽類似 Indeed[18] 的求職告示板，也造訪過這間公司讓你感興趣的工作招募頁面。這種情況下，不是靠他人將你推薦給團隊或公司；第 24 頁的「經由推薦應徵」中會提到這一點。你只是看到一些對你來說似乎還算合適的 ML 相關工作，並且按下應徵連結。在交付應徵文件且公司收到你的資料和履歷表之後，人力資源的成員、招募人員或負責履歷篩選的人，會繼續進行下一個步驟。

17 人力資源或同等部門。

18 第 2 章會提供更多清單和總覽。

實際的情況是這個工作有很多應徵者，可以假設第一批的應徵者會在招募經理看到他們之前就遭汰除，**招募經理**（*hiring manager*）是你加入團隊後，將與你共事且你須向他報告的經理。所以，一般假設廣義的人力資源合作夥伴，或是內外部招募人員會先看過你的履歷表，這些招募人員對他們正在篩選履歷的職位也許還算熟悉，但是他們主要仍然是通才，無法如同與你實際工作的工程師或 ML 專業人員一樣專業。這個篩選過程會用一些潛規則來看你的履歷，這就是為什麼就算你有相關背景，但你的履歷表在此時如果還不算清楚易懂的話，仍然可能會被拒絕。

總之，如果你的履歷符合以下條件，這些通才很可能會將它傳遞給招募經理：

- 根據招募啟示寫的履歷表中看到關鍵技術或經驗
- 有深厚關鍵技術或豐富經驗；若是初階層級或應屆畢業生，也有足夠證據顯示你可以很快上手
- 用最直白的話來說，看得出來你的技能和成就有相關性

為了鑑定你的履歷是否符合標準，招募人員可能會搜尋關鍵字，並用招募啟事來比較你的履歷。他們不會自動地幫你「翻譯」你履歷表上的技能；例如，如果工作描述提到「Python」，而你的履歷上顯示「C++」，在這個階段他們應該不會去考量說，既然兩種程式語言都是物件導向，只要你肯努力，可能很快地就能學會 Python。

即使符合資格，應徵者追蹤系統也會自動拒絕履歷表嗎？

ATS 是**應徵者追蹤系統**（*applicant tracking system*）的縮寫，它在這個階段的應用有些爭議。雖然公司確實會用類似 Workday 的系統來管理應徵，但並沒有具體證據（*https://oreil.ly/603SA*）顯示，公司在這個步驟會對每個招募啟事使用這些系統程式設計的方式，來汰除履歷表（圖 1-10）。

Gergely Orosz

@GergelyOrosz

我怎麼知道的？

嗯，我寫了一本為軟體工程師寫出像樣履歷表的書，發現以下的聲明沒有道理；作為一位招募經理，我從未看過「ATS 機器人」，而且我問過很多招募人員，也沒有人看過。

這都是這些網站為了增加銷售所捏造出來的謊言。

許多網站都錯誤地聲稱有自動化 ATS 拒絕，Jobscan 就說：「招募人員是否會看到你的履歷表，可能取決於 ATS 演算法對這份履歷表的優化程度。」CNBC 也發表過一篇文章：〈75% 的履歷表註定石沉大海：確保你的履歷表能擊敗機器人的方法〉，但這篇文章的資訊來源只參考以銷售履歷表服務為主的公司，聲稱他們所提供的履歷表，能「擊敗」這個系統，而沒有任何招募經理或技術招募人員支持這篇文章的內容；要是能找到願意為不正確事實具名的專業人員，算你走運。以下是這篇文章的其中一個聲明：

> 大多數應徵之所以被排除在外，是因為這些系統沒辦法用任何方式讀取和解釋它們的格式——CNBC 引用自 TopResume 一位職業生涯專家。

但將 PDF 履歷表「排除在外」的說法不正確，而且建議以 Word 文件為主要格式也很差勁。

ALT

3:55 PM · Oct 26, 2022

圖 1-10　《The Pragmatic Engineer》刊物創辦人暨前 Uber 經理 Gergely Orosz 關於 ATS 的評論（截圖取自 Twitter）。

實際上，招募人員頂多使用 ATS 來篩選履歷表，以符合招募啟事上的既有標準，如前文所提。在全職工作經驗的期間，我也未曾看過 ATS 自動汰除合格應徵者，而且我曾經負責手動地閱讀含有 50 多份履歷表的 PDF 文件。不過，我也不想說 ATS 的自動拒絕就完全不存在；保險起見，我認為這兩種觀點都有一定的道理。因此，就算 ATS 是一個問題，本書中的步驟也將幫助你，因為我將傳授你履歷表選擇的原則。（可以在 *thetechresume.com* 上讀到更多關於 ATS 的資訊：*https://oreil.ly/PRx9H*。）

如果你能夠用 HR 招募人員可以理解的方式，說明你的經驗與招募啟事扯得上關係，一定能在履歷篩選階段增加機會。HR 和招募人員的職位特質就是，能意識到高程度技術以及所招募職位的熱門要素，但不用了解細節，因此優化履歷表很重要。（第 2 章可以學到更多關於優化履歷表的資訊。）

經由推薦應徵

前文已經說明過，在沒有任何推薦下，直接經由求職告示板或網站在未事先與對方建立關係下的應徵，接下來要提供一些範例說明，可以幫助你快速經歷這個過程的推薦。

假設你對 ARI Corporation[19] 的 ML 工作有興趣，而且認識一位在 ML 團隊中工作的大學校友，於是你和他連絡上，並表示對這份工作感興趣。閒談中，你向這位校友展示一些與你感興趣的 ML 工作相關的個人 ML 專案，校友同意推薦你，並額外提供一些指導，讓你更了解這間公司人力資源系統的設定方式。

由於這位校友了解你，而且在看過你個人的研究作品後願意為你的技能擔保，因此你的履歷表會放到「最上面」。根據推薦 / 介紹的強度，你可能會完全跳過履歷的篩選，並從招募人員那裡得到高度保證的回覆，或甚至直接繞過招募人員，進入其餘面試回合，如圖 1-11 所示。注意，這裡我說「高度」保證，是因為它仍然取決於諸如時機等各種因素，舉個例子：就算有人推薦你，但人資部門剛好先找到人了；因此，你還是無法進入面試的其餘回合。

第 2 章會提到更多推薦，以及經由專業人脈獲得推薦的內容。

19 虛構名稱，但我想嘗試著使用一些 ABC Corp. 或 Acme Corp. 以外的名稱。

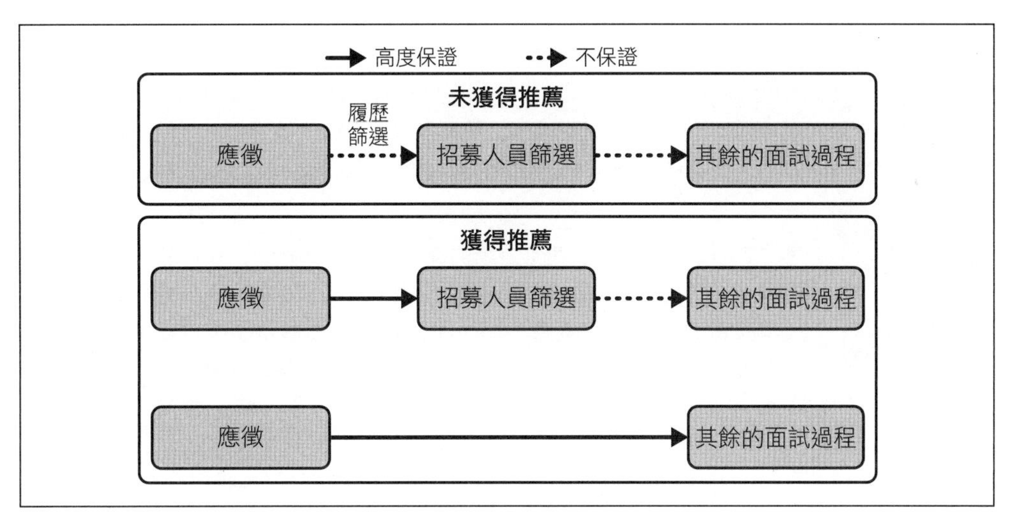

圖 1-11 有強力的推薦，可以縮短面試過程。

面試前的檢查表

你收到面試通知了！要如何拿出最佳表現？也許時間有限；但該怎麼做才能確保成果最大化？

審視摸索過程的筆記和問題

我個人的策略是，先縮小可能問題的類型範圍；例如，在 Amazon 面試的第一輪中，招募人員會概略敘述面試形式，並且將面試重點放在統計理論的問題上。我會閱讀線上資源，瀏覽筆記，並關注自己最弱的主題，而比較不去理會那些我肯定自己回答得出來的問題上，就只專注在那些可能會有人問，但我不是很了解的問題。至於要如何「猜測」可能會問到哪些事？這主要是基於和招募人員的對話，以及我向招募人員或招募經理提出的後續問題。我也不是永遠猜對，而且這有些類似於嘗試猜測大學入學考試會出現的題目，可能很準，也可能事與願違！

不管怎樣，這是在很了解的問題和不是那麼了解的問題之間，深度與廣度間的權衡取捨。在審視我所準備的筆記時，我個人比較偏向於廣度，但根據你手上的準備材料和了解，可能你會選出不一樣的結果。

面試時間的安排

根據你所在位置和面試官位置，可能會有時區上的差異。我嘗試找出自己可能最有活力的時間，有時候可用的面試時段並不理想，所以我會選擇兩害相權取其輕的時段，例如，在 GMT+8 面試，並在出國旅行期間與 GMT-4 的某人交談。

為了方便弄清楚受邀參加面試的應徵者時區，HR 排程軟體通常會具備行事曆功能，你可以在行事曆中輸入合意時間，而此行事曆會告訴你當地時區。然而，有時候也透過電子郵件往返來設定時間，Calendly 或 Cal.com 等工具就可以提供協助。

作為面試官和面試者，我對於在工作日一開始就安排行程比較謹慎，因為我希望在起床後有更多時間可以準備。但當然，如果沒有其他時段可用的話，我也會選擇早一點的時間。

面試前技術準備

作為面試官，我見過無數應徵者因為連線問題，或使用新的網路會議軟體而延遲面試，例如，因為以前沒有使用過 Zoom 所以無法及時設定。作為應徵者，因為我的個人電腦上只有 Zoom 和 Google Meet，我也曾因需要使用 Microsoft Teams 而出了些差錯，浪費時間。最後，我使用瀏覽器版本，但因為 Microsoft 的學生帳戶已經過期，所以在登入時又再度出現問題，幾分鐘之後才終於圓滿解決；如果我能早一點嘗試，或直接在面試前一天先登入，就能避免這種情況。

以下是一些可以幫助你，讓面試更順暢的訣竅：

盡你所能處於安靜的環境

像是 Zoom 這樣的軟體具有非常好的內建降噪功能，有些無線耳機也有類似功能。

預先檢查你的音訊和視訊

在影片方面，要確保採光良好且相機鏡頭乾淨；在聲音方面，應確保麥克風聲音清晰。在 Windows 和 Mac 上，我會使用內建相機和錄音應用程式。你也可以啟動一個新的 Zoom、Google Meet 或 Teams 會話，並執行測試。

在心裡面列出備份選項

在面試前，你家的網路可能會突然中斷嗎？附近是否有提供網路連線的咖啡館可以去？最好是安全的，你可以用手機上的資料嗎？行事曆邀請上是否有透過電話加入會議的選項？預先了解這些事情對你會有很大的幫助。我曾經有一次必須靠用電話加入會議的方式參加面試，幸好我還知道有這個選項可用。

招募人員篩選

恭喜，你的履歷表已經通過履歷篩選！現在以範例說明，練習接下來可能會發生的情況。

假設這個職位有 200 位應徵者，招募人員仔細審視他們的資料，並刪除其中缺乏相關經驗，或由於某種原因似乎不適合這個職位的 170 位。記住，這是你的履歷表留給招募人員的印象；相同工作職稱和相同招募人員，也許改善履歷表後就可以通過篩選；或如果你有一位認識的推薦者，你的履歷表可能早就已經往前移動了。現在剩下 30 位應徵者，招募人員會打電話給每一位；這通常是短暫通話，時間長度約 15 到 30 分鐘，通常稱之為「招募人員篩選」或「招募人員電話訪談」。

一般而言，招募人員會想要了解你是怎樣的人，是否容易共事。如果有人公然地宣稱擁有他所沒有的經驗，電話訪談中可能會揭穿這些捏造的工作或學校實習經驗。還有一些其他後勤問題需要篩選，像是地點、期望薪資和合法身分等。

招募人員篩選更強調的是「嗅覺測試」，而不是對技術能力和經驗的深入測試。

我成功的祕訣是優化這件事：**讓招募人員**了解你是一個很好的應徵者，你有相關經驗，或者可以很快上手；而且非常適合他們正在招募的團隊和職位。這和說服招募經理或資深 MLE 面試小組**不同**；相反地，如果你付出額外努力，讓履歷表和這次電話訪談建立起關聯，將會順利通過這次訪談。

以下是工作描述中一些重點範例：

- 「應徵者具有推薦系統的經驗。」
- 「具有像 Spark、Snowflake 或 Hadoop 等資料處理的經驗。」
- 「應徵者具有 Python 的經驗。」

在與工作招募人員的電話訪談解釋經驗時，不要用以下糟糕的範例：「在過去的專案中，我使用以 PySpark 實現的交替最小平方法（ALS）演算法。」

此時解釋經驗的比較好範例是：「在過去的專案中，我使用交替最小平方法（ALS）的演算法，這是一種基於矩陣分解的**推薦系統**（*recommender systems*）演算法，而且我使用 PySpark，這是用 *Python* API 封裝的 *Spark*。」注意，斜體字也出現在工作描述中。

較好範例指的是讓招募人員更能將你的技能與工作描述相匹配，而糟糕範例就無法一目了然地與發布技能匹配。撰寫履歷表的時候，空間一定受限；面試的即時對話，就是讓你能夠填補招募人員可能會有所忽略這個缺口的機會。

不要滿口專業用語也很重要，這點同樣適用於技術人員的面試。我在推薦系統和強化學習上比較專業，但在日常工作中不會處理電腦視覺方面的工作，當我面試的一位應徵者談論到電腦視覺專案，並適當地解釋專業技術時，讓我印象深刻。對面試官，你可以也應該避免居高臨下，無論他們是招募人員還是未來團隊中的一員。

作為應徵者，招募人員的電話訪談也是你評估這個工作的好時機。你可以問自己關切的問題，看看是否應該繼續參加面試，例如，我可能會問團隊規模，以及這份工作是否更注重 ML 或資料分析師的職責。你也可以準備一些關於這家公司以及產品上的問題；例如，團隊目前專案重點是增加點擊率還是長期參與？如果你是這項產品的使用者，你可能會有很多的想法和問題需要討論，這也是一個顯示你對這間公司的熱情和了解的機會。

主要面試循環的總覽

繼續下一個步驟。好消息：招募人員認可你的履歷表！你也很清楚解釋之前的經驗，招募人員也能夠了解你過去的工作，以及這些工作和他們手頭上職缺之間的關聯。

但到這裡還沒有結束；你是成功通過第一次招募人員篩選的 15 位應徵者之一。招募人員會通知你即將到來的技術面試，包含 ML 理論、程式設計以及案例研究面試，也有零星分布於整個過程中的行為面試。如果你一一通過，將進入現場面試，這通常是最後一個回合；現在也有虛擬的現場 / 最後一回合面試。如果通過最後一回合面試，就會拿到工作邀約。

技術面試

讓我們分解招募人員篩選之後的各種不同類型面試。第一個就是技術面試，通常由技術個人貢獻者（ICs）實施，像是 MLE 或資料科學家。

可能會有好幾輪技術面試；也許有一輪會是以資料為中心的編碼，或有一輪是由面試官展示一些虛構的範例資料，並要求你使用 SQL 或 Python pandas / NumPy 處理（有時候會有好幾個問題，而你在整個面試過程中，會使用各種不同程式設計工具）。第 5 章會更詳細闡述這種類型的面試結構和面試問題。

除了 ML 和以資料為中心的程式設計面試之外，也可能會問你腦筋急轉彎類型的問題。對這種類型的面試，可以使用像是 CoderPad 或 HackerRank 之類的面試平台，面試官會在這平台上提出問題，而你則在你和面試官都可以即時看到的線上整合開發環境（IDE）中撰寫程式。有時候會有其他形式的問題，像是技術深入探索、系統設計、在私有儲存庫或 Google Colab 中的回家練習等等。第 5 章和第 6 章會詳盡闡述準備這些類型的面試方法。

隨後幾回合的面試，可能會一步步刪減應徵者的數量，直到最後一回合；在我們的範例中，15 位應徵者通過招募人員篩選，而有 8 位應徵者通過第一輪的技術面試。在第二輪技術面試之後，只留下將繼續參加現場面試的 3 位應徵者。

行為面試

在面試過程穿插問題，目的是評估你碰到特定情況下的反應，這樣的用意通常是以過去經驗來預測未來表現，並了解你在高壓或困難情況時的應對。另外，這些問題也會評估你的軟技能，像是溝通和團隊合作技巧，最好準備一些過去經驗，並以說故事的方式傳達。

例如，在第一次和招募人員通話訪談期間，招募人員可能會問你處理專案上困難的時間軸問題，就算你有所回應，他們也不一定會罷休；現場面試時，通常會有一個小時花在這些行為問題上；技術面試時，可能會問你一些融合純粹技術與行為的問題。第 7 章能幫助你成功通過行為面試，其中也包括特定公司的準備訣竅，如 Amazon 的「Leadership Principles」（*https://oreil.ly/Q6GC-*）。

現場最後回合

許多公司都有「現場」最後回合或虛擬的等同回合，這些通常是兩場接續進行的面試。例如，從早上開始，你可能會在案例研究面試與技術總監碰面，然後在程式設計面試與資深資料科學家碰面。午休之後，你可能會和詢問 ML 理論的兩位資料科學家碰頭，然後招募經理會問更多行為問題，並盤查你過去經驗。除了技術面試官以外，你也可能會與利害關係人交談，例如鄰近團隊的產品經理，該團隊與你面試的團隊有密切合作。在我經歷過的幾次最後回合面試中，有一位產品經理面試官，或來自與 ML 團隊密切合作的其他部門人員，例如行銷或廣告部門人員。

有些公司在這之後還會有額外的小型回合，像是與跨兩級，即與你經理的經理的簡短談話。

結語

你在本章已經了解各種不同的 ML 職位、ML 生命週期，以及映射到 ML 生命週期的不同職責，你也明白從面試過程開始一直到最後回合都能順利通過的方法。有很多需要準備和學習的事情，但現在你已經有一個概念，我也希望你對於接下來的準備有更多想法。

本章已經奠定好基礎，後續將介紹詳細的工作應徵指導，其中也包括履歷表的指導，以幫助你大幅度地增加獲得面試的機會。

第二章

機器學習工作應徵和履歷表

要成功的在機器學習領域中獲取工作邀約，不僅要為面試本身做好準備，而且要先獲得面試的機會。在應徵過程中，有很多機會能讓你的個人資料從眾多應徵者中脫穎而出，並增加獲得面試的次數。如果你目前正苦於想從投履歷中得到回覆，本章將傳授你優化方法，以得到更好和具意義的應徵結果；如果你才剛開始要踏入職場，本章也提供應徵過程的深入解說，以避免你犯下錯誤。

去哪裡找工作？

你想找到 ML 工作，但要去哪裡找呢？你也許知道 LinkedIn 或 Indeed 這樣的線上求職告示板，但也有其他管道讓我和無數其他 ML 專業人士找到工作。表 2-1 提供其他工作網站的清單，以及得知工作清單的非正式方法。

表 2-1　得知工作清單方法的範例

如何得知職缺	範例
線上工作應徵（所有類型）	LinkedIn（*https://www.linkedin.com*）（「輕鬆應徵」選項很方便） Indeed（*https://www.indeed.com*） Dice（*https://www.dice.com*） 直接去公司網站，因為他們也許不會發布到各大工作網站上 當地工作網站（如果 LinkedIn 這類的國際網站在你所在區域不算普及的話） 在社交場合分享，或在 Slack、Discord 頻道上分享的工作清單

如何得知職缺	範例
線上工作應徵（多為新創公司）	Wellfound（*https://wellfound.com*）（即之前的 AngelList Talent：*https://www.angellist.com/*）
	Work at a Startup（*https://www.workatastartup.com*）
	當地的新創公司工作網站
	新創公司的招募頁面
人脈網絡	口耳相傳
	資訊式面試
	喝咖啡聊天
	陌生訊息

ML 工作應徵指導

本節將指導你完成為應徵工作而選擇的策略，接下來的履歷表指導將協助你建立優化的工作應徵。

你每次應徵的有效性

很多人在沒有任何人脈網絡的情況下成功找到工作。事實上，我的第二份工作就是完全沒有任何關係的應徵；當時我不認識任何在那間公司工作的人，但是從機率的角度看，如果我只應徵沒有人推薦的公司，將需要送出更多應徵申請，並參加更多面試。以下是我用來評估這一點的心理方程式：

應徵 × 每次應徵的有效性（*EPA*）→面試邀請

不管 EPA 為何，送出的應徵申請越多，就會獲得越多面試機會。任意地送出大量應徵申請，像「噴灑與祈禱」的方式亂投，也許能提升低 EPA。

另一方面，如果你提交的應徵申請比較少，又希望得到相同數量的面試，就需要增加平均 EPA。透過招募啟事篩選合適工作，或量身訂做履歷表，都可以增加 EPA，應徵申請不用太多，就能夠得到相同數量的面試（大多數的時候）。

所以應該選擇哪種類型的策略？不需要找人推薦或量身訂做履歷表，只要準備在這種情況下送出更多應徵申請，這也是一種選擇！如果你比較喜歡大量應徵的方式，則可以隨意跳過以下部分，不過還是建議你看一下。

以下是一些可以增加 EPA 的策略，下一節會詳細說明（參考圖 2-1）：

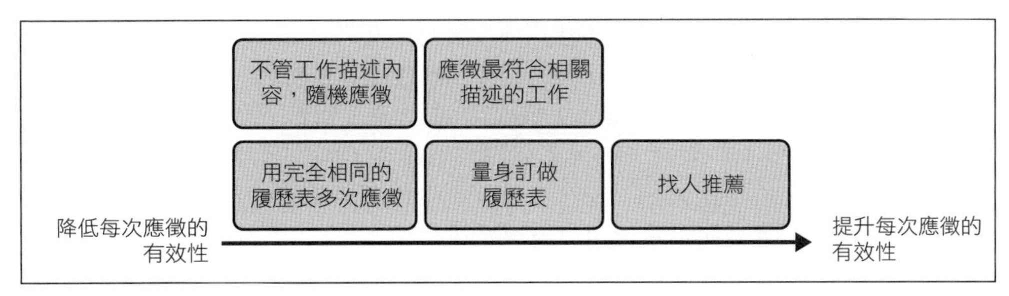

圖 2-1　工作應徵以及每次應徵的有效性。

獲得工作推薦

獲得 ML 工作的推薦，並利用人脈網絡來增加推薦機會。

應徵前的工作審查

如果投入時間尋找並應徵更適合你技能的工作，可以增加 EPA。

量身訂做履歷表

和工作審查結合，重新整理履歷表，以強調與目標工作最相關的關鍵字和技能。

> **多樣化投資，也就是工作應徵**
>
> 我已經成功應徵到有人推薦的工作，但這是否代表只有得到推薦時，我才能應徵這份工作？說實話，不是。我也對那些看來不是很適合的工作發送過履歷表，而且也不是每次都量身訂做履歷表。對每個單次的應徵，不需要使你的 EPA 最大化，但只要獲得一些推薦，就會增加平均 EPA。你可以根據投入時間，盡力去混合搭配；有時候我只是沒有時間或精力去聯絡某人尋求推薦，或覺得我和這間公司的關聯還不足以尋求推薦，所以選擇在沒有任何關係下應徵。

工作推薦

第 1 章曾說過工作推薦可以幫助你在「履歷表堆」中躍升到頂端，甚至保證你會接到招募人員的電話訪談。在某些情況下，如果有人推薦（即建議）你為應徵者，你甚至可以繞過最初的招募人員電話訪談，並直接跳至面試過程的後期階段，如圖 1-11 所示。本章要說明推薦如何成為改善 EPA 的方法，我個人認為，可能的話，能利用推薦是再好不過，這確實需要推薦你的人，願意賭上他們的聲譽，因為推薦你，就是在暗示僱用你會卓有成效。

以下有 3 個螢幕截圖範例，分別是尋求推薦、促成推薦的咖啡聊天，以及資訊式面試。

常常有人誤解，推薦是獲得僱用的萬靈丹。這是不正確的，因為推薦通常只能讓你通過整個過程的第一回合；剩下的還是取決於你自己，隨後的幾回合面試仍然會考驗你。

工作推薦範例 1：有效的實習生人脈和聯繫

這是一個我曾經推薦給團隊的實習生應徵者範例；他在參加我協助舉辦的 ML 期刊俱樂部 AISC 聚會時認識我（圖 2-2）。在另一場我主持的活動之後，因為他展示很棒的 5 分鐘「閃電式」演講，所以我聯繫他，以簡訊來回交談的方式直到談話結束，在這之後有將近兩年沒有聯絡！

2019 年 5 月 26 日

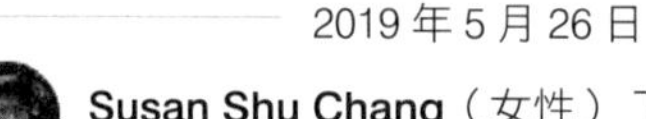

Susan Shu Chang（女性） 下午 8:20

嗨！感謝你能參加這場 AISC 5 分鐘的論文視訊挑戰！我是 AISC 部落格編輯，若是你允許，我們希望將一些你提交的內容轉成部落格文章。和你聯絡是想請問是否有興趣提供視訊腳本，成為部落格的一部分？

圖 2-2　推薦範例 1：在 ML 期刊俱樂部見面之後的簡訊交談。

之後，他在 2022 年又聯絡我，聊了會我任職公司的職位。由於我在他參加 ML 期刊俱樂部時就認識他了，而且還記得我們的談話，所以我很樂意地推薦他（圖 2-3）。

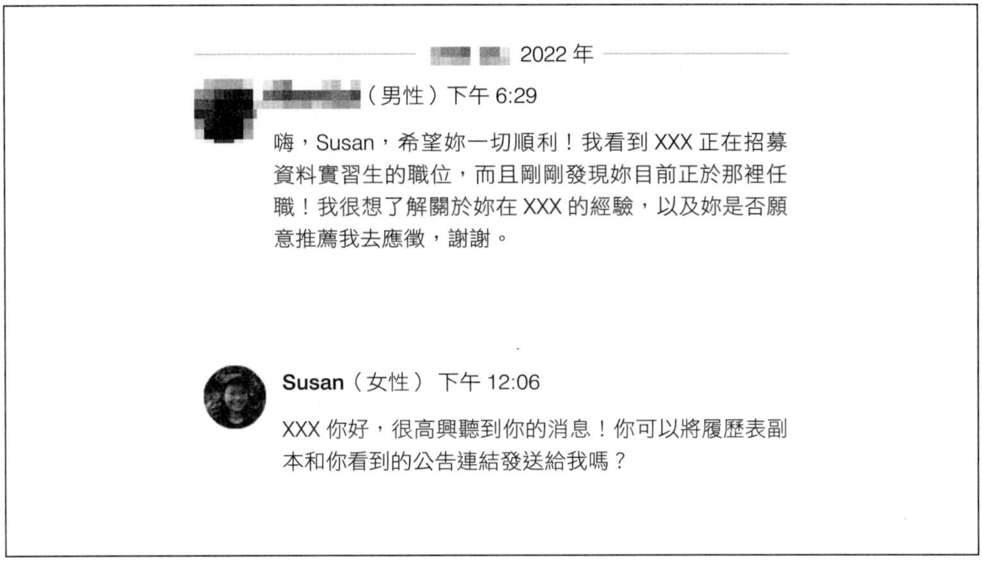

圖 2-3　推薦範例 1：推薦一位實習生求職者。

這是雙方已經認識，而且具專業度熟識時聯繫的絕佳範例，這可能會在以後帶來推薦、面試或工作的機會。

工作推薦範例 2：溫和聯繫，以獲得更多招募啟事訊息

這是「溫和」（warm）[1] 拓展的另一個範例（圖 2-4）。這個人主動用訊息聯絡我，提到了我們都曾參加過的一次研討會；當時我們只有短暫交談，但即使是這樣的提醒，也足以在擁塞的收件匣中引起我的注意，我同意盡快回電給他，並回答有關招募啟事的一些問題。

1　與「冷」（cold）相反，「冷」是指雙方在聯絡時彼此並不認識。

圖 2-4　推薦範例 2：溫和聯繫以請教有關招募啟事的訊息。

和他通話時，我問對方他的過往經驗；在聽說相關資料經驗之後，儘管他還沒有提出明確的請求，我也已經主動表示願意推薦他（圖 2-5）。

圖 2-5　推薦範例 2：推薦一位求職者的訊息[2]。

以下是我同意與應徵者交談並推薦他們的一些原因：

2　在我當時任職的公司，推薦方式是應徵者可以自行在工作入口網站上輸入員工 ID。然而，我也曾用過其他 HR 系統，有時候推薦者，如這個情況下的我，必須自己將待推薦之人輸入系統。再說一次，這視情況而定！記得和你的推薦者確認推薦方式。

說明關聯

他們明確說出之前在哪裡認識我。有時候，求職者會提到讀過我的部落格或聽過我的演講；也可能會提到看過我的一篇 LinkedIn 貼文等事情（重點是能具體指出哪一篇）。

要具體

他們點進招募啟事連結，或提到聯絡原因的細節。有時候我會收到非常廣泛的問題，像是「要如何踏入資料科學領域？」在這種情況下，即使和對方喝咖啡聊天，我也只能複製或重複他們可以從我的部落格文章或這本書得到的資訊！電話交談或會面應該是有意談更深入的對話。

禮貌很有幫助

他們不會咄咄逼人，也不無禮，而且非常尊重我的時間。

工作推薦範例 1 中的實習生應徵者在聯絡的時候也顯露出這些特點。

工作推薦範例 3：陌生訊息

有一個我之前從沒有見過的人，主動聯絡我喝咖啡聊天，見圖 2-6 的範例。注意，她提到看過我寫的一篇特定 LinkedIn 貼文，以此和她想聯繫的人，也就是我**建立關聯**（*state a connection*）。這個訊息只是想進行一般性聊天，而不是談具體的招募啟事，但實際上她開始談論到 AI 和遊戲開發，這些都是我感興趣的特定領域，也足以促使我安排會面。而這並不困難，因為當時我們都在多倫多市中心一帶。

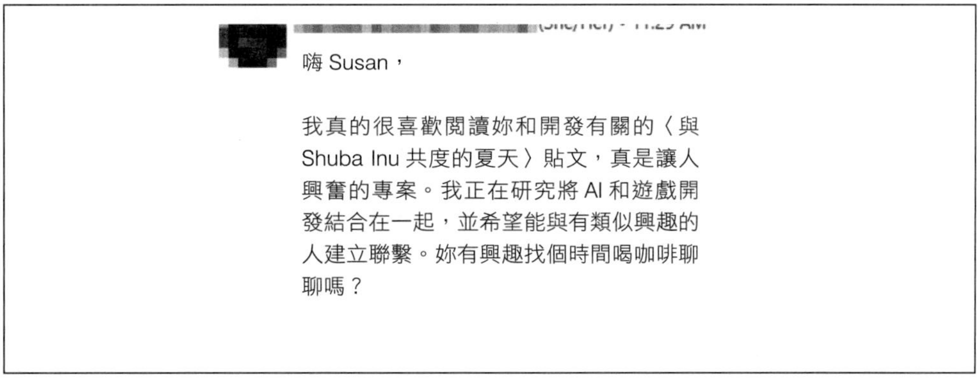

嗨 Susan，

我真的很喜歡閱讀妳和開發有關的〈與 Shuba Inu 共度的夏天〉貼文，真是讓人興奮的專案。我正在研究將 AI 和遊戲開發結合在一起，並希望能與有類似興趣的人建立聯繫。妳有興趣找個時間喝咖啡聊聊嗎？

圖 2-6　推薦範例 3：請求喝杯咖啡聊聊天。

在會面期間，我們深入討論的聊到各種不同 ML 和 AI 主題以及遊戲開發，這讓我確信這是位我應該記下來並推薦的人。事實上，我也提到我的團隊當時正在找人，可惜的是，她最近才開始新的工作，所以我無法推薦她，但在 UNO Reverse[3] 的情況下，她主動提議將我推薦給她的新老闆（圖 2-7）！

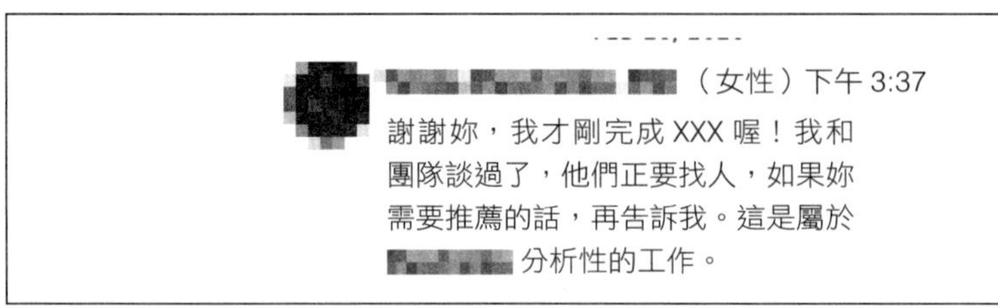

圖 2-7　推薦範例 3：UNO Reverse 推薦提議。

人脈網絡

正如你從前 3 個範例中所看到的，考慮周到的訊息能讓你獲得推薦；參加活動和研討會，則可以增加在時機成熟時得以聯繫的親切友好關聯數量。

產業界許多有經驗的領導者都很支持推薦方法，以下是一些例子：

> 大多數招募都是發送沒有任何關係的電子郵件給經理、經由推薦親切友好的介紹，或人脈網絡活動等管道進行。事實上，我建議我的學員，除非有絕對的必要，否則不要透過求職告示板 / 公司網站應徵工作。
>
> — Suhas Pai，Bedrock AI 首席技術長

> 在某些職位中，如果你是值得信任的推薦者，可以縮短履歷表篩選和招募人員電話訪談。
>
> — Eugene Yan，Amazon 資深應用科學家

但是，要如何建立「人脈網絡」呢？當我還是學生的時候，人脈網絡這個詞讓我非常地困惑。「假如我去參加研討會和聚會，那又怎樣？其他人又不會只是見過

3　在紙牌遊戲 UNO 中，有一張紙牌讓你可以用它反轉其他玩家輪流的順序，也可以用來指預期的行動或後果返回發起者身上的情況！

我一次，就為我推薦工作……」如果你這麼認為，你可能是對的，一般人通常不會忽然推薦你，除非有理由讓他們這麼做。

幸好，許多公司，尤其是大型科技公司和較具規模的公司，都會提供推薦獎金。也就是說，如果員工推薦某個人，而且公司也僱用了他，他們就會得到金錢或獎賞。通常，會規定新到職者必須待滿六個月，以防止濫用獎賞制度；推薦計畫鼓勵員工在人脈網絡中，為職位空缺推薦合適的人。

另外，ML 的需求量很大，因此有些公司一直很難找到人，許多公司和團隊都會透過朋友、以前同事、大學同學等推薦，以找到合格的應徵者。所以就算你沒有強大的人脈網絡，確實還是有很多人有留意合適求職者的動機。

以下是我使用的步驟：

1. 查看個人或線上舉行的聚會、研討會等類似活動。
2. 參加活動（通常是免費的）。
3. 在每次活動中，只認識一位新朋友。

經由這個小目標，隨著時間的推移你會結識更多在不同公司工作的人。即使你每個月只參加一次活動，在一年的期間裡，你也將結識 12 位當你未來應徵工作時，願意推薦你、做擔保的人；或者甚至可能會結識因為認識你，所以更有理由僱用你的新創公司創辦人。

人脈網絡是一項長期的投資，而且需要很長時間才能看得出回報。常見的誤解是，人脈指的是以下情況：先去找感興趣的工作，然後和那公司或工作相關的人聯絡。如果你只在應徵工作的時候才建立人脈網絡，就會有很大壓力，而且時間也會很緊繃；更不必說，或許已經太遲了。

如果你已經結識其他公司的人，甚至是大學、訓練營等依此類推的校友，當你看到他們所任職公司的招募啟事時，就可以和他們連絡；如果不確定要怎麼開始，可以參考上一節的成功範例。

即使你認為自己不「擅長」結交新朋友，這也是一項可以學習和訓練的技巧。參加任何人脈網絡活動、聚會或研討會時，設定只結識一個新朋友的小目標；這樣真的很有用。

除了獲得推薦之外，人脈網絡還有很大的好處。以下是我剛畢業時的一個範例：在我應徵兩間不同公司的招募啟事之前，我光透過參加研討會和聚會，就遇見這兩間公司的兩位最後回合面試官（董事層級）[4]。而且兩間公司的工作邀約我都拿到了，雖然他們沒有推薦我，但我仍然受惠於人脈網絡，因為他們兩位都曾在某個時候和我有過互動；他們是親切友好的人脈，而不是我在面試中首次遇見的面試官。

機器學習履歷表指導

我說過，量身訂做履歷表也是增加 EPA 的一種方式，但不論你是否有這個打算，都至少先需要一個版本的履歷表。這一節將從頭到尾指導你建立好第一份履歷表，如果你已經有履歷表了，也可以為了提示和更多練習而看看本節內容，然後再前往量身訂做履歷表或你感興趣的部分。

盤點過去經驗

在開始寫履歷表之前，應該盤點過去曾經做過的事情，包括過去的工作經驗、在學校或工作中的 ML 專案，即任何與 ML 和資料科學相關的事情。如果你在 ML 以外沒有任何個人或學校專案或工作經驗，仍然可以稍微盤點；這將幫助你弄清楚還需要學習的地方，以縮小現有技能與目標 ML 職位之間的差距。

舉個例子，當我是應屆畢業生的時候，只有不到一年工作經驗的我，盤點結果看起來像以下這樣：

大學

- 關於 Steam 上電動遊戲價格的計量經濟學研究論文，資料是自己抓取的
- 關於 Reddit 參與度的計量經濟學研究論文，資料是自己抓取的

第一份全職工作

- 建構 ML 流失模型

4 我的部落格貼文有這件事完整的細節：〈Why Networking Is Like Investing in an Index Fund—How I Met Multiple Interviewers by Attending Events〉（*https://oreil.ly/bKizY*）。

練習 2-1

寫下你已經完成的工作或主要專案清單，學校、個人都可以，不必拘泥只專注於 ML 相關內容，不過在這個階段，任何大致相關的內容都算數。（你做過資料淨化嗎？使用過 Python？將這些加進來。）包括受過的教育、證書和任何相關內容。不必採用履歷表項目符號的形式；它們可以只是未格式化的文字清單，或記在記事本上，設定 30 分鐘的計時器，做完後再回來。這本書會想念你，但需要你做這件事！

從「練習 2-1」所列出的盤點清單中，挑選 3 到 5 項你認為與一般 ML 職位最相關的經驗，再次參考表 1-3 的 ML 和資料技能矩陣，對於目標 ML 職位，清單上的經驗到目前為止是否有相關性？如果你覺得沒有 3 項相關的 ML 或資料經驗不到 3 項，可以暫時用內容最充實，和「令人印象深刻」的工作或學校經驗來填充。在這個階段不必煩惱它是否完美，你隨時都可以回到這個較長的盤點清單，稍後再挑選另一項經驗。

接下來，列出你做過與前 3 項經驗相關的所有事情：不僅包括與編碼、ML 或資料相關的技術部分，也包括軟技能，像是向團隊展示結果，或組織聊天群組以協調隊友。

為了繼續使用我個人最初、未精煉過的盤點清單範例，以下是我將包括的內容：

大學生經驗範例

關於 *Reddit* 參與度的計量經濟學研究論文，資料是自己抓取的

- 用 Python 抓取 Reddit
- 用 Python 淨化資料
- 用 Python、Stata 執行統計建模
- 用 Python 將結果視覺化
- 用 LaTeX 製作專案簡報
- 向 10 個人和教授的研討班介紹專案總覽和結果

第一份工作（少於一年的經驗）範例

我的第一個 *ML* 流失模型

- 用 SQL、Python 進行探索性資料分析（EDA）
- 用 SQL 淨化資料
- 用 SAS 在表狀資料上訓練邏輯迴歸模型；在 SAS 上建立整體模型
- 用 SAS、SQL、Python 執行模型評估並分析結果
- 用 Excel、PowerPoint 製作簡化且清晰的視覺化簡報
- 用 PowerPoint 展示結果
- 與 ML 工程師合作將模型用於生產

練習 2-2

從 41 頁「練習 2-1」寫下的過去經驗清單中，選擇前 3 項為範例，寫下做過所有與這些經驗相關的事情，包括技術或軟技能的使用。

履歷表部分的總覽

現在你已經有了一個值得精煉過去經驗的起始清單，來看一下履歷表的各個部分。以下這些是履歷表的核心部分：

- 經驗
- 教育

以下這些是履歷表的可選部分：

- 技能總結
- 志工服務
- 興趣
- 其他部分（你選擇的名稱）

還不用煩惱怎麼填入可選部分；填入的做法將取決於核心部分的內容，以及是否會讓履歷表的內容過於冗長。

經驗

使用在 41 頁「練習 2-1」提供的盤點清單前 3 項經驗，另外還應該蒐集以下資訊：

- 職稱
- 你所工作的地方
- 你在那裡工作的時間範圍（例如，2018 年 5 月至 2021 年 11 月）
- 「練習 2-2」中的職責重點
- 你所在區域、產業或工作文化可能會期望的任何其他資訊

*初始*履歷表一部分的範例看起來可能會像以下的內容：

ARI 公司資料科學家（2021 年 5 月至今）

- 為網頁人性化設計和開發的協同過濾模型
- 開發會依據使用者規格合計預測模型分數的 ETL[5] 製作守則
- 開發預測整體模型以優化行銷活動規劃和接觸點

還不需要在範本中格式化你的履歷表；在處理格式之前先確定內容會更有效率，例如有時候只是添加了一個單字，就會破壞漂亮排版，而且還要花費比修復它所應該花費的更多時間……。記住，本節最後我將連結到一些常見的範本。

以下是一些可以改善初始重點的提示：

多用加強語氣的動詞詞彙。

例如，不要寫「以 TensorFlow *執行*影像識別」，而應該寫「以 TensorFlow *開發*影像識別模型」。（為方便說明，動詞採斜體表示；但在履歷表中不需要採用斜體。）這可以幫助說明你在這段經驗期間做的事情，而不只是產生結果，因為結果可能是團隊共同努力。

5 ETL 指的是提取、轉換和載入資料。

可以從 Washington 大學：Action Verbs for Resume Writing 中找到更多相關動詞清單：*https://oreil.ly/NsWMe*

具體說明你的影響，最好採用量化且容易理解的方式。

[原來] 為網頁人性化設計和開發的協同過濾模型

[修改] 為網頁人性化設計和開發的協同過濾模型，與基準比較，參與率提升 2 倍

增加使用的工具和程式語言。

[原來] 為網頁人性化設計和開發的協同過濾模型

[修改] 為網頁人性化用 PySpark 和 MLlib 設計和開發的協同過濾模型，與基準比較，參與率提升 2 倍

如果字數因此變得太多，那就必須裁減一些內容。調整措辭，保留下最必要的資訊即可。

教育

這裡的重點與經驗部分非常類似，也應該包括以下資訊：

- 就讀的學校 / 機構
- 地點、國家；非必要性，但還是建議提供
- 就學的時間範圍，例如 2018 年 5 月至 2021 年 11 月
- 與 ML 或資料相關主要課題和作業的重點
- 所在區域、產業或工作文化可能會期望的任何其他資訊

綜合以上，範例看起來可能會像以下內容：

Waterloo 大學

Waterloo, Canada，2010-2015

- 用 Python、pandas 抓取和淨化銷售資料
- 用 ARIMA 時間序列模型預測電動遊戲的價格

現在你已經體驗核心基礎部分，可以來看一下加分項目。你的核心部分有很多專案和經驗嗎？如果真的有，你可能不用一定要添加志工服務。例如，當我是應屆畢業生的時候，因為我幾乎沒有任何經驗，所以我添加技能總結和志工服務經驗，來填充空間。

就算還有其他經驗，但在開始用不相關的內容填充履歷表之前，我建議你先專注在精煉現有重點。太多額外內容，可能只會分散招募人員和招募經理的注意力，讓他們無法看到你所具備最關鍵和最重要的技能。

練習 2-3

到目前為止，你的經驗和教育部分以圖 1-8 的任何目標職位來說，看起來是否夠有實力而且相關？其他對 ML 感興趣的同行，是否具有任何你缺少的重點？不用擔心，本章最後和本書會建立一個行動計畫，這裡的重點是開始自我反省，並將你的經驗連結到之前談論過的 ML 工作上。目前，你是否擁有任何相關的志工服務經驗、興趣或額外經歷？寫下來。

技能總結

技能總結是列出你已經接觸過的一堆程式語言和框架。當心：不要太誇張了；如果你在這裡列出的框架或函數庫，與重點中詳細說明內容不相匹配的話，技術面試官可能會要求你更進一步說明。你在履歷表中列出的所有內容，都可能拿來詢問你，以下是一個範例：

技能總結

- Python
- TensorFlow、PyTorch
- NumPy / pandas、Polars
- C++
- 等等……

面試官觀點：履歷表應該包括技能部分嗎？

在審查履歷表的時候，我傾向於略過這個部分，並直接進入到工作經驗的重點。不過，這可能會因審核者而異；例如，嘗試匹配工作描述的招募人員可能就會關注技能部分，而且你列出的越多，就越有可能與工作描述重疊。

志工服務

這個部分可以只使用一行重點，而不是將它們分組到經驗之下，除非（1）你的志工服務經驗非常有影響力，而且有極大價值，但若是這樣，我可能會將它放在經驗部分之下；或（2），你真的花很多心思在填充履歷表。以下是一個範例：

志工服務經驗

- SIGIR Conference 2023 志工，台北
- 多倫多機器學習高峰會志工，2020 年，多倫多
- 等等……

興趣

有些人建議使用這個部分，來顯示工作之餘的一些興趣；但我認為的通則是，如果沒有空間了，可以排除這個額外部分，也不會有任何不利的後果。但另一方面，如果你的興趣真的很酷，像是西洋棋大師或馬術杯冠軍頭銜，任何你引以為傲的事情，都可以保留它。我還是學生的時候，是用以下內容填充這個部分：

興趣

- Team Fortress 2 虛擬物品交易，2012-2015
- AISC（原 Toronto 深度學習系列）部落格編輯，2019 年
- 等等……

沒錯，我把電動遊戲放入履歷表中；是的，我確實交易過廢金屬，這是線上遊戲 Team Fortress 2 的一種非正式線上貨幣[6]，有完整經濟制度圍繞其中；沒錯，會放入的原因沒別的，就只是因為我必須填滿履歷表。不過，從來也沒有人拿這件事問過我就是了。

履歷表的其他部分

你可以選擇增加其他部分，與志工服務和興趣部分差不多使用相同格式即可。如果有引人注意的興趣、志工服務，我鼓勵你把它們放到各自獨立的部分，這樣會更合適。例如，我在開始公開演講後，就有足夠的條目得以寫入新部分，以取代履歷表上志工服務的部分：

公開演講

- O'Reilly AI Superstream（MLOps）主講人
- PyCon DE 和 PyData Berlin 主講人
- 等等……

履歷表資源

- 「履歷表查核表」確保你的履歷表看起來很完美（Waterloo 大學）：*https://oreil.ly/F7XhB*
- 想不出來能用什麼動詞時：「Action Verbs for Resume Writing」（Washington 大學）：*https://oreil.ly/NsWMe*
- 透過 CareerCup 的履歷表格式和查核表，以北美為主：*https://oreil.ly/_koWG*
- Overleaf 上的履歷表範本：*https://oreil.ly/zcBf7*（LaTeX markdown）：過去 5 年，我所使用的範本是 AltaCV：*https://oreil.ly/emhFz*；兩欄式，我刪除圖形，只留下文字來個人化這個範本；普及的單欄範本則是 Modern-Deedy ：*https://oreil.ly/nyKWd*。

---

6 我想知道我的那些經濟愛好者夥伴，是否會將虛擬線上素材定義成商品貨幣。在遊戲中，廢金屬品項是可以用來作為增強遊戲的武器，所以它們有其用途。

這就是本節的內容，如同往常一樣，一定要檢查在履歷表中是否包含了任何區域性所要求的資訊，本章最後也有履歷表相關的常見問題與解答。

根據想要的職位，量身訂做履歷表

現在你已經有了基本的履歷表，接著來研究以圖 1-8 為主的常見 ML 工作職稱，量身訂做履歷表的方法。如果在圖 1-8 中沒看到你正在尋找的工作職稱，可以將它映射到圖 1-5 的 ML 生命週期，並對 ML 生命週期中類似職位套用相同提示。要記得，不需要為每個工作應徵都量身訂做履歷表，但就算只對感興趣的最常見工作職稱量身訂做履歷表，也可以增加平均 EPA。

回顧表 1-3 的技能矩陣，大概就可以明白為什麼量身訂做履歷表很有用：如果同時具備「程式設計工具」和「統計」技能，應該可以應徵 DS（資料科學家）和 MLE 職位，但為了突顯這兩個職位之間不同的其他技能，改變一些重點可以更有效標識出技能。表 1-3ML 的技能矩陣可以有效縮小更適合你過去經驗工作職稱的範圍，但這樣做之後，你的工作搜尋將取決於實際的工作描述。

一旦開始查看工作描述，你有時候可能會看到與資料分析師職位，如和「產品」資料科學技能相關的 DS 招募啟事，而且有時候招募啟事可能會更符合矩陣上的 MLE 職位。

練習 2-4

選一個招募啟事搜尋引擎！我個人喜歡從 LinkedIn 開始，因為我熟悉這個平台，但不管怎樣，稍具規模公司的大多數工作，都會在所有主要平台上重複公告。

開始鍵入一些工作職稱，可以用圖 1-8 中常見的 ML 工作職稱為靈感，點選引起你注意的工作職稱，並查看它的工作描述。是否有任何關鍵字和你履歷表中的重點互相匹配？再多瀏覽一些內容之後，記下任何重複出現的關鍵字、工具或框架。你是否具備這個技能？或者應該要去學習，以便履歷表可以更符合這些工作的描述？

以我自己的經驗來說，我所有全職職位的工作職稱都是資料科學家，但我一直專注於建立 ML 模型，並將模型部署到產品中或改善 ML 產品。基於這個矩陣，我已經做過從 MLE 到應用科學家的所有工作，甚至從事過一些 MLOps 相關的職位。

現在來假設我正在線上瀏覽工作，而你嚴密的監視著我。我打算要搜尋「Spotify 機器學習」並開始敲選搜尋結果，如圖 2-8 中的範例。

資料科學家或資深資料科學家

Spotify · 多倫多 · 安大略（遠端存取）

應徵 儲存 •••

工作內容

- 和對消費者體驗充滿熱情的資料科學家、使用者研究人員、產品經理、設計師，和工程師組成的跨職能團隊合作。
- 對大量的資料執行分析，以在使用者行為中提取有影響力的見解，幫助推動產品和設計決策。
- 傳達見解和建議給遍及整個 Spotify 的利害關係人。
- 成為關鍵合作夥伴，以建立產品策略，使公司與消費者的日常生活息息相關。

需求人員

- 在統計學、數學、電腦科學、工程、經濟學或其他定量學科領域具備相關的經驗或學位。
- 有良好人際關係技巧，並且能夠輕鬆自在地與多方利害關係人合作。
- 知道了解和處理鬆散定義問題的方式，並且能想出相關答案和有影響力的見解。
- 為了讓問題更清晰，不惜擬定假設，並且可以與其他人一起思考，同時澄清他們的猜測和假設。
- 精通 Python 或類似的程式設計語言。
- 有 Google BigQuery 的經驗或精通 SQL。
- 有使用線性和邏輯迴歸、顯著性檢定和統計建模等各種不同分析技術的廣泛經驗
- A / B 測試方法。

圖 2-8　LinkedIn 上的 Spotify 資料科學家招募啟事螢幕截圖。

招募啟事範例 1：資料科學家

在讀完這篇資料科學家的貼文（圖 2-8）之後，我寫下我認為重要的內容，如下：

- 與利害關係人的合作、溝通（多次提到，而且在重點的前段）
- 用 BigQuery 或 SQL 執行資料分析
- 一些如線性、邏輯迴歸這樣的統計模型

接下來，我回顧履歷表經驗，例如，我之前做第一個 ML 流失模型的工作重點，並拿來與資料科學家的招募啟事匹配。如果你還沒有完成履歷表，也可以使用 42 頁「練習 2-2」的盤點清單。

和我第一個 ML 流失模型最相關的重點如下，見 40 頁「盤點過去經驗」：

- 用 SQL、Python 進行探索性資料分析（EDA）
- 用 Excel、PowerPoint 製作簡化且清晰的視覺化簡報
- 用 PowerPoint 展示結果

基於 ML 生命週期，感覺上這個職位似乎更重視報告和資料分析，即圖 1-5 中的步驟 D，因此在繼續實際地量身訂做履歷表之前，我應該確定我對生命週期的這個部分有興趣。

如果我的興趣是應徵這個資料科學家職位，我將專注在從工作描述中列出的這 3 點，並縮減或刪除其他重點。回想 42 頁「練習 2-2」建立的盤點清單；如果你有其他和這個招募啟事更相關的經驗，將它替換進來；如果你目前的履歷表和這個招募啟事已經十分吻合了，就保持它原來的樣子吧。

如果你確實刪除一些比較不相關的重點，要留意履歷表中所留下的空間；刪除多少取決於你在履歷表上有多少空間！儘管我早先選擇用更多重點填滿，而且幾乎沒有刪除任何重點，但我現在有更多經驗了，所以寧可多刪除一些重點。只要核心還在，刪除一些內容沒什麼關係；我刪除訓練更複雜的 ML 模型方法這個重點，因為它不在招募啟事中，如果面試官感興趣，他們可以在面試時問我。

招募啟事範例 2：機器學習工程師

繼續在「Spotify 機器學習」搜尋結果中滾動瀏覽，並且看看圖 2-9 中的另一篇貼文。

資深機器學習工程師 - 廣告技術
Spotify · 加拿大（遠端存取）
應徵 儲存 •••

工作內容

- 建構聽眾對平台上廣告體驗的人性化產品系統。
- 協助推動最佳化、測試、加工法以提升品質。
- 原型新方法和大規模的生產解決方案。
- 執行資料分析以建立基準並告知產品決策。
- 與涵蓋設計、資料科學、產品管理以及工程的跨職能敏捷團隊合作，以建構新的技術和功能。

需求人員

- 在應用機器學習上有專業的經驗。
- 具有一些使用 Java、Scala、Python 或類似程式語言實現大規模機器學習或原型設計的動手經驗。
- 對敏捷軟體過程、資料驅動發展、可靠度以及嚴格實驗有興趣。
- 對扶植合作團隊具有經驗和熱情。
- 具有TemsorFlow、pyTorch 和 / 或 Google Cloud Platform 經驗可加分。
- 具有廣告技術、NLP 或音訊信號處理經驗可加分。
- 具有使用像是 Apache Beam / Spark 工具建構資料管道，以及取得需要的資料，以建構並評估你的模型可加分。

圖 2-9 LinkedIn 上的 Spotify 機器學習工程師招募啟事螢幕截圖。

如同第一個範例，我從頭到尾瀏覽了機器學習工程師的貼文，並寫下我認為重要的內容，如下：

- 在生產中實現 ML
- 原型設計
- 測試與加工法、平台改善
- 與跨職能團隊合作

基於這些重點，這個職位似乎更側重於 ML 模型訓練上，其中也有些部分是在 ML 基礎架構上，分別說明於機器學習生命週期中的步驟 B 和 C.1，見圖 1-5。

如果我有興趣應徵這個機器學習工程師的職位，我將專注在這 3 個相關重點上，並縮減或刪除其他重點。為此，這裡將回顧在「我的第一個 ML 流失模型」範例中的 7 個重點清單，並將它對應到 MLE 的貼文上；其中最相關的重點如下：

- 用 SAS 訓練模型
- 用 SAS、SQL、Python 執行模型評估並分析結果
- 與 ML 工程師合作將模型用於生產
- 用 SQL 淨化資料

你為 42 頁「練習 2-2」建立的盤點清單可以重複使用於不同類型的職位，而不需要一再重寫內容。但要記住的是，溝通和合作技巧對公司來說也很重要，而且如同你所看見的，不管什麼類型的招募啟事，都會大量列出這些技巧。不要忘了至少在履歷表的一個重點中，包含你和其他團隊合作的經驗，或向另一個組織展示你工作的重點，這對那些認為自己沒有足夠「ML 經驗」的人來說特別有用！分析資料以及傳達資料的經驗很重要，而且比你想像的更能強化履歷表。

我建議在你工作經驗的重點中，清楚陳述過去職位中使用的技術，可以在行內或一個重點的末端列出，在有限的空間內簡明扼要；不然的話，如果空間足夠，可以隨意的在履歷表中包含技能部分。

最後潤飾一下履歷表

你已經全力以赴的製作和精緻化履歷表，現在把鏡頭拉遠一點：你應徵的公司和團隊之所以貼出這個工作是有原因的；團隊中有缺口，希望找到人來填補。

因此，你的應徵和履歷表應該專注於說服工作邀約的人，你是可以填補這個缺口並成為團隊一份子的應徵者。這包括了：

- 可以應用在這個工作的真實且相關經驗，包括可轉換技能：不相同的技能，但可以很容易的在領域之間轉換。
- 軟技能：你可以輕鬆和整個團隊合作，並能與如產品經理等更廣泛的群眾溝通。
- 技術技能：你可以做出個人的技術貢獻。
- 有你可以參與現有專案，或有足夠背景開始新專案的證據。

關於這些技能，可見第 1 章探討 ML 職位三大支柱中的言簡意賅描述。

你可以在履歷表中顯示許多技能和經驗，但不用全部顯示。例如，很快的看一下履歷表：它是否完全沒有任何團隊合作的範例？是否還有其他重點可以有效說明你是個能快速學習的人，尤其如果沒有太多相關工作經驗的話？

如果到目前為止一切看起來都很好，那就可以開始應徵；但如果還不夠理想的話，就再花些時間持續精進履歷表。

應徵工作

現在已經量身訂做完履歷表，是該應徵的時候了！前往求職告示板，可以使用本章一開始列出的求職告示板以獲得靈感。我認為即使你還不確定自己的技能和履歷表是否完美，也可以開始應徵；如果你應徵了一些工作，但完全沒收到招募人員的回覆，就表示你的履歷表或技能需要進一步改善。你甚至可能會發現，繼續改善履歷表並花時間獲得推薦，就足以提高 EPA 並開始接到回覆電話。這是一個學習的過程，而且就算一開始並不完美，也是一步步朝向提交應徵的數量，或更有效率應徵以獲得回電的目標。

檢查招募啟事

希望你已經完成了前面的練習，而且這不是你第一次查看感興趣的 ML 職位工作描述。如果你檢查正在應徵的工作，也可以增加獲得面試的機會。依照我的經驗，這個步驟最好結合量身訂做履歷表，因為如果你沒有量身訂做履歷表，那可能還是只能大量應徵，並希望有幸應徵到最適合的工作。所以該如何篩選工作呢？

將技能和經驗對應到 ML 技能矩陣

記得第 1 章介紹的各種不同 ML 職位嗎？讓我們消除一些雜訊，以便可以專注在將你的技能行銷給最適合你經驗的職位上。

參考圖 1-8 中常見的 ML 工作職稱：你覺得哪些職位最適合你？如果你沒有最感興趣的工作經驗，你是否更清楚知道應該集中在哪些方面的學習，以填補這個間隙？[7]

在表 1-3 的技能矩陣中，你可以馬上看到資料分析師的職位有和資料科學家職位重疊的技能，而資料科學家的職位反過來又和 MLE 職位有許多重疊。好消息是，在你技能清單中具有這些技能的部分，因此你多少可以應徵這些職位。

不要擔心，回想一下，若是初階層級的職位，只要具備技能清單中的一兩項，就已經算準備好能應徵這些工作了。對應屆畢業生來說，只具備 ML 技能某一個支柱上較強的技能，不用到三大支柱的全部技能，也是再正常不過，大多數雇主都能理解且樂意接受。不過，將你的技能對應到矩陣只是這個過程的一部分，因為實際情況是，這個矩陣在很大程度上會「視情況而定」。這就是為什麼下一節會要求你分析實際的招募啟事。

我看過很多求職者都碰過這樣的情況：「這個工作職稱是資料科學家；但為什麼面試中的問題都和資料工程有關？或穿插一些出乎意料的問題？」回想一下圖 1-3，ML 的工作職稱取決於公司或組織，再加上這職位所在的團隊，以及這職位在機器學習生命週期中的位置。

舉一個極端的例子，我曾經參加過一場「資料科學家」面試，當下他們沒有問任何統計或機器學習理論的問題，也沒有問任何資料相關的問題。相反地，面試是由幾輪 LeetCode 風格（編碼測驗）的程式設計問題所組成[8]。我很想知道，完全從通才軟體工程師循環中複製過來的問題，要如何用來判斷我是否會成為一位核心工作是以資料為中心的傑出 ML 從業人員？事後看來，可能是因為那個職位根本不會負責訓練 ML 模型。

因為工作職稱往往有含糊不清的性質，這對應徵者來說，可能很難確定要準備的主題。當然，可以花時間複習 ML 理論以及一些乏味的編碼測驗，但是你的時間並不多，而且你可能正在準備一些甚至不會有人問的事情。

7 本書後面附有資源和指引。

8 面試類型涵蓋可見第 5 章。

我曾經見過沒有錄取的應徵者，不是因為他們不夠傑出，而是因為他們應徵「錯誤」的職位；令人困惑的是，這些職位實際上和應徵者可以成功獲得工作邀約的職稱可能相同。關鍵在於培養依據工作描述，而將工作職稱分類的直覺，而且去應徵適合你技能的最佳職位。

有一些工作職稱會出現在多個部分，這沒關係！好啦，當它造成混淆和拒絕的時候，就不是沒關係了，但在本章結束時，你將更能夠審查和瞄準它們。

我在應徵工作的時候，會迅速地看看工作職稱，但為了確保應徵的是適合我技能的工作，我會做以下事情：

- 看工作描述。
- 將工作職責分類；查看它在圖 1-4 機器學習生命週期的位置
- 確定工作職稱和工作描述相符；例如，如果工作職稱是機器學習工程師，但描述看起來卻有些像資料工程師職位，而我過去的經驗與這職位無關，我就會放棄這個職位。

練習 2-5

潤飾履歷表並應徵一個工作；這樣做之後，最糟糕的事情也不過就是沒人回應你的應徵，試試看！

追蹤應徵

追蹤應徵很值得，這樣可以更容易記住你曾經應徵過的工作。如果你已經通過履歷表篩選，而且至少到招募人員篩選的階段，則追蹤這些應徵可以幫助你記得要採取後續行動，以防萬一他們通知你後，卻沒有在時間範圍內收到你的回覆。

我曾經追蹤自己大部分的應徵，但老實說，我現在認為應該只追蹤至少已經通過履歷表篩選的應徵；尤其是如果大量應徵任何與 ML 相關的工作，花費額外時間來追蹤所有應徵很沒有意義，而且不追蹤它們也不會影響到通過率；但如果你稍後要總結或視覺化應徵過程和統計資料的時候，你可能就會很慶幸自己有追蹤應徵，這時候就很有用了。

我的確認為持續追蹤曾經參加過的面試很有用處，這樣如果我對團隊或公司有更多問題，還可以聯絡他們；如果幾年之後我去同一間公司參加面試，也可以聯絡他們。記住，人脈網絡是一項需要較長時間才會有回報的投資！

至於追蹤應徵和面試的工具，我認為 Google Sheets、Microsoft Excel，或其他簡單試算表工具就綽綽有餘了。

表 2-2 是我在 Google Sheets 中追蹤應徵和面試的範例，名字皆為虛構。

表 2-2　追蹤應徵和面試的試算表範例

應徵日期	公司	招募啟事 URL	面試類型	面試日期	面試官	電子郵件	註釋	結果
2023-08-02	ARI 公司	https://[工作描述的 URL]	招募經理：行為和過去的專案深入探索	2023-08-15	Xue-La（招募經理）	*xue.la@domain.com*	招募人員表示這是廣告收入 ML 團隊	待定
2023-08-03	Taipaw AI	https://[工作描述的 URL]	招募人員篩選	2023-08-5	Max（招募人員）	*max@domain.com*	詢問有關 PyTorch 經驗問題	通過

在收到一些工作邀約之後，可以回顧看看參加多少次面試。如果想在幾年後聯絡那些面試官，建立一份與面試官及他們電子郵件的清單也很好。不過，我聽一些人說，追蹤自己從應徵到面試再到工作邀約的比例，可能會讓人情緒低落，而高興不起來，所以是否要追蹤完全取決於你。

補充的工作應徵資料、證書和常見問題解答

我已經詳細說明履歷表指引，但工作應徵中仍然有一些其他的組成部分，像是專案資料夾和線上認證。本節會提供一些最佳實踐和常見問題與解答。

你需要專案資料夾嗎？

專案資料夾基本上就是專案的範例。在學生時代，我有一些業餘專案，也稱為個人專案；我將程式碼放在 GitHub 上，並建立了一些圖形 / 視覺化。GitHub 是一個託管專案非常普遍的地方，但有些應徵者也會將他們的專案資料夾發布為網站，如 Heroku。

記住你應徵和面試的目標，是說服雇主對這個工作來說，你是合格的應徵者：你具備這個工作需要的技能，或可以輕易勝任這個工作所需要的訓練。對於資淺、初階層級和應屆畢業生的應徵者而言，如果你還沒有很多工作經驗，但確實有一個專案資料夾的話，這個資料夾將協助展示你的技能，並增加招募經理和招募團隊對你能力的信心。

但如果你早已經具有足夠工作經驗，擁有專案資料夾就只會有邊際報酬了；在面試中，雇主寧願討論你過去的工作、案例研究、先前專案的技術深入探索等等，在 GitHub 上有專案資料夾也許仍然可以讓你獲益，因為你在過去工作經驗中開發的許多程式碼和許多模型或許具有專利，所以你可能沒有可以分享的程式碼範例；碰到這種情況時，展示在 GitHub 儲存庫中個人專案或對開源專案的貢獻，就會很有用。

面試官的觀點：專案資料夾的常見錯誤

以下是我在應徵者的專案資料夾中看過的一些常見錯誤，以及避免這些錯誤的辦法：

沒有關於這個專案的 README 或總覽

如果是在 GitHub 上，依照它提供的操作說明，就建立一個 README 或總覽：*https://oreil.ly/JXq8T*。

使用老生常談的資料集，像是 MNIST 或來源充足的教材

許多其他應徵者也可能有一模一樣的程式碼範例，而且面試官看得出來。用你自己蒐集或抓取的自定義資料來增強常見的資料集。

只是將程式碼傾印出來，而沒有任何說明或行內文件

增加更多程式碼的註釋（*https://oreil.ly/kACdC*），以幫助面試官了解他們在看的內容。

具有讓人困惑或高度巢狀的資料夾結構

用你的判斷力來整理內容，不要只是傾印出一堆 *.py* 腳本。

這些錯誤的真正後果是，招募人員或篩選應徵者履歷表的人會浪費很多時間，試圖點擊你的 GitHub 或網站以找出相關程式碼，而他們沒有這麼多時間，可能每份履歷表看不到 1 分鐘，所以會乾脆就這樣放棄你的履歷表。

為了讓資料夾能夠發揮重要作用並增強應徵實力，你應該讓它容易瀏覽而且一目了然。因此，我建議在 README 中增加重要的視覺化內容，並清楚地標記出審查者應該點擊的程式碼檔案。

線上認證有幫助嗎？

當我審查履歷表的時候，如果應徵者已有 ML 經驗，或他們在自己的時間做過 ML 專案（業餘專案），我就不會太重視認證。如果應徵者沒有事先相關經驗，這時有相關專案和專案資料夾就會發揮極大影響力，所以建議你在累積這些經驗的同時也取得認證。

有一些認證會顯得更有價值，畢竟我們的目標是讓自己比其他求職者優秀，因此可視為更全面、更實用的課程可能會有所幫助，例如 Amazon 雲端運算服務（AWS）、Google 雲端平台（GCP）和 Microsoft Azure Cloud 認證。

如果你的整份履歷表只包含任何人都能在一個週末完成的認證，那這份履歷表也不會脫穎而出。

Interviewing.io（*https://oreil.ly/KMxhk*）分析許多求職者的資料，在它的資料樣本中發現，將認證放在 LinkedIn 上，對應徵者的知覺品質會有負面影響[9]。他們的猜測是，許多合格的應徵者，會把工作經驗或相關專案放入個人資料和履歷表中；只有那些沒有經驗或相關專案資格較低的應徵者，才會用認證填滿個人資料。

無論如何，應徵者已經透過認證獲得成功，尤其是那些來自非傳統的教育背景者。這裡有一個重要的提示：注意報酬遞減；在經濟學中，這表示一旦你完成某件事的好幾個單元，從後續每個單元的獲利就會越來越少。在這種情況下，如果你已經完成了 5 項認證，再多完成 3 或 5 項認證並不會有多大區別。列在履歷表中，5 項認證與 8 或 10 項認證幾乎沒什麼兩樣。

9 Aline Lerner，〈Why You Shouldn't List Certifications on LinkedIn〉，interviewing.io（*https://oreil.ly/KMxhk*），2023 年 5 月 15 日更新，*https://oreil.ly/AQi3Q*。

面試官的觀點：介紹性認證的錯誤

初階層級應徵者會犯的一個錯誤是，一再參加相同的 100 級 / 基礎課程。例如，他們在 Coursera 上選修初級課程，然後在 Udacity 上選修另一個類似的初級課程，然後又在 edX 上選修類似課程。對於面試官而言，這幾乎和只選修一門初級課程一樣，因為這三門課程的內容有太多重疊處。在面對其他選修過更進階課程，或擁有出色專案資料夾的應徵者時，它無法幫助你脫穎而出。

因此，一旦你已經獲得的線上認證數量接近 3 到 5 項，就應該嘗試讓其他經驗更多元化：

- 確保你認證的來源可靠；如果它們看起來像是用一個週末就能完成，就不要列出。如果這樣就會移除你目前認證清單中已有的內容，就應該繼續進行以下兩個步驟。
- 取得你感興趣的更專業領域認證，像是強化學習或自然語言處理（NLP）。
- 啟動一個業餘專案，並在 GitHub 上建立一個專案資料夾。

表 2-3 是我所建議一般決定標準的總結。

表 2-3　你應該繼續參加線上課程和認證嗎？

經驗水準	線上認證的好處
如果沒有 ML / 資料科學履歷表項目……	是的，完成線上課程和作業，並將這些放入履歷表中。
如果你已經學習過了一些線上課程，3 到 5 項吧，但不確定是否要學習更多……	考慮執行業餘專案，這會是比較好的履歷表項目，而且會為你帶來更好的投資報酬率（ROI）。 自我評估你的程式設計和統計技能是否已超過足夠基準。
如果你學習過統計和程式設計，並達到良好的基本水準，並且還有一些資料科學的履歷表條列項目……	停在這裡，並檢查你的工作經驗或高品質專案資料夾中，是否有足夠相關的要點。如果沒有，盡快開始！ 開始應徵工作，或朝向你的工作目標採取直接行動，而不是陷入自學循環的困境，即有時所謂的「tutorial h*!!」（教程地獄）。即使你沒有獲得這個工作，面試通常也是找出改善方向的好辦法。

應該取得碩士學位來增強 ML 履歷表嗎？

對於研究所的問題，與線上認證對你來說是否有用的標準一樣：有足夠的 ROI 嗎？不過，碩士學位通常需要更多投入，因此要好好思索這些額外考慮事項中的每一部分：

金錢成本

　有些碩士學位的費用相當昂貴。

機會成本

　如果你是全職進修碩士課程，這在你開始工作後，會讓你的職業生涯走得更遠嗎？你將放棄工作經驗、工作發展和可能的所得。

ROI

　考慮到金錢和機會的成本，值得嗎？在做出像取得碩士學位這樣重大的決定時，你應該評估這個學位的長期回報是否會多於短期回報。

如果你對碩士或更高學位的興趣只是為了增強 ML 履歷表，那我建議你參加非全時課程。也許你現有的履歷已經足夠了，只是缺少一些出色的業餘專案或面試練習。不過，如果還有像是求知欲等其他因素值得你這樣做的話，就做吧！

想獲得更多資訊，我推薦 Eugene Yan 在他非全時進修線上計算機科學理學碩士學位（OMSCS）經驗的評論（*https://oreil.ly/cSq_q*）。

在解釋完專案資料夾和認證後，以下是一些關於履歷表的附帶常見問題解答。

常見問題與解答：履歷表應該要幾頁？

我經常聽到盡量將技術履歷表維持在一頁內的建議。一般來說，我同意，而且我個人就保持履歷表在一頁以內。不過，我知道這方面還是會依據情況而改變。

你所在的區域習慣為何？

我曾面試過許多來自歐洲的應徵者，他們的履歷表有兩頁，而且在履歷表篩選的審查上表現得很好；但在美國和加拿大，往往會看到只有一頁履歷表的應徵者。北美的科技領域習慣上不在履歷表中包含個人資料的圖片，但翻閱亞洲和歐洲應徵者的履歷表時卻會看到。如果你在世界上其他地區找工作，要和產業界內的人員或甚至在線上論壇再次確認，看看對履歷表的長度或期望是否有包括一些我沒有列在這裡的資訊。

來自學術界？建立產業履歷表而不是 CV

我在研究所進修的時候，有一種履歷表稱為 *CV*（簡歷表），一般會用 CV 申請研究生課程、博士後課程或學術界的教學職位等等。

CV 更著重研究發表，而且往往比較長，很少只有一頁，我曾見過一些 CV 格式使用的段落，比我在產業界中看到的重點格式更多。如果你已經擁有 CV，那可以在應徵產業界工作[10]的時候，將研究職責重新運用成重點，縮減這些內容，並修訂為更常見的產業格式。

當然，如果你只是直接將 CV 提交為履歷表可能也沒什麼問題，而且我也看過應徵者沒有修改學術 CV 就成功獲得面試機會，但在應徵產業界工作的時候，花一點點時間可能會提高你的 EPA。

面試官的觀點：履歷表剩餘空間

我在閱讀履歷表的時候，看重的不是長度，而是履歷表所呈現的資訊品質。首頁以及首頁頂部和中間是面試官最先看到的部分，應該將最令人印象深刻和最相關的經驗放在那裡。如果想包括其他經驗，可以使用不那麼重要的履歷表「剩餘空間」。你應該要自問的問題是：如果這個人正在篩選 50 份的履歷表，而且每份履歷表只能看 5 到 10 秒的時間，我要如何確保他在這 5 到 10 秒內看到我最相關的經驗？

10 所謂的產業界工作，並不是指像是 Google DeepMind 這樣的產業界研究職位。

常見問題與解答：我應該為 ATS（應徵者追蹤系統）格式化我的履歷表嗎？

如第 1 章所提到，我不認為有足夠的證據顯示，如果你的履歷表碰巧有兩欄或一欄，或是你使用某種字體，又或者你採用的是 PDF 而不是 Microsoft Word 文件等等，自動過濾系統就會拒絕你的履歷表。無論如何，本書仍然假設 ATS 有可能自動拒絕；但是就我個人而言，到目前為止在我整個職業生涯中，都是用 LaTeX 製作兩欄的 PDF 履歷表，而且即使線上的工作網站會自動將我的履歷表解析為本文，也絲毫沒有任何問題。

但是，如果你認為履歷表的格式是妨礙你獲得面試的唯一原因，那你**可能**有更重要的事情需要擔心了[11]。首先，讓我們用本章提出的重點看看，除了 ATS 過濾以外，還有什麼可能會妨礙你的履歷表關注程度：

- 你是否在審閱者可以很快看到的履歷表部分包含最重要，而且和 ML / 資料相關的資訊？
- 你的履歷表中是否有許多切題的 ML / 資料相關資訊？你是否確定履歷表中包含的關鍵字與工作描述中的關鍵字重疊？履歷表上的重點是否清晰？履歷表中是否有錯字或其他明顯錯誤？可用履歷表檢核表（*https://oreil.ly/bfUw_*）再次確認，列在履歷表資源之前。
- 你是否嘗試過推薦、量身訂做你的履歷表，或採取能提高 EPA 的其他措施？

這是指，線上表單真的會解析履歷表中的文字字串，因此不要送出 *.png* 檔案，或用過於前衛的格式和字體；除非你應徵的是較為專門的設計職位，這部分超出本書範圍。用 47 頁「履歷表資源」中連結的簡單範本，或甚至 Google Docs 的範本，並以 PDF 格式匯出，「KISS」所指的「保持簡單就好，傻孩子」在這裡很適用。總之，依照線上應徵入口網站[12]的說明操作，並使用本章提過的最佳實踐來製作你的履歷表。

---

11 我在網路上看到了一些技巧，可以將整個工作描述複製並貼到履歷表上，縮小讓字體變小，將字體轉成白色以使它隱藏看不見，然後輸出 PDF 檔，好讓 ATS 可以「通過」你的履歷表。但我還沒有看到有任何人可以證明他們從類似的這些伎倆，獲得更多 ML 面試邀請。

12 Kerri Anne Renzulli，〈75% of Resumes Are Never Read by a Human—Here's How to Make Sure Your Resume Beats the Bots〉，CNBC，2019 年 3 月 14 日更新，*https://oreil.ly/XwLWw*。

下一個步驟

你已經知道確認最適合你的 ML 職位方法，而且也已經建立一份與你想要的 ML 工作類型相關且量身訂做的履歷表。

瀏覽招募啟事

我的建議是瀏覽更多招募啟事。當我瀏覽這些啟事的時候，我只不過是讀讀工作描述就能學到很多事情，例如，我感興趣的「資料科學家」職位類型可能和其他求職者感興趣的「資料科學家」職位有很大差異。回想一下這個範例，一間公司的「資料科學家」可能是負責資料分析，而非訓練 ML 模型。

對於那些有我確實感興趣的工作描述，我會注意到它們共同的要求，我試著隨意建立兩到三份量身訂做的履歷表，然後發送給很多需要類似技能的職位。有兩到三個版本的原因是，一個版本是針對似乎在找具有更多軟體技能的工作描述，另一個版本是針對新創公司的工作描述，我可能會在這個版本中強調新創經驗。

確認目前技能與目標職位之間的差距

下一個步驟是誠實地審視你目前的技能，以及為想要的 ML 職位所建立的履歷表。當你從頭到尾讀過 ML 工作描述的時候，你認為可以採取哪些方式來增強履歷表？當你瀏覽 48 頁「練習 2-4」中的招募啟事時，出現什麼樣的關鍵字是你認為可以學到更多，並添加到履歷表中的？

練習 2-6

這是表 1-3ML 技能矩陣的一個版本，但多了一些空格讓你可以用來評估技能。你對模型訓練感興趣，但對 ML 理論、統計或相關程式設計工具所知不多？為了找到適合你目標的 ML 工作，還應該提升哪些其他技能？用後面的檢核表協助填寫表 2-4，對自己的技能水準評分：1 表示低，3 表示高。

表 2-4　ML 和資料技能的自我評估

技能	技能水準自我評估（1 和 3 之間的浮點數）
資料視覺化、溝通	
資料探索、淨化、直覺	
機器學習理論、統計	
程式設計工具（Python、SQL 等）	
軟體基礎架構（Docker、Kubernetes、CI/CD 等）	

為了幫助引導評估，以下是可以自問的問題清單：

資料視覺化、溝通，每個複選標記 0.5 分：

- 你已經建立了儀表板和視覺化。
- 你可以依據所建立的視覺化類型選擇有效的圖形類型，像是長條圖與折線圖。
- 你曾經向非技術團隊的成員和利害關係人展示過你對資料的深刻見解。
- 你能夠編寫一個簡報，使得對資料團隊以外的觀眾也夠清楚了解資料內所含的資訊。
- 你能夠與產品團隊合作以確認好的實驗。
- 你能夠深入思考使用者的經驗，以及 ML 與使用者經驗產生關係的方式。

資料探索、淨化、直覺，每個複選標記 0.5 分：

- 你已經探索過原始資料。
- 你以前曾經處理過不平衡的資料集。
- 你之前曾經優化過複雜且緩慢的查詢。
- 你能夠從幕後了解資料從來源流向各層的方法。
- 你可以根據資料是分析性用例還是交易性用例，而使用不同技術。
- 你之前完成過資料建模，而且能夠匯入並轉換原始資料為綱要所定義的形式。

機器學習理論、統計，每個複選標記 0.5 分：

- 你了解各種不同的演算法，以及不同類型專案的使用方法。
- 你知道你所在領域的主要演算法運作辦法，而不只是在程式碼中匯入和使用它們。
- 你熟悉假設檢定和顯著性。
- 你知道 ML 模型評估方法。
- 你之前曾經執行過 ML 模型問題的故障排除。
- 你多少了解矩陣代數和多變量微積分，以及它們與一些 ML 演算法或至少是與迴歸間的關係。

程式設計工具（Python、SQL 等），每個複選標記 0.75 分：

- 你曾經用基於 Python 的工具或是其他語言或框架訓練過 ML 模型。
- 你有用 Python 或其他程式語言或框架撰寫過腳本或應用程式的經驗。
- 你熟悉 SQL 查詢，以及如視窗函數這樣的方法。
- 你曾經使用過像是 pandas 或 NumPy 這樣的 Python 函式庫來處理資料。

軟體基礎架構（Docker、Kubernetes、CI / CD 等），每個複選標記 0.75 分：

- 你以前做過 DevOps 相關的工作。
- 你曾經修復過運行緩慢的問題。
- 你以前透過 Web 應用程式或其他方法部署過 ML 模型。
- 你曾經透過像是 Jenkins、Kubernetes 或 Docker 這樣的工具用自動化來工作。

比較你和 ML 技能矩陣（表 1-3）的分數，以了解你技能的大概水準。

注意，這個清單並非詳盡無遺，而且依據工作描述，你也許會看到很多沒有列在這裡的技能。記住，你不需要在所有部分都獲得最高分，因為這取決於你感興趣的是 ML 生命週期中的哪個區域。不過，這個評估應該會提供你一個不錯的起點，你應該力求在感興趣的部分取得更高分數，或經由學習和準備，以獲得更高的分數。

結語

本章專注於 ML 工作應徵的步驟，這發生在獲得面試之前，而且是獲得面試的關鍵。你知道要到哪裡可以在線上找工作，以及透過人脈網絡和推薦來增加獲得面試機會的一些方法。你也從頭到尾讀了一些履歷表的最好實踐，並希望你已經建立自己履歷表的初始版本。如果你準備好了，我鼓勵你開始應徵 ML 工作，即使你認為自己的技能或履歷表還未達 100% 完美。

接下來的後續幾章，會說明橫跨技術和行為面試的各種不同類型面試。首先是 ML 演算法和理論，這是技術面試的一部分。

第三章

技術面試：機器學習演算法

你在第 1 章已經學到 ML 面試中會經歷的各個步驟；在第 2 章，知道將經驗聯繫到感興趣職位上的辦法，以及製作相關履歷表的方法。前面這兩章的目的是讓你受邀參加面試；本章將聚焦在 ML 演算法。就像之前看過的，面試過程如圖 1-9 所示，而 ML 演算法面試只是技術面試的一部分；其餘的，像是 ML 訓練和評估、編碼等，將涵蓋在後續幾章內。

機器學習演算法技術面試總覽

如果你應徵以下任何工作，在面試中都可能會問到 ML 演算法技術問題：

- 建構 ML 模型的資料科學家
- 機器學習工程師
- 應用科學家
- 以及類似職位

回想圖 1-8 常見的 ML 工作職稱中，有些工作是在 ML 生命週期中負責訓練 ML 模型。本章的重點是用這些技能評估應徵者；如果你想要的工作不太關注訓練 ML 模型，你可能會得到這個類型面試的簡化版本，或者也有可能完全跳過。

這個面試是為了評估你對 ML 演算法的了解，尤其是在理論方面。至於用程式碼實現演算法，會包括在第 6 章的模型部署問題，和第 5 章的編碼 / 程式設計技術面試。身為面試者，你的目的是讓面試官確認你了解 ML 演算法背後的基礎概念。職位確實就存在那裡，而你只需要知道使用 Python 匯入函式庫的方式，但對於更進階的專案，基礎了解可以幫助你客製化各種不同的 ML 方法，並有效為模型除錯和排除故障。如第 1 章提到的，在 ML 職位的三大支柱中，這是 ML 演算法和資料直覺的支柱，能展示你的適應能力（參考圖 1-6）。這技能對有複雜 ML 用例和客製化解決方案的公司特別重要，你在這種公司可能需要修改或組合各種現有的方法，或者從頭開始創造一些東西。

我試著在篇幅允許的情況下盡可能多談一些常見的演算法，但世界上的技術實在太多了，請務必查看連結的資源，來拓展你的學習和面試準備！

同樣重要的是要注意，除了了解 ML 演算法的內部運作和基礎統計方法之外，你還需要成功地將你的理解傳達給面試官。是的，我知道本書提過很多次溝通技巧，但這技巧可以幫助你成為一個與眾不同的成功應徵者。

根據經驗，能夠在兩個層級解釋演算法和 ML 概念非常重要：一個是簡單如「假裝我只有 5 歲」解釋的層級，另一個則是更深入的技術層級，更適合大學課程的層級。第二個經驗法則是準備好回答這些 ML 演算法面試問題的後續問題；這樣面試官就會知道你不只是靠熟記然後照本宣科的背答案，而是可以應用到工作上各種現實生活場景中。

在本章，我將技術問題分解成以下主題，你可以照著自己的面試重點主題，輕易地參考特定問題：

- 統計技術
- 監督式、非監督式學習和強化學習
- 自然語言處理（NLP）
- 推薦系統
- 強化學習
- 電腦視覺

在非常結構化的技術面試中，像是 Amazon 資料科學最初的電話篩選，他們會問明確範圍的問題，比如說特定演算法的定義。你回答之後，他們通常會問其他問題，而不會停留在此。有些公司用自由形式的討論結合結構化問題，面試官可能會深入探索你的答案，而對話也可能會另闢蹊徑，延伸到你過去的經驗。

統計和基礎技術

每個資料職位都會用到對於 ML 專案來說是基礎的統計技術。因此，在 ML 面試中，很可能會問你關於這個主題的問題[1]。統計技術有助於建立基準模型，用來與成本更高的模型和演算法做比較，或是幫助探索有意義的資料在一開始是否夠多，以建構 ML 模型。

因應本書目的，我將在本節放一些基本迴歸技術，以及用於訓練和改善 ML 模型的各種技術。簡而言之，這些是（1）基礎技術，和（2）模型訓練期間使用的方法，比如說拆分的訓練、正規化等，都是後面會提到的任何類型 ML 演算法基礎知識，也是 ML 面試問題的基礎。

本節為那些不確定自己是否具備這個領域足夠背景知識的人，介紹統計技術基礎知識，如果你已經掌握這些領域的專業知識，可以隨意地跳過這些小節。無論你的專業知識程度如何，我都會在提示框中強調對 ML 面試的具體建議，以幫助你應用每個 ML 領域的知識，並在面試中出類拔萃。

關於統計和基礎技術學習的資源

為了進一步補足你在統計和基礎技術的知識，除了本書提供的概述以外，我還推薦以下資源：

- Trevor Hastie 等人所著，《The Elements of Statistical Learning》（*https://oreil.ly/oZ5si*）。

1 根據這工作在 ML 生命週期中所負責的類型，也可能跳過這部分，例如「應用機器學習工程師」或「機器學習軟體工程師」的職位，尤其是 Google 內。有疑問的話，要和你的招募人員或招募經理再次確認！

- Gareth James 等人所著，《An Introduction to Statistical Learning with Applications in Python》（*https://oreil.ly/bhhoq*）。
- DeepLearning.AI 和 Andrew Ng 在 Coursera 上的課程；這個資源對於 ML 所有後續子主題也很有用（我不會在後續部分中重複該課程連結，因為這些連結有時候會改變和更新）。
- Chip Huyen 所著，《Introduction to Machine Learning Interviews》（*https://oreil.ly/p1NEd*）提供整個 ML 面試的其他問題，本章大部分的內容都可以參考這些問題。

在準備面試的時候可以回頭看看本節的參考資料。

現在，讓我們立刻開始吧。

自變數和應變數概述

以下是 ML 演算法的基礎之一：變數，以及擬合模型簡單範例的總覽。

假設有一個關於蘋果的資料集，包含每個蘋果的**重量**和**高度**，另外還有每個蘋果**過去銷售價格**的清單。透過蘋果重量、高度和過去銷售價格的清單，你想在新蘋果出售之前猜測它們的銷售價格。在這個例子中，請忽略自動計算價格的大型連鎖超市，假設這是你的嗜好，只賣給朋友和家人，又或者你在經營祖父母留給你的農場。因此你利用每個新蘋果的重量和高度來預測它的價格，重量和高度都是當下的固定觀測值，畢竟一個蘋果不可能既重 100 克又重 150 克。

現在，為了連接所有這些概念，需要增加一些術語。**變數**（*variables*）指的是在計算蘋果價格模型中考慮到的所有事情，因此，這個例子的變數包括重量、高度和價格。在這些變數之中，你知道每個新蘋果的重量和高度，而且它們在這個時候是固定的，所以重量和高度是**自**（*independent*）變數。此外，還有另一個變數價格，是出售新蘋果之前，你希望在知道正確答案前的預測價格，這會由新蘋果的高度和重量**決定**（*depends*）。例如，較重且較高的蘋果售價較高；因此，價格是一個**應**（*dependent*）變數（如表 3-1 所示）。

表 3-1　自變數和應變數的範例

自變數	應變數
蘋果重量	價格
蘋果高度	
蘋果顏色	
蘋果品種	

面試期間可能會出現的術語

自變數和應變數的概念行之有年，但術語就不一定這樣了。在不同的領域，你可能會碰到表 3-2 中列出的術語，可能因行業或教科書的差異而不同。在面試的期間，要確保你和面試官不會因為術語而產生誤解，如果你感覺彼此使用不同術語來指涉相同事情，務必和面試官再次確認。了解最常見的術語，可以幫助你在各個領域的面試中適當的使用它們。

表 3-2　自變數和應變數的同義詞

「自變數」同義詞	「應變數」同義詞
迴歸量（Regressor）	迴歸值（Regressand）
解釋變數（Explanatory variable）	回應變數（Response variable）
預測變數（Predictor variable）	結果變數（Outcome variable）
輸入變數（Input variable）	輸出變數（Output variable）
特徵（Feature）	目標（Target）
常用符號：x	常用符號：y

模型的定義

模型是一種用過去的資料點來描述「世界運作方式」的方法，或換句話說，是一種用過去資訊找出模式和關聯的方法；上一節的蘋果範例，就使用一個描述定價運作方式的模型。這個模型是知道「真相」的東西，即使不是完整的真相，也是趨近真相的最佳嘗試。因此，模型可以用來預測未來資料點的最佳近似值，這適用於 ML 模型中所有的「模型」。推薦系統模型試圖預測使用者在造訪網站時，會喜歡或點擊的內容，用於影像識別的捲積神經網路（CNN）是「學習」各種像素表示的模型，如這像素叢集和布局是貓還是狗？

就如同自變數和應變數一樣，有相同的「模型」定義也很重要，才不會在面試期間造成誤解，比如說搞混演算法和模型[2]。模型是運行並擬合 ML 演算法的結果。

線性迴歸概述

我要確保自己涵蓋了迴歸模型的定義，很慶幸出自大學主修經濟學的第二年統計課程要求，讓我知道線性和邏輯迴歸細節的來龍去脈，甚至手動計算過。這些知識使我更加充實，並幫助我了解所遇到的新 ML 演算法，以及在實踐的應用。所有我知道的都是源自於對這些入門級概念的了解，因此我強烈建議不要迴避學習迴歸模型的數學；但當然，如果你已經具備這部分的專業知識，可以隨意地跳過本節。

將圖形用在前一節的蘋果範例上。為了簡單並將它壓縮成二維圖形，這裡只用一個自變數*重量*，來預測應變數*價格*。圖 3-1 上的每一個點都表示過去銷售的資料點，因此你已經知道它們的銷售價格，例如，圖形上有標註的點重 80 克（與 x 軸的交點），售價 1 美元（與 y 軸的交點）。注意，這是一個簡單的範例；線性迴歸大多數的使用情況會有多個自變數（「多變數」），而且如果將它視覺化，將會是 N 維空間中的一條線，其中 N= 變數數量 +1（有一個輸出變數的時候）。另外，這個範例有一個應變數；當有多個應變數 / 輸出變數的時候，迴歸的工作會稱為*多變量*（*multivariate*）；小心，這與前面提到的「多變數」概念不同。

2 Jason Brownlee，「Difference Between Algorithm and Model in Machine Learning」*Machine Learning Mastery*（部落格），2020 年 8 月 19 日，*https://oreil.ly/TrduX*。

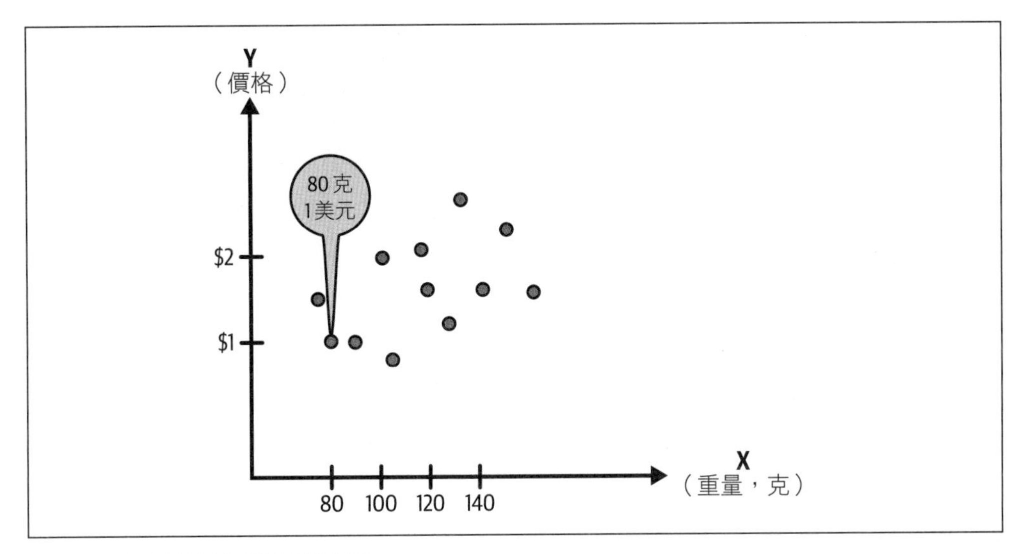

圖 3-1　用於線性迴歸的資料點。

線性迴歸的下一個步驟是將「線性」這頭銜擬合到資料點，在幕後，像是 Python、Stata、IBM SPSS、SAS、MATLAB 等軟體工具會計算「最佳擬合線」。根據本節前面提供的模型定義，這條線就是**模型**（*model*），它是和你所有**真實**（*truth*）資料點最佳的**近似值**（*approximation*）。從初始的直線開始，軟體將會計算**殘差**（*residual*）：也就是資料點與這條直線之間 y 軸的距離，如圖 3-2 所示，直白一點，**殘差**也稱為**殘餘誤差**（*residual error*）。

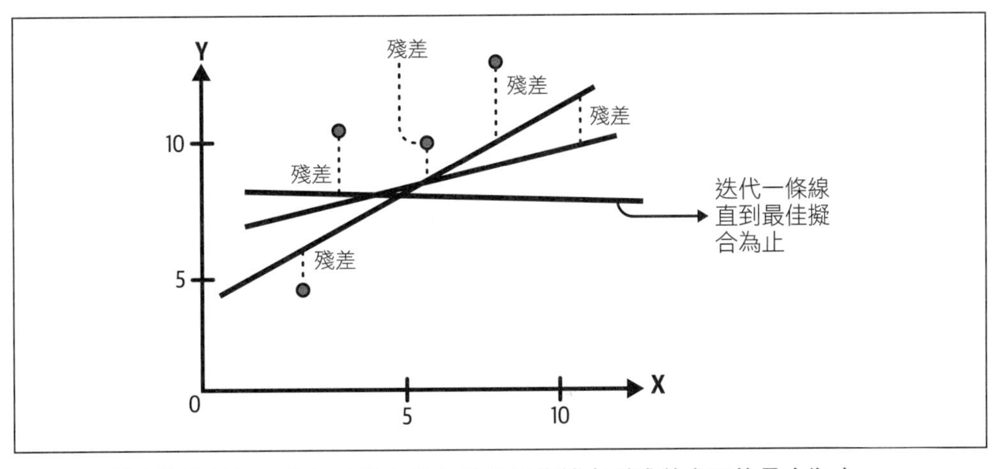

圖 3-2　擬合線性迴歸中的最佳擬合線；迭代這條線直到殘差盡可能最小為止。

所有殘差都取平方，這樣直線上方的預測值就不會因為符號相反（正、負）而互相抵消，目標是要讓殘差的總和盡可能小，因為如果你有一條大幅度遠離資料點的線，就表示這條線不是盡可能多的和盡可能正確地與資料點擬合。在數學上，判斷直線擬合有多好的常用技術稱為**最小平方法**（*least squares*）。達到最小平方就表示找到造成殘差平方和最小的線，這反過來又表示你有了「最佳擬合線」：這條線以和整體資料點距離最小的方式擬合資料點，如圖 3-3 所示。

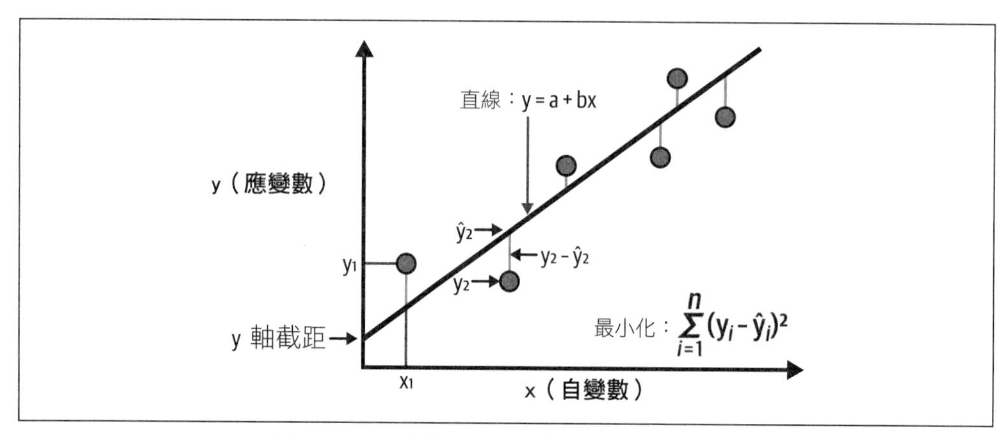

圖 3-3　最小平方法和術語；y 表示觀測的資料點，而 ŷ（y-hat）表示預測 / 估計值。

最後的結果是一條對資料點的最小平方和為最小值的線，如圖 3-4 所示。

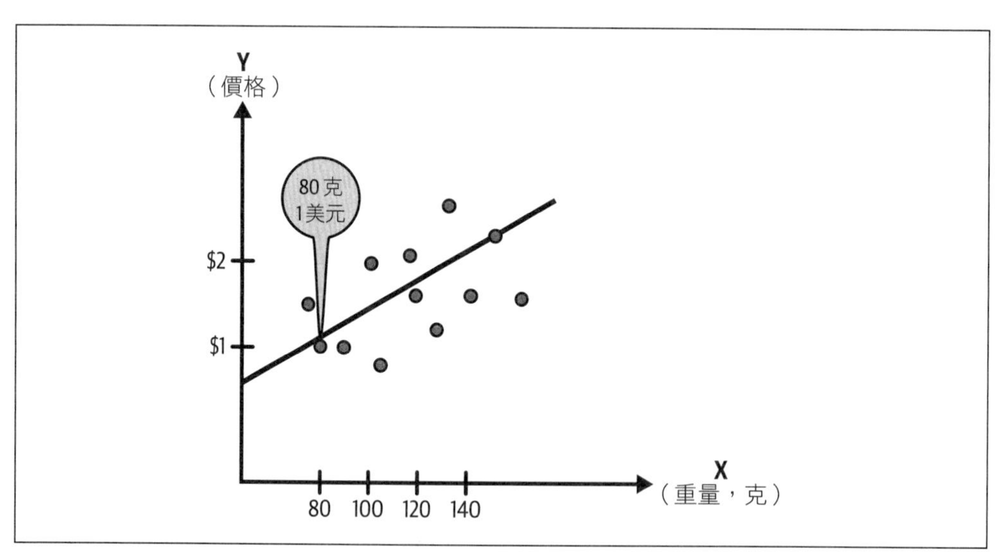

圖 3-4　以圖 3-1 的資料用最小平方法產生的最佳擬合線。

放眼未來，你可以使用這條「最佳擬合線」為模型來預測新蘋果的價格！可以將蘋果重量，用方程式形式代入這條線來預測價格。這是從資料點計算模型最基本的方法之一，但是它和下一章要介紹的更深入 ML 模型和演算法有相同模式；亦即，就算不知道這是否是最佳模型，你都將初始化一條線並計算殘差，也就是它的擬合效果。接下來，將這條線稍微傾斜一點來改變它，在數學上，這稱為**更新係數**（*updating coefficients*）或**權重**（*weights*），並再次計算殘差，如圖 3-2 所示。

更新的過程就是**訓練**（*training*），也是常用「訓練 / 訓練 ML 模型」措辭由來。如果殘差的平方逐漸變小，就表示你的方向對了；無法再使殘差平方更小的時候，就表示完成了最小平方，而且你可以說這條線是和這個資料集的最佳近似（如圖 3-4 所示）。就像那個遊戲，一個物品藏在房間某處，你在房間裡四處走動試圖找到它，如果你接近了，其他玩伴會說「熱」，遠離的話玩伴會說「冷」；你的目標就是走向房間裡越來越熱的區域，直到最後找出來。

第 4 章將說明透過均方誤差（MSE）、均方根誤差（RMSE）等誤差項評估模型的方法，這些誤差項的概念與殘差非常類似，主要的差異是，殘差是過去的觀測資料和模型估計之間的差異，而誤差則是模型估計和模型之前不知道的實際資料之間的差異。換句話說，誤差是為了評估模型的性能，而將模型應用到之前不知道的資料上所產生的差異。

定義訓練集和測試集的分割

總而言之，當使用如前一節簡單線性迴歸範例般的監督式[3]機器學習時，通常會從資料集開始，並希望 ML 演算法會學習事情運作的模型。然後，就可以使用這個模型計算應變數的值，比如說在蘋果實際出售之前預測它們的售價。換句話說，你擁有過去資料點的資料集，而且當然不會有未來的資料點。開始訓練 ML 模型時，它會學習「擬合」目前所擁有的資料。只是模型用於真實世界的時候，模型訓練可能會出現一些問題，舉個例子說，真實世界中總會出現異常值或變化的事件。

3 詳細內容在 81 頁的「監督式學習、非監督式學習和強化學習」中。

有一個範例是用 ML 執行財務預測：市場可能會突然轉向熊市，即低迷，而用牛市，即上漲的財務資料所訓練的模型，就會產出可怕且極不準確的預測；另一個範例是你擁有的資料集不足以代表真實世界的行為。以前一節的蘋果範例來說，假設用蘋果的重量和高度資料，就可以預測新蘋果售價；但是如果手上資料不夠會怎麼樣，而像富士（Fuji）或蜜脆（Honeycrisp）這些我最喜歡的蘋果品種賣出更高價格又會怎麼樣？資料集中並沒有追蹤每種蘋果品種的名稱，因此一旦測試這個資料集，那模型就可能會不正確。

但現在，你只有目前的資料集，要充分利用它，你需要保留一些擁有的資料以測試。這意味著可以分割出 80% 的蘋果資料點用於模型訓練，然後保留 20% 的蘋果資料點來執行已經訓練過的模型預測。模型訓練用的 80% 資料稱為**訓練集**（*training set*），或稱**培訓集**（*train set*），而模型在訓練階段期間看不見的那 20% 資料稱為**測試集**（*test set*）。這模仿了執行模型來預測新資料點的真實情況；測試集就是為了滿足這個目的。在許多情況下，你甚至可以將資料分成三個區塊：80% 當作訓練資料集，10% 當作驗證（留出）資料集，另外的 10% 當作測試資料集（圖 3-5）。

驗證集可以讓你在訓練過程的期間監控模型的效能，而不需要「正式地」評估它，而且讓你能夠診斷模型的弱點，並調整模型參數。如同前面所提過的，模型在訓練過程的期間是看不見測試集的，因此用測試集正式地評估模型性能，會盡可能地模仿真實世界的環境。當然，有了測試和驗證集並不是從此就能高枕無憂，這同時也帶給我們更厲害的技術，以及模型過度擬合和擬合不足的概念。

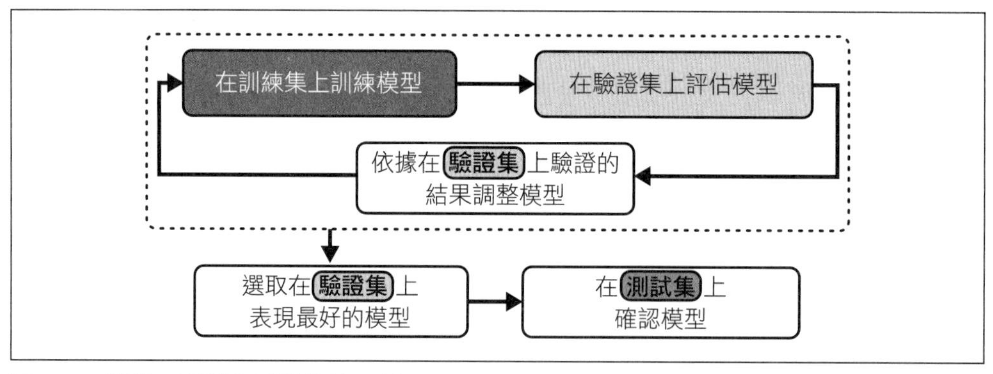

圖 3-5　訓練、驗證和測試集的分割。

對於在訓練和測試集上的面試問題，確認你可以說出用於加強較簡單分割的常用方法名稱，比如說使用交叉驗證[4]：將資料分割成更小的區塊，並輪流用它們作為訓練集。

模型擬合不足與過度擬合定義

模型在真實的資料，甚至在驗證或測試集上表現不好的原因有很多，一個常見的開端是過度擬合或擬合不足。**擬合不足**（*Underfitting*）指的是模型擬合得不好，這可能表示模型無法捕獲資料集的重量、高度等自變數，和價格等應變數之間的關係。有鑑於此，一些減少擬合不足的方法，與幫助模型在訓練過程的期間學習更多細微差異或模式有關。

例如，增加更多變數，或像是蘋果品種、年分等這樣的模型特徵，可以幫助模型從訓練資料中學習更多模式，並有可能減少擬合不足；而要減少擬合不足的第二種方法，是在模型訓練停止之前增加訓練的迭代次數[5]。

過度擬合（*Overfitting*）是指模型與訓練資料擬合得太緊密而且非常具體，這可能是因為找到的模式剛好在訓練集中，而不是其他地方；一個簡單的範例是，訓練資料碰巧有很多不管重量如何，價格都過度昂貴的蘋果，例如日本世界第一（Sekai Ichi）蘋果[6]。這模型從這些資料中學習並過度的擬合這些資料，因此對較便宜的蘋果品種就會做出訂價過高的錯誤預測，也就是預測價格太高。簡而言之，這模型過度記憶了訓練資料，而不能泛化到新的資料點。有許多技術可以使模型泛化更好，像是增加更多訓練資料、資料增強或正規化等[7]。接下來就將說明正規化的細節。

---

4 《Scikit-learn: Machine Learning in Python User Guide》中的〈Cross-Validation: Evaluating Estimator Performance〉，2023 年 10 月 24 日讀取，*https://oreil.ly/Spja4*。

5 「What Is Underfitting?」IBM，2023 年 10 月 21 日讀取，*https://oreil.ly/SSihF*。

6 世界第一品種的蘋果售價介於 20 至 25 美元之間，來源：Silver Creek Nursery（*https://oreil.ly/U_54R*）。

7 「What Is Overfitting?」IBM，2023 年 10 月 21 日讀取。*https://oreil.ly/p9V_u*。

正規化概述

正規化（*regularization*）是用於減少 ML 模型過度擬合的技術。一般而言，正規化會在模型的權重 / 係數上建立阻尼器。說到這，你可能知道我想幹嘛了：再次請蘋果出場！蘋果是我最喜歡的水果，這可能也是我那麼常用這個範例的原因。因此，假設模型已經學會了加大「蘋果重量」的權重（偶然的雙關語，但模型「權重」是合法的術語）；既然如此，蘋果的重量在數學上會使 ML 模型對價格預測的結果，增加一個相對高的正值。如果你可以透過正規化來抑制蘋果重量對模型價格預測所增加的量，則可以使模型更為泛化，並更均勻地將其他變數考慮在內。

方差偏差的權衡取捨

方差偏差的權衡取捨是 ML 面試中常見的主題。當應用像是正規化般 ML 模型改善技術的時候，考慮修正偏差與方差之間的權衡取捨就很重要。*偏差*（*bias*）指的是模型的整體不準確性，而且通常可能是由模型過於簡化，即擬合不足所造成的。

方差（*variance*）來自於過度擬合，也就是當模型從訓練集中學得過於具體所造成。要記住之所以稱為「方差」的一種方法是，這個術語指的是模型的變異性：模型過度擬合到特定點或特徵上，因此對不同資料點會非常敏感，引起波動和變異。

正規化可能會使模型減少方差，但也可能在無意間增加偏差，因此這也是需要謹慎小心，並測試各種模型改善技術的原因。

在基礎技術上的面試問題範例

現在我已經介紹過更高階的各種統計和 ML 技術，接下來看看一些範例問題。在這裡，我將深入探討源自本節所涵蓋概念的常見面試問題細節。這些細節之前可能都還沒有談過，所以希望這些範例問題也有助於解釋新的概念。

面試問題 3-1：什麼是 L1 與 L2 正規化？

範例解答

L1* 正規化**，也稱為套索正規化（*lasso regularization*）[8]，是一種將模型係數朝向縮小的正規化。L2* 正規化**也稱為嶺正規化（*ridge regularization*），是為目標函數加上一個和模型係數平方成正比的懲罰項；這個懲罰項也會將係數朝向零縮小，但與 L1（套索）正規化不同的是，它不會使任何的係數剛好等於零。

L2 正規化藉由避免係數變得太大，而可以幫助減少過度擬合並提高模型的穩定性。L1 和 L2 正規化通常都可用來避免過度擬合，並提高 ML 模型的泛化。

在模型過度擬合和擬合不足的面試問題上可能會引出後續問題。例如，如果你提起 L1 和 L2 正規化，面試官可能會問：「還有其他什麼類型的正規化能夠運作？」在這種情況下，你可以提出彈性網路（*elastic net*），它是 L1 和 L2 技術的結合。或者對過度擬合的情況，集成技術也可能會有幫助，參考 81 頁的「面試問題 3-3：解釋提升和裝袋，以及它們所能提供的幫助。」。

面試問題 3-2：如何處理伴隨不平衡資料集的挑戰？

範例解答

ML 中的不平衡資料集，是指資料集中的某些類別或種類數量，超過其他類別或種類[9]，處理不平衡資料集的技術包括資料增強、過取樣、欠取樣、集成方法等：

資料增強

資料增強涉及到為 ML 模型訓練生成更多範例，像是旋轉影像，以便資料集包含有人類上下顛倒的影像，以及正常直立的影像方位。沒有資料增強

8 〈Lasso and Elastic Net〉，「MathWorks」，2023 年 10 月 21 日讀取，*https://oreil.ly/yOCEe*。

9 〈Imbalanced Data〉，Machine Learning，Google for Developers，2023 年 10 月 21 日讀取，*https://oreil.ly/sKP4h*。

的話，模型可能無法正確識別側躺或倒立的人類影像，因為資料會不平衡的偏向人的直立姿勢。

過取樣

過取樣是一種透過合成生成來增加少數類別資料點數量的技術。舉個例子來說，像 SMOTE（合成少數過取樣技術 [10]）是利用少數類別的特徵向量，生成位於真實資料點和它們 k- 近鄰之間的合成資料點。這樣可以人工合成地增加少數類別的大小，並提高 ML 模型在經過過取樣處理的資料集上訓練的效能。

欠取樣

欠取樣則是相反的事：它減少來自多數類別的範例，以平衡多數類別和少數類別資料點的數量。在實踐上一般會優先使用過取樣，因為欠取樣可能會對有用的資料棄之不用，這在資料集已經很小的時候，會更加嚴重。

集成方法

在處理不平衡資料集的時候，集成方法也可以用來增加模型的效能 [11]。在集成中的每一個模型都可以在資料的不同子集上訓練，而且更可以幫助學習每個類別的細微差異。

> **面試官的觀點：檢視面試問題的範圍**
>
> 在回答 ML 面試問題的時候，應該花點時間確認問題的範圍。換句話說，如果問題只是問邏輯迴歸的定義，就不要離題扯到其他各種技術。如果是開放性的問題，可以先確認面試官是否在問特定事情。

---

10 Nitesh V. Chawla、Kevin W. Bowyer、Lawrence O. Hall 和 W. Philip Kegelmeyer，〈SMOTE: Synthetic Minority Over-Sampling Technique〉，《Journal of Artificial Intelligence Research》16（2002）: 321–57, doi:10.1613/jair.953。

11 Chip Huyen 所著，《設計機器學習系統》（歐萊禮），第 4 章〈訓練資料〉（*https://oreil.ly/bsqEg*）。

面試問題 3-3：解釋提升和裝袋，以及它們所能提供的幫助。

範例解答

裝袋和提升是用於提高 ML 模型效能的集成技術：

裝袋

裝袋在訓練資料的不同子集上訓練多個模型，並結合它們的預測做出最後預測。

提升

提升訓練是針對一系列的模型，這個系列中的每一個模型都會試圖修正前一個模型所犯的錯誤，而最後的預測是由所有模型完成。集成技術可以幫助解決在 ML 訓練期間所遇到的各種問題；例如，它們可以幫助處理不平衡的資料[12]，並減少過度擬合[13]。

關於模型評估更深入的問題，參考第 4 章。

監督式學習、非監督式學習和強化學習

在 ML 職位中，知道從每個技術系列，包括監督式學習、非監督式學習或強化學習中挑選的時機和方式，是一項必備技能。在我之前的工作中，曾經用監督式學習防止詐騙和客戶流失，但其他時候，碰到相同問題，我會依據資料和情況，而使用如同異常檢測這樣的非監督式學習。有時候，甚至會用監督式學習和非監督式學習建立一個 ML 管道，當你在 ML 職業生涯中日漸資深的時候，這情形會更加頻繁；在強化學習管道中，可以在前一個步驟用監督式學習來標示特徵。了解基本機制可以幫助你適應新的情況，使用不同的技術也許比墨守成規更為有效。

---

12 Chip Huyen 所著，《Designing Machine Learning Systems》，第 6 章〈Model Development and Offline Evaluation〉。

13 〈What Is Overfitting?〉IBM，2023 年 10 月 21 日讀取。*https://oreil.ly/p9V_u*。

因此，面試中經常會有關於監督式學習與非監督式學習的問題。強化學習（RL）一般認為是個稍微進階的主題，許多面試可能不會提及；但是，因為對產業界應用像是結合推薦系統這樣的 RL 使用情況逐漸增加，所以我曾在不少面試中聽到這個問題；雖然我過去在 RL 的工作經驗，也許才是促成面試官問這方面問題的因素。就像第 2 章所提，如果履歷中有相關內容，在面試中討論也是可想而知！關於 RL 更全面的總覽，可以參考 107 頁的「強化學習演算法」。

不論參加什麼類型的 ML 職位面試，都必須具備監督式和非監督式學習的知識，之後再根據優先順序複習強化學習的概念。

本節為那些不確定自己是否具備這個領域背景知識的人，說明標記資料、監督式學習、非監督式學習、半監督式和自我監督式學習，以及強化學習等基本原理。如果你已經具備這些領域的專業知識，可以隨意跳過這些小節。無論你的專業知識程度如何，我都會在提示框中強調對 ML 面試的具體建議，以幫助你應用每個 ML 領域的知識，並在面試中出類拔萃。

學習監督式和非監督式學習的資源

為了進一步補足你在監督式和非監督式 ML 技術的知識，除了本書提供的概述以外，我還推薦以下資源：

- Trevor Hastie、Robert Tibshirani 與 Jerome Friedman 所著，《The Elements of Statistical Learning》（*https://oreil.ly/wR-ar*）。

在準備面試的時候，可以回頭參考本節的參考資料。

標記資料的定義

再回到「自變數和應變數概述」中的蘋果資料集，你擁有過去蘋果售價的資料點，這價格也是「線性迴歸概述」中的應變數。事實上，資料集確實已經有標記[14]的事實，意味著你之前是使用標記（*labeled*）的資料執行 ML 工作。**未標記**（***unlabeled***）資料的一個範例是，當你已經有蘋果的價格和重量，但缺少蘋果品種，然而你試圖推導出不同蘋果品種間的共同點。因為你一開始並沒有正確或預期的「標記」，即這個案例中的蘋果品種，因此你將使用未標記資料並進行非監督式學習。

監督式學習概述

現在來談談建立在標記和未標記資料概念上的監督式學習；**監督式學習**（***Supervised learning***）是因為它使用標記資料而定義的第一種機器學習類型，如圖 3-6 所示，它使用過去正確或預期的結果，來預測新的或未來資料點的應變數，用蘋果重量、品種等來預測新蘋果售價的範例就是監督式學習，又可以分解成兩個主要類別：迴歸和分類。

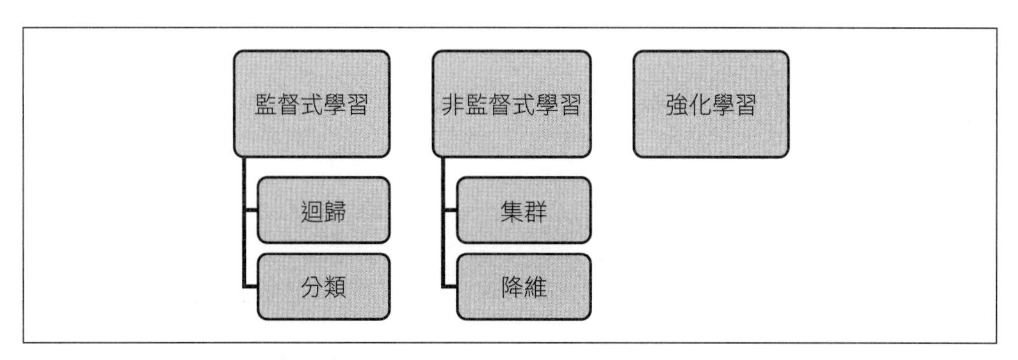

圖 3-6　機器學習系列總覽（為了理解方便已簡化）。

在**迴歸**（***regression***）工作中，應變數 / 輸出變數是個連續值。例如，預測股票價格、房價或氣候（溫度）會產生出連續的值；**分類**（***classification***）是指應變數 / 輸出變數是類別的一種監督式學習；也就是說，將應變數放入類別之中，比如說「這是一隻狗」或「這是一隻貓」。分類的範例包括偵測某些郵件是否為垃圾郵件，或用於在影像中標記動物的類型等影像識別。

14　提醒一下，這個蘋果資料集的標記是過去的蘋果價格，換句話說，這是過去的「正確」或預期結果，好讓我們檢查訓練模型的準確度。

透過獨熱編碼等這樣的技術，用連續資料混合分類資料也是可行的。例如，影像中有一隻狗或貓，若試圖對將牠分類，則有狗的影像會用 1 編碼表示「狗」類別，而 0 則表示「貓」類別。把它看成每個類別資料的布林（真 / 假）表示。然後，就可以將這些數字編碼（0 或 1）與有連續值的資料集相混合。

非監督式學習的定義

非監督式學習（*unsupervised learning*）使用未標記的資料來訓練模型。標記是正在尋找的正確或預期值，當你真的沒有「標記」資料可以使用的時候，可能就會用非監督式學習在資料集中尋找模式、共同點或異常點，而不需要事先知道 ML 模型中正確或預期結果的標記。

非監督式學習常見的用法包括集群和降維，可參考圖 3-6。許多生成式模型屬於非監督式，比如說變分自動編碼器（VAE），它與像是 Stable Diffusion 等應用程式一起用於影像生成。

集群（*clustering*）是一種 ML 工作，將類似資料點聚集到集群中，如圖 3-7 所示，讓你能夠看出任何顯現出來的模式，雖然沒辦法推測出任何沒有的標記，但仍然可以發現異常值或感興趣的集群，以進一步研究。非監督式學習可用於細分客戶，因為可以假設在相同集群中的客戶，可能會有類似的偏好或行為。也可以為了異常和離群值的檢測而使用非監督式學習，因為不用事先了解「異常」，就可以在資料中找到異常模式。

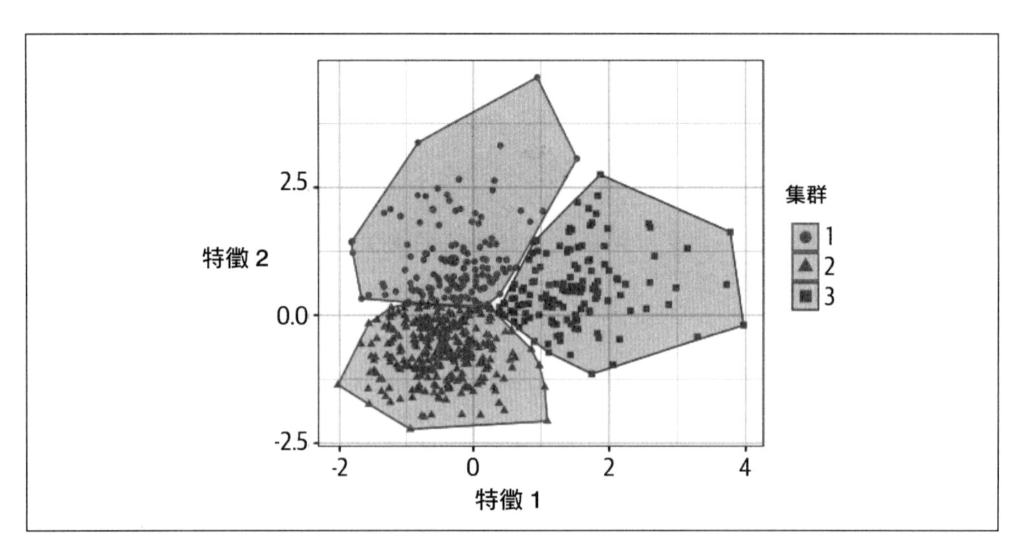

圖 3-7　非監督式學習範例：集群。

降維（*dimensionality reduction*）是在訓練資料中用於減少冗餘輸入變數的常用技術，減少特徵 / 輸入變數有助於減輕過度擬合，因為從太多變數學習的模型，也能夠從這些變數的「雜訊」中學習。

半監督式學習和自我監督式學習概述

以監督式和非監督式學習為主而擴展的其他變化，在產業界益加普及，特別是因為不容易完全標記大量資料的限制所導致。在面試過程中你可能不會經常碰到這些概念，但是應該要了解。如果面試的團隊使用這些技術，做好討論這些事的準備，將為你帶來很多好處。

半監督式學習（*semisupervised*）使用少量標記資料來訓練單獨的 ML 模型，通常是用手動標記，具體而言是為了幫助機器標記之前未標記的資料；然後結合初次標記的資料集，與最高可信度的機器生成標記，以產生更大的標記資料集，如圖 3-8 所示。

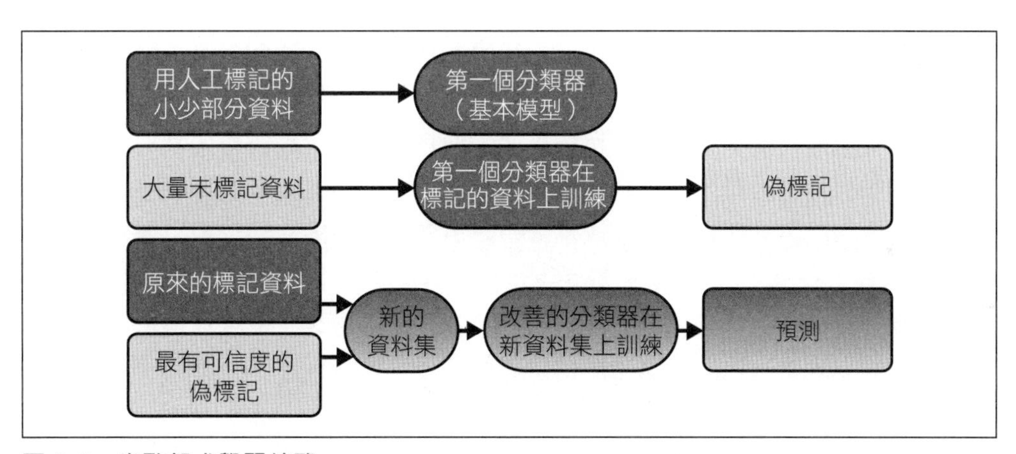

圖 3-8　半監督式學習總覽。

自我監督式學習（*self-supervised learning*）[15] 在不需要標記下依賴資料集本身來學習隱性表示。例如，在影像中如果刪除了某些部分，是否可以預測或生成那

15　參考 Randall Balestriero 等人所著《A Cookbook of Self-Supervised Learning》，2023 年 6 月 28 日，*https://oreil.ly/M20OU*，以及伴隨的部落格貼文〈The Self-Supervised Learning Cookbook〉，「Meta AI」（部落格），2023 年 4 月 25 日，*https://oreil.ly/XT6wX*。

些遺失的部分？自我監督式學習的常見用途包括填補影像、音訊、視訊[16]、文字等遺失的部分。

可以在面試中提起半監督式和自我監督式學習，以幫助回答缺少標記資料或不需要標記所有資料的案例。

強化學習概述

基於資料集或標記用法機器學習的第三種主要類型是 RL：**強化學習**（*reinforcement learning*）。在最簡單的形式中，強化學習不一定需要事前的資料集，雖然一般在產業界中我仍然傾向先有一些現有資料集或現有模型，這樣就可以在將 RL 代理部署到現實世界或客戶手上之前，離線（非即時的）測試 RL 演算法。

RL 依託於「代理」，這與我早先所介紹的 ML「模型」概念不同，儘管它們在透過迭代來改善和學習方面確實有相似之處。RL 透過嘗試錯誤來學習，代理只需要在每個新資料點進來時對它做出反應，而代理最後會從經驗中獲得足夠的學習，以找出預測下一步要執行的最佳行動最好辦法。

一個常見的 RL 範例是機器人學習在設有獎勵、陷阱和出口的迷宮中穿越，可以參考本章圖 3-14 範例。當機器人第一次在迷宮中走動時，它對黃金、陷阱和出口在哪裡一無所知；但當它在環境中碰到過這些東西之後，就會獲得這些知識或資料點，類似於藉由嘗試錯誤而建構自己的資料集。當機器人在迷宮中走動的次數夠多之後，它就會知道抵達出口最快、最安全的路徑。但基於設計 RL 代理的方式，它也可以為各種不同的目標最佳化，像是蒐集最多黃金，而不再只是盡可能快地抵達出口。

有各種類型的 RL，其中一些類似於監督式學習，但這些深入的討論將會留到 107 頁的「強化學習演算法」部分。RL 通常用於遊戲、機器人和自動駕駛汽車，但是越來越多過去使用監督式學習的應用也可改用 RL，比如說在 YouTube 上推薦影片的系統。

---

16 要了解更多，參考 Andrew Zisserman 的「Self-Supervised Learning」（演講稿，Google DeepMind），*https://oreil.ly/wGQ98*。

在監督式和非監督式學習上面試問題的範例

現在我已經說明進階的監督式學習、非監督式學習和強化學習，接下來看看出自這些概念的一些常見面試問題。

本節只涵蓋在監督式學習和非監督式學習的面試問題；這是因為 RL 在 107 頁「強化學習演算法」中自成一部分，因此可以去那裡找 RL 問題。

面試問題 3-4：監督式學習中常見的演算法有哪些？

範例解答

迴歸（*regression*）演算法系列包括有線性迴歸和邏輯迴歸，其中還有像廣義線性模型（GLM）和整合移動平均自我迴歸（ARIMA）等，各種不同時間序列迴歸模型般的其他演算法。

決策樹（*decision tree*）演算法系列可用於監督式學習中的分類和迴歸工作；包括 XGBoost、LightGBM、CatBoost 等。決策樹可以合併成隨機森林演算法，這個演算法集合（結合）大量決策樹；而且就和決策樹一樣，隨機森林可用於監督式學習下的分類和迴歸工作。

神經網路（*neural networks*）可用於監督式學習和非監督式學習的工作。就監督式學習來看，這些包括本節的許多工作，如影像分類、物件偵測、語音辨識和自然語言處理（NLP）等工作。

其他演算法則有單純貝氏演算法[17]，這是一種使用貝氏定理[18]的監督式分類演算法。貝氏定理在 ML 中的應用有貝氏神經網路[19]，它可以預測結果分布，例如，平常的模型可能預測價格為 100 美元，但貝氏模型的預測是價格為 100 美元，標準差為 5。

---

17 Jake VanderPlas 所著，《Python Data Science Handbook》（O'Reilly，2016）（*https://oreil.ly/kyA6E*）。

18 〈An Intuitive（and Short）Explanation of Bayes' Theorem〉，Better Explained，2023 年 10 月 23 日讀取，*https://oreil.ly/I7ika*。

19 〈Bayesian Neural Network〉，Machine Learning Glossary，2023 年 10 月 23 日讀取，*https://oreil.ly/BotI7*。

面試問題 3-5：用於非監督式學習中的常用演算法有哪些？如何運作？

範例解答

非監督式學習通常用於集群、異常偵測和降維，可用這些類別將演算法分組。**集群**（*clustering*）通常用 k- 平均集群和基於密度的集群（DBSCAN 演算法）等演算法完成；***k- 平均集群***（*K-means clustering*）將資料分為 k 個集群，演算法用集群的質心迭代標記每一個資料點；然後更新集群的質心，演算法將繼續迭代，直到集群的分配達到穩定狀態且不再移動或改變為止。*DBSCAN* 是一種普及的演算法，它將彼此接近（高密度）的資料點合為群組，並根據這些集群的距離將它們互相分開。因為非監督式學習演算法可以處理較大的類別不平衡，因此有些常見的非監督式學習演算法，會用來處理異常偵測的問題。

有許多演算法可用於降維。**主成分分析**（*Principal component analysis*，*PCA*）可以將資料集「扁平化」到較少維度的空間，這對資料的預處理很有用，因為它可以減少使用冗餘特徵的數量，同時又保持資料的變異，以便在資料中保留足夠的訊號和模式。

自動編碼器（*autoencoders*）是應用範圍廣闊的一種非監督式學習，特別是在 NLP 領域中，但並不局限於 NLP。它們可以用來對輸入文本壓縮後的表示式編碼，這也是降維的一種形式，然後對壓縮後的表示式解碼以產生文本資料的下一個區塊，這對於文本完成和文本摘要工作很有用。作為非監督式學習的子集，自我監督式學習也是可以使用自動編碼器的一種情況，範例包括用自我監督式學習來填補影像中遺失的部分，或修復音訊和視訊[20]。

面試問題 3-6：監督式學習和非監督式學習之間的差異是什麼？

範例解答

這兩種類型機器學習之間的主要差異，牽涉到它們使用的訓練資料；監督式學習使用標記資料，而非監督式學習使用的是未標記資料。**標記資料**是指來自 ML 模型的正確輸出，或結果原本就在訓練資料集之內。

---

20 Andrew Zisserman 的「Self-Supervised Learning」（演講稿，Google DeepMind），*https://oreil.ly/o32MY*。

監督式學習和非監督式學習在 ML 模型輸出的方面也不一樣；在監督式學習中，ML 模型目的在於預測標記為何，非監督式學習則不會預測特定標記，而是嘗試在資料集之內找出潛在的模式和分組，這可以用來集群新資料點。

在評估方面，這兩種類型 ML 評估的方式也有所不同。在監督式學習中，模型是藉由比較它的輸出和正確的輸出，與測試 / 保留 / 驗證資料集而評估；在非監督式學習中，模型則是基於在資料中透過像是 Jaccard 分數，或對集群的**輪廓指數**等指標，以及對異常偵測陽性率的接收者操作特徵曲線（ROC）/ 曲線下面積（AUC）等指標，在資料中分組或捕獲模式的程度來評估[21]。

最後，監督式學習和非監督式學習一般會用在不同類型的工作上。監督式學習通常會用在預測正確類別的分類，或預測正確值的迴歸工作上；而非監督式學習一般會用於集群、異常偵測和降維等工作上。

面試問題 3-7：在哪些場景中會使用監督式學習而不是非監督式學習，反過來呢？請舉真實範例說明。

範例解答

非監督式學習和監督式學習在結果或標記的用途上不一樣；因此，非監督式學習在無法使用標記資料，或者是這個工作不是要預測「正確」輸出的情況下最適合，而且應該要用於找出資料中的模式或異常情況。

若舉真實範例來說，監督式學習可用於分類和物件偵測，比如說影像識別的工作。在訓練資料集中，會有正確物件的標記，然後將它們的預測與基準真相比較，演算法將了解它們是否學會正確地偵測物件。換句話說，如果演算法沒辦法在影像中正確地標示出物件表面，因為會與每張影像，即正確標示的表面比較，所以就會知道演算法辦不到。使用監督式學習的其他場景，可能包括根據稀有交易卡中的年分、系列名稱和卡片狀況等特徵，來預測它的價格。若是有一個內含正確標記詐欺資料的資料集，也可以應用監督式學習來偵測詐欺；如果還沒有關於詐欺行為的標記資料，可能會選擇透過異常行為的偵測，而改用非監督式學習。

21 更多關於 ML 模型評估的細節請參考第 4 章。

在真正的面試中，可能不需要舉出那麼多的範例，但這裡是參考的解答，所以多舉了一些範例。如果你可以舉出面試公司所在產業普遍目前關心的範例，那會更好；例如，時間序列範例通常與金融和金融科技行業有關，詐欺偵測則與線上銷售平台、銀行業務和金融財務有關。

有時候非監督式學習會比監督式學習更好用，如對於異常行為的一般警告訊號，異常偵測可用於找出使用者線上銀行帳戶的異常登入位置。集群是非監督式學習的工作，而真實的應用可以根據客戶特徵，例如行為、偏好等，將客戶分割成不同群組，有時候企業可以用這種方式識別為集群中的使用者客製化產品，或專門為此定位的行銷活動。如果我調查一個集群，而且它經由集群演算法顯示出年輕的專業人士會有類似行為，可能就會知道在公司下一次數位廣告活動中，可以提供的類似宣傳資料。

面試問題 3-8：執行監督式學習時，碰到的常見問題有哪些？應該如何解決？

範例解答

一個會影響監督式學習的常見問題是缺少標記資料；例如，當我想用 ML 在影像中將特定卡通和動漫人物分類時，在網路上也許沒有可以下載和使用的標記資料。有一些像 CIFAR[22] 這樣的開源資料集，其中含有已經標記過的一般物件和項目，但是涉及到更特定的使用情況時，就必須自己獲取並標記影像（供個人使用）。

沒有足夠標記資料是必須解決的問題；在這種情況下，手動標記少許範例可以是個開始；不過，標記過的範例仍然**不夠**，這會造成不平衡的資料集。為了能人工地增加標記資料的數量，可以採用資料增強、創建合成資料，和在現有資料上變異等方式，使 ML 模型更為強健。在影像識別中採用資料增強的一個範例是隨機翻轉或旋轉影像，這樣做為什麼可以增加樣本數量？原因是，如果我翻轉一個向右看的直立動漫角色，它就變成模型可以學習的兩個資料點：一個向右看，一個向左看；旋轉也會有幫助：機器學習演算法是否能正確辨識出側身，或甚至是倒掛、倒立的動漫角色？

22 Alex Krizhevsky 的〈The CIFAR-10 Dataset〉，Canadian Institute for Advanced Research，2023 年 10 月 23 日讀取，*https://oreil.ly/x1g7o*。

面試官的觀點

另一個技巧是將曾經使用過的技術和過去經驗，或你知道與雇主行業有關的場景聯繫在一起，就像之前提過的；這樣也更能容易地回答面試官後續的問題。

自然語言處理演算法

近年來，自然語言處理（NLP）受到很多關注，其中最著名的例子是 OpenAI 的 ChatGPT。有很多這方面的面試問題都建立在變換器的基礎技術，以及隨後的 BERT 和 GPT 系列模型上，因此我會在本節說明這些概念。

NLP 通常應用於聊天機器人和情緒分析，例如，根據 Reddit 或 Twitter 上的貼文，了解對產品或公司的態度一般來說是正面還是負面；也會產出書面的內容。如果你參加從事 NLP 的公司或團隊面試，肯定會要求你提出對這些概念深入了解的證明；即使不是參加專門的 NLP 團隊面試，我仍然建議你對於 NLP 的應用能有通盤性了解，這會讓你成為更全方位的應徵者和 ML 專業人士。就別提，NLP 技術已經不再只是用來生成書面的內容；它們也和電腦視覺、文字轉圖像等模型結合，以產生影像、視訊、音訊等；甚至連時間序列預測和推薦系統也開始採用 NLP 技術。因為這些技術如此普遍，所以你也能夠從 NLP 基礎知識的學習中獲益。

本節為那些不確定自己是否具備這個領域足夠背景知識的人，介紹 NLP 技術的基礎知識，如果你已經掌握這些領域的專業知識，可以隨意地跳過這些小節。無論你的專業知識程度如何，我都會在提示框中強調對 ML 面試的具體建議，以幫助你應用每個 ML 領域的知識，並在面試中出類拔萃。

NLP 學習的資源

為了進一步補足你在 NLP 技術的知識，除了本書所提供的概述以外，我還推薦以下資源：

- David Foster 所著，《生成深度學習》（*https://oreil.ly/6BBxv*），（歐萊禮）
- Lewis Tunstall、Leandro von Werra 和 Thomas Wolf 合著，《Natural Language Processing with Transformers》（*https://oreil.ly/3Jw0x*），（O'Reilly）
- GitHub 上的 The Practical Guides for Large Language Models（*https://oreil.ly/SeYwE*）
- Sowmya Vajjala、Bodhisattwa Majumder、Anuj Gupta 和 Harshit Surana 合著，《自然語言處理最佳實務》（*https://oreil.ly/bp_6b*）（歐萊禮）

在準備面試的時候可以回頭參考本節資料。

NLP 基本概念概述

接著來分解驅動 NLP 的組成部分；首先，要有一個資料集，通常稱為**文本語料庫**（*text corpus*）[23]，這可以由多種類型的文本所構成，像是新聞、線上論壇，或任何含有很多不是亂碼、真實而且有意義的文本；接著，與其他相似的 ML 工作一樣，對這個資料集的資料進行預處理。在面試中一些常問到的技術有標記化、詞袋或是 TF-IDF（語頻 - 逆向文件頻率）等。

標記化（*tokenization*）是將文本分解成個別單字、片語，或有用的語意單元過程 [24]；例如，根據情況，「preprocess」一詞可以留作單一標記，或分開成「pre」和「process」；「aren't」可以留作單一標記，但也可以被分開成「are」和「n't」。

一旦資料集完成預處理，就可以制訂語言模型以預測接下來的項目序列，這可能是如圖 3-9 所示的下一個單字，或下一個句子、下一個段落及缺少的單字等。

23 「Text Corpus」，維基百科，2023 年 9 月 17 日更新，*https://oreil.ly/v2IbE*。

24 Christopher D. Manning、Prabhakar Raghavan 和 Hinrich Schutze 合著，《An Introduction to Information Retrieval》〈Tokenization〉（Cambridge University Press，2022 年），*https://oreil.ly/0opkO*。

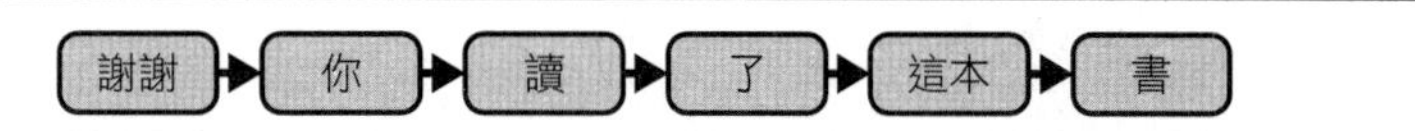

圖 3-9 預測接下來的單字或片語，就如同手機或電子郵件上看到的自動完成功能（*https://oreil.ly/MoMsz*）[25]。

詞袋（*Bag of words*，*BoW*）是透過將句子或片語中的單字映射到向量，以映射句子或片語的方法，這個向量可以由單字和其他資訊所構成，比如說某單字出現的次數，如果出現一次則用 1 表示，兩次則用 2 表示，依此類推。表示句子「Syd likes to drink bubble tea and chamomile tea」的 .json 範例如下：

```
{
    "Syd": 1, "likes": 1, "to": 1, "drink": 1, "bubble": 1, "tea": 2,
    "and": 1, "chamomile": 1
}
```

注意，其中「tea」這單字出現了兩次，因此計數為 2。

TF-IDF 利用單字在段落或文件中出現的頻率，來確定這些單字的相關性。

雖然 NLP 和其他類型 ML 共享許多基本概念，但它也附有獨特挑戰。在使用像是下游微調這樣監督式學習的情況下，會很難標記資料。例如，如果為了情緒分析而使用監督式微調來快速預測使用者的評論是正面還是負面，有時候可能會面臨模稜兩可的情況。另一個挑戰是存在大量變異性，比如說俚語和區域語法上的差異，這也可能會導致資料稀疏，其中單字確切的組合可能很少出現在文本語料庫中，但仍然有效。

NLP 常見的使用情況包括情緒分析、聊天機器人、文本分類，例如垃圾郵件與非垃圾郵件，或文本生成、文本摘要及文字轉圖像生成等等。

BoW 和 TF-IDF 是我最近在面試中，常聽人提到的實用基礎技術。

25 Yonghui Wu 的〈Smart Compose: Using Neural Networks to Help Write Emails〉「Google Research」（部落格），2018 年 5 月 16 日，*https://oreil.ly/gqnBt*。

長短期記憶網路概述

長短期記憶（LSTM）網路是循環神經網路的一種，目的在處理長序列的資料，這在 NLP 應用中很有用。就像是變換器中的注意力單元一樣，長期的依賴性和先前文本的上下文對 NLP 的有效性來說很重要。不過，LSTM 有一些局限，像是在處理文本非常長的序列時，也就是要了解在頁面或段落中來自較早文本的上下文。為了實現這個目的，變換器能夠有效處理長期的依賴性，可以參考下一節說明。

LSTM 也可以在特徵工程和時間序列中使用。因為篇幅的限制，在這裡我沒有納入更多的解釋，但我鼓勵你多了解一些。Christopher Olah 部落格的貼文 Understanding LSTM Networks（*https://oreil.ly/C-jwG*）在了解如何使用 LSTM 上，提供了一系列很好的說明。

變換器模型概述

Google 在 2017 年推出變換器模型[26]，在近幾年已經促成更大範圍的語言模型。因為與諸如卷積神經網路（CNN）和循環神經網路（RNN）等現有的架構相比，變換器在處理較長文本字串的上下文和含義上有所改善，所以在 NLP 模型構建方面很有效[27]。相對於像 CNN 和 RNN 那樣需要大型的標記資料集，變換器也更適合在資料集中找出模式。因此，對於可以使用的資料集進入門檻會比較低。透過變換器，就可以使用來自網際網路的大型、不拘形式的文本語料庫，而不需要提前執行昂貴的標記。

變換器網路內的注意力單元是變換器有效性的一部分，可以在單字之間找到短距離和長距離的關係，這可以幫助模型正確地標記上下文，以「Max went to the record store. Later, *he* bought a Jay Chou album.」這個句子為例，注意力單元可以正確地辨識出「*he*」指的是「Max」。與 BERT 的編碼器架構和多頭注意力機制結合，這會讓 NLP 工作的性能和能力有明顯提升。

---

26 Ashish Vaswani 等人所著，《Attention Is All You Need》（在 Advances in Neural Information Processing Systems 會議上發表的論文，2017 年），*https://arxiv.org/abs/1706.03762*。

27 Rick Merritt 的〈What Is a Transformer Model?〉，「Nvidia」（部落格），2022 年 3 月 25 日，*https://oreil.ly/As2W6*。

BERT 模型概述

Google 開發的 BERT（基於變換器的雙向編碼器表示技術）模型，從 2019 年開始就用來處理 Google 搜尋引擎上的查詢[28]。就如同它全名所暗示的那樣，BERT 運用前面所討論的變換器神經網路。BERT 經過預先訓練，這意味著由 Google 完成的初始訓練步驟，讓使用者可以透過如維基百科，和其他文本資料集般的大型文本語料庫上的「自我監督式」學習，來存取模型[29]。在預先訓練的期間，BERT 會在兩項工作上訓練：掩碼語言模型（MLM）和下一句預測（NSP）。

掩碼語言模型（*masked language modeling*）指的是隨機「掩蔽」或阻止 / 刪除句子中的一些標記，並且讓模型學習正確地預測出這些標記，例如，「Lisa is singing a [MASK]」，其中 [MASK] 代表 BERT 要預測的標記，如圖 3-10 所示。如果 BERT 能夠預測出「歌曲」、「旋律」或其他有較高正確機率的單字，則模型訓練就進行得很順利；但如果它預測出類似「狗」這樣的單字或標記，表示在模型訓練期間的這個時間點它並不準確。

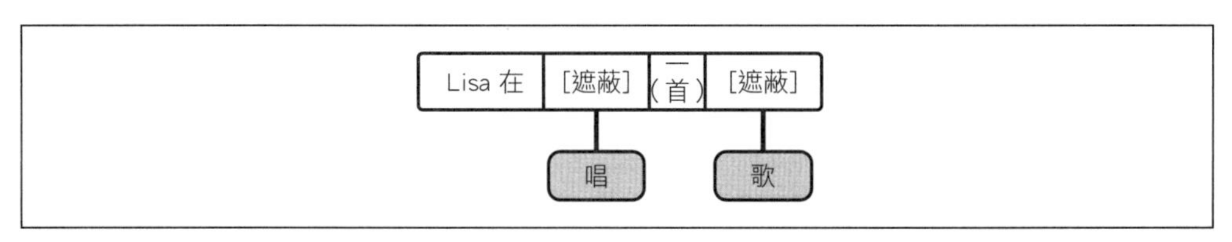

圖 3-10　掩碼語言模型圖解。

下一句預測（*next sentence prediction*）是訓練 BERT 的第二項工作，目的是準確地預測文本序列中的下一個句子。因為這個訓練過程可以在不需要外部的標記下提供回饋給模型，因此它在本質上不是「監督式」學習，但會將它描述為「自我監督式」，這是因為回饋是來自文本語料庫本身。

在模型預訓練之後，使用者就可以下載模型或是用 API[30]，依據自己的使用情況「微調」模型，這會改善 BERT 模型的使用者副本，而且需要監督式學習。例

28 Pandu Nayak 的〈Understanding Searches Better than Ever Before〉，「The Keyword」（部落格），Google，2019 年 10 月 25 日，*https://oreil.ly/xONdR*。

29 參考 GitHub 上的「Pre-trained Models」，BERT，*https://oreil.ly/XkaY2*。

30 「Getting Started with the Built-in BERT Algorithm」，AI Platform Training: Documentation，Google Cloud，2023 年 10 月 20 日更新，*https://oreil.ly/HeJax*。

如，使用者也許希望為情緒分析而使用 BERT；在這種情況下，必須提供具有正面情緒、負面情緒，或如果使用者希望的話，還要有模糊情緒的文本範例和標記。如果想用 BERT 生成有特定語氣的文本，例如電影中的超級壞蛋，將需要提供 BERT 特定的範例作為微調的一部分。BERT 在類似工作上節省使用者很多時間，因為它對目標語言，即英語，以及眾多開發者已建置的其他語言預訓練模型 [31] 來說，都具有大致上的了解。

微調不只是用在 BERT 上，還可以用於許多其他 ML 模型。例如，可以微調像是 GPT-3.5（*https://oreil.ly/5IMBU*）本文撰寫時這樣的模型。然而，我在 BERT 內容中包括微調，是因為我看到很多在 BERT 背景下的面試都曾經問到過微調。

GPT 模型概述

NLP 模型的 GPT（生成式預訓練變換器）系列，因為驅動 OpenAI 的工具 ChatGPT 而聞名，本文撰寫時，GPT 模型系列包括 GPT-1、GPT-2、GPT-3 和 GPT-4[32]，GPT 系列受過像是 BookCorpus、WebText（Reddit）、英語維基百科等大型文本語料庫 [33] 的訓練。

GPT 系列借助變換器，而且在下一個單字的預測上預訓練。類似其他主要的 NLP 模型，GPT 可以在下游做微調 [34]，以將預訓練模型的參數更新為面向如文本生成這樣的更特定工作參數。值得注意的是，GPT-3（本文撰寫時，GPT-3.5 和 GPT-4 驅動 ChatGPT）也透過使用者的回饋，以 RL 來改善它模型的預測；RL 的更詳細說明可見 107 頁的「強化學習演算法」。

除了 GPT 以外，有一些其他的大型語言模型（LLM），比如說 PaLM2（驅動 Google Bard）、Llama / Llama 2（*https://oreil.ly/MkMeN*）（Meta AI）等 [35]，也都是用類似的技術訓練。

---

31 參考 Hugging Face 上的「BERT Multilingual Base Model（Cased）」，*https://oreil.ly/tyO6D*。

32 在我寫完本章初稿之後，GPT-4 就出現了，所以非增加不可！不知道當這本書到達你的手上時，已經發布到什麼版本。

33 「Generative Pre-trained Transformer」，維基百科，2023 年 10 月 23 日更新，*https://oreil.ly/Emp_M*。

34 「Fine-tuning」，OpenAI Documentation，2023 年 10 月 23 日讀取，*https://oreil.ly/B19eG*。

35 這個領域正在快速地變動；我好奇本書問世的時候，這些模型是否會已經被取代了。

更進一步

NLP 成長的速度很快，近幾年發布許多著名的 LLM，如圖 3-11 所示，我鼓勵對這個領域感興趣的應徵者多了解這些模型和技術。我記得在工作中研究過 Word2vec[36] 和 GloVe[37]，而且現在有很多其他開發 NLP 應用的方法，這兩種基礎方法和像 BERT 這樣的模型仍然經常使用，而且我所認識的招募經理還是會問和它們有關的問題，所以不要忽略任何基礎！

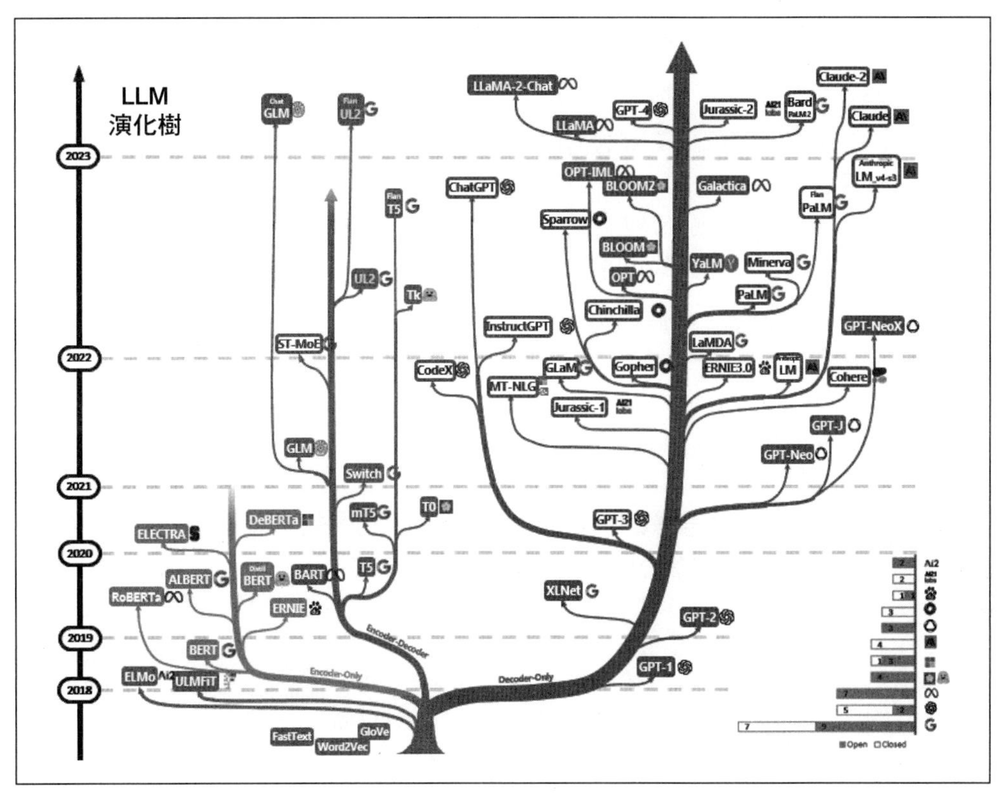

圖 3-11　大型語言模型演化樹圖解；由「The Practical Guides for Large Language Models」（*https://oreil.ly/eVJEK*）授權使用。

36 「Word2vec」，維基百科，2023 年 9 月 5 日更新，*https://oreil.ly/JyqBW*。

37 Jeffrey Pennington、Richard Socher 和 Christopher D. Manning 合著，《GloVe: Global Vectors for Word Representation》（Stanford University，2014 年 8 月）（*https://oreil.ly/LdCcH*）。

在 NLP 上的面試問題範例

現在我已經說明在 NLP 上使用的一些基礎技術，是時候來看看一些面試問題了。NLP 方面和生成式 AI 中的應用發展非常快速，所以來看看這之中的世事變化！不過，在和我人脈網絡中的招募經理交談後，我知道他們每一個人，都還是期望應徵者具有 NLP 用例的基礎主題和資料預處理技術上的認知。

面試問題 3-9：在例如情緒分析、聊天機器人或具名實體辨識這樣的特定下游工作，你會如何使用像 BERT 等這樣的預訓練模型？

範例解答

BERT 和其他已經預訓練過的 NLP 模型都能夠微調，NLP 模型預訓練的一個大型來源是 Hugging Face 模型儲存庫。經過預訓練的模型可能包括使用者對 Google、OpenAI 等原始模型微調後上傳的模型，但使用者也可以對像是情緒分析等工作下載微調後的模型。

如果想要自己微調一個原始模型，我需要為 NLP 模型提供標記過的資料集。例如，情緒分析的話，資料集將包含正面和負面情緒文本的範例；聊天機器人的話，可能會提供客服常見問題的正確答案標記資料；至於具名實體辨識，將提供我期望 NLP 模型正確輸出的具名實體範例。

面試問題 3-10：為了訓練 NLP 模型，要如何淨化 / 處理原始文本語料庫？你能說出一兩種技術以及它們背後的原因嗎？

範例解答

從原始語料庫開始時，快速的第一步是使用 regex（正規表示式）技術來淨化多餘的字元。有些下游工作不是那麼依賴標點符號，但類似情緒分析這樣的工作可以從保留標點符號中受益；例如看得出來「！」對於情緒分析能發揮多少作用。接下來，可以用標記化將文本分解成以單字為主的有意義單元，例如，「Susan is writing a sentence」會分解成 5 個標記：「Susan，is，writing，a，sentence」。

詞幹提取和詞形還原的目的，都是將單字簡化為它的基本形式，以便時態變化和衍生仍然能夠指向相同的詞根。**詞幹提取**（*stemming*）是一種移除單字結尾的粗略啟發式方法，例如 cars → car；history → histori，和 historical → histori 等[38]。這是比利用基本單字字典形式的詞形還原（*lemmatization*）還要粗糙的技術；例如，在詞形還原中，「studying」、「studies」和「study」都會還原成「study」的詞形。對於 NLP 模型辨識這些字來說，有相同詞根非常有用。

面試問題 3-11：NLP 模型上有哪些常見挑戰，要如何解決？

範例解答

即使有強健的預訓練模型，NLP 上還是可能會有同音異義詞 / 同義詞、諷刺，或像財務或法律文件等類似特定領域語言的挑戰。所有這些都可以用做以特定情況為目標的更多資料，執行更好的下游微調而改善。例如，可以提供同義詞用法的更多範例，以便 NLP 模型在使用這些字的時候，可以挑選出更多徵兆。

在許多情況下也存在固定偏見；如維基百科這樣經常用在 LLM 訓練上的預訓練語料庫中，有不成比例的男性志願編輯人數。Reddit 作為一個擁有大型文本資料集的論壇，也經常拿來當成訓練資料集的基礎，但是它的男性使用者數量，也是不成比例的高。

語言模型和公平性

Google DeepMind 和合作者 Laura Weidinger 等人，發表過一篇關於語言模型對道德和社會所造成危害風險的論文，討論語言模型內長期存在的刻板印象、不公平歧視等問題[39]。

仔細閱讀這些類似討論也很重要；尤其是在涵蓋語言模型或資料獲取的面試中，可參考第 6 章 Meta 的系統設計面試。成為一個對潛在風險，包括偏見的知識淵博和深思熟慮應徵者，也能增加通過面試的機會。

---

38 Christopher D. Manning、Prabhakar Raghavan 和 Hinrich Schutze 所著，《Introduction to Information Retrieval》（Cambridge University Press，2008 年），之中的〈Stemming and Lemmatization〉（*https://oreil.ly/JsXCj*）。

39 Weidinger 等人合著，《Ethical and Social Risks of Harm from Language Models》，Google DeepMind，2021 年 12 月 8 日，*https://oreil.ly/-ZFL7*。

面試問題 3-12：區分大小寫的 BERT 和不區分大小寫的 BERT 有什麼差別？選擇使用任一種的優點和缺點是什麼？

範例解答

> **不區分大小寫的** *BERT*（*BERT-uncased*）有一個將小寫文本輸入的標記器，因此無論傳入的是大小寫都有或全部小寫，即所謂不區分大小寫的文本，對於這樣的 BERT 來說都是一樣的。但是，**區分大小寫的** *BERT*（*BERT-cased*）對不同大小寫的同一個單字會有單獨條目；例如，「The」和「the」就不同，因此，區分大小寫的 BERT，具有依據大小寫來區分不同語意的能力。在大小寫資訊不太重要的應用中，不區分大小寫的 BERT 可能比較適合。不過，對於大小寫資訊很重要的情況，比如說對 NLP 工作來說很重要的專有名詞，就會優先考慮區分大小寫的 BERT。

在這些問題中你可以看出一個趨勢：無論 NLP 的應用為何，了解適應情況的方式都很重要，生成式 AI 也不例外！如果專有名詞有用（不要全部小寫），那預處理將會不一樣，而且雖然有時候可能會保留標點符號，比如情緒分析時，但有時候並不會保留。深入了解 NLP 的技術，比只是靠熟記然後照本宣科的背答案，在面試中更能夠幫助你做出更好的回應。

推薦系統演算法

推薦系統（RecSys）在數位生活中隨處可見，它會負責人性化你所造訪過的網頁和應用程式，像是 Netflix、YouTube、Spotify 及任何社群媒體網站等等。要分辨網站是否具有人性化的一種方法是，比較兩個不同的人登入時，網站首頁或搜尋結果上項目及產品顯示的順序，例如，你的 YouTube 首頁顯示內容，就會和兄弟姊妹或朋友首頁上的內容不一樣。

推薦系統會根據你過去的行為，推薦它認為你可能會喜歡、想互動或購買的項目及產品。例如，Netflix 用你曾經看過的節目和電影資訊，生成推薦系統中的訊息，在之後向你推薦新的節目和電影。

因為有太多科技產品使用推薦系統，所以推薦系統已成為大型科技公司面試官會問到的共同「預設」類別。

本節為那些不確定自己對推薦系統是否具備足夠背景知識的人，介紹該領域技術的基礎知識；如果你已經掌握這些領域的專業知識，可以隨意地跳過這些小節。無論你的專業知識如何，我都會在提示框中強調對 ML 面試的具體建議，以幫助你應用每個 ML 領域的知識，並在面試中出類拔萃。

關於 RecSys 演算法學習的資源

為了進一步補充本書所提供概述以外的推薦技術知識，我推薦以下資源：

- Kim Falk 所著，《Practical Recommender Systems》（Manning）（*https://oreil.ly/mNis7*）。
- 經由 Eugene Yan 精選的應用 ML 儲存庫中的使用案例和論文（*https://oreil.ly/cmW6s*）。

在準備面試的時候可以回頭參考本節的參考資料。

協同過濾概述

協同過濾（*collaborative filtering*）是推薦系統常見的技術，這個術語的由來是，以許多使用者和 / 或項目的偏好資料（協同），來為單一使用者提供推薦（過濾），這樣的假設是基於過去有類似的個人偏好，會想分享全新、未見過的產品；因此，演算法將推薦類似使用者所喜歡的新項目。

協同過濾有兩種主要類型的技術：基於使用者和基於項目。**基於使用者**（*User-based*）協同過濾用類似的興趣和偏好辨識使用者，然後推薦給之前還未見過這些產品或項目的所有類似使用者，「類似」使用者是經由 ML 演算法計算，如本章稍後會介紹的矩陣分解。**基於項目**（*Item-based*）協同過濾是根據使用者的評分，或使用者的互動來辨識類似項目，如果使用者曾經喜歡過類似的項目，協同過濾演算法就會推薦這些項目。

顯性和隱性評分概述

在基於使用者和基於項目的協同過濾中，通常需要知道使用者的評分和偏好。如果使用者留下很好的評分和評論，就可以**明確地**知道他們喜歡這產品。但是使用者根本沒有足夠時間對每件事情提供明確、詳細的回饋，回想一下你曾經留下評論的次數，大概不會對過去使用過的每一個項目都這樣做。不過，你仍然可以計算**隱性**（*implicit*）回饋，比如說花在 YouTube 視訊上的時間：如果某人看到視訊結尾，這可能表示比起那些只看兩秒就關閉的視訊，觀看者更喜歡這部。在推薦系統中，使用隱性回饋也能夠幫助減輕一些常有偏見；如果對一項產品有強烈的愛或恨，一般人較有可能留下明確評論；而且你懂的，如果出現問題，更會直言不諱。

第 4 章將討論模型訓練和資料預處理。對於推薦系統的應用，在探討資料分析、模型訓練、資料預處理、特徵工程、評估和監控的過程中，懂得可用的顯性和隱性評分，可在面試的討論加分。

基於內容的推薦系統概述

推薦系統另一種常見類型是基於內容的系統，在**基於內容的**（*content-based*）推薦系統中，會需要與產品本身有關的詳細資訊，可能包含文字描述，如書籍簡介、電影題材和描述；或影像，如產品螢幕截圖；或音訊 / 視訊，如預告片、產品視訊等特徵，以建立相互類似項目的認知。相較之下，前面所描述的基於使用者和基於項目的協同過濾，是以使用者對項目或產品的偏好為主，而非項目本身特徵。

例如基於內容的電影推薦系統，可以根據使用者之前看過和喜歡的電影題材、導演或演員，作為顯性和隱性回饋的標準而推薦電影。因此，基於內容的推薦系統可以用來表述為排名或分類問題，而且適用於像是基於樹的模型般演算法。

基於使用者 / 基於項目，與基於內容的推薦系統

使用基於使用者 / 基於項目，或基於內容的推薦系統各有利弊。基於使用者的系統在新使用者上的表現不是很好，這通常指的是「冷啟動」問題，因為新使用者可能還沒有購買或評分任何產品，所以對於使用者偏好沒有足夠資料。基於內容

的推薦系統也許需要較少的使用者行為資料，因為它們並不依賴其他使用者的偏好或評分，這使得對新使用者或整體使用者回饋較少的小眾項目來說很適合；但基於內容的系統，可能會受限於推薦與使用者之前有過互動的類似項目，而不會將新項目介紹給使用者，所以限制使用者受到推薦的產品或項目多樣性。

了解基於使用者、基於項目和基於內容的推薦系統之間權衡取捨，在面試和工作中都有幫助。實際上，顯性回饋可能很難獲得，而隱性回饋也可能並不理想；了解混合和匹配手上所有資料的辦法和 RecSys 演算法，才能脫穎而出。

矩陣分解概述

矩陣分解（*matrix factorization*）是用於協同過濾的技術。首先以使用者為列、項目為行，並以使用者對項目的評分或偏好作為矩陣單元的值，建立一個矩陣，稱為**使用者 - 項目矩陣**，如圖 3-12 所示。因為不是所有使用者都會和每一個項目互動，所以原始矩陣將非常稀疏。例如，相對於線上平台擁有的數千或數百萬種產品，一位使用者可能只和少數幾個項目互動。矩陣分解的目的是預測矩陣中空單元的值，也就是說使用者對之前沒有互動過的項目給的評分，並推薦你評估使用者會喜歡的那些項目。

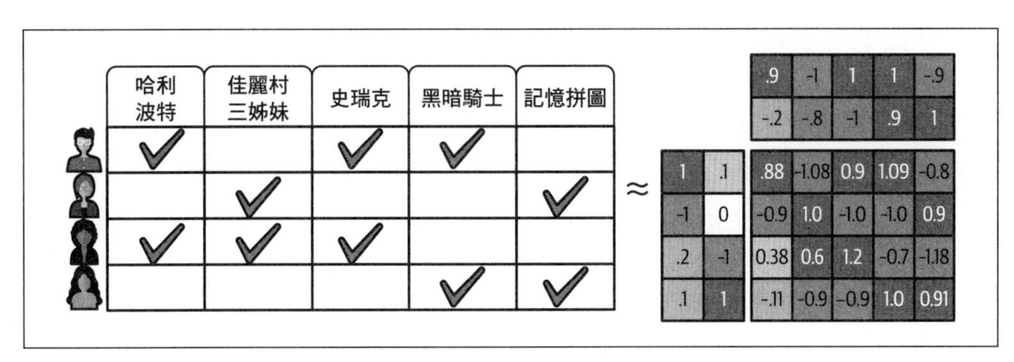

圖 3-12　矩陣分解圖示，資料來源：Google（*https://oreil.ly/F7Tzg*）。

一個經典的演算法是奇異值分解（SVD）；不過，因為這種演算法昂貴的計算要求[40]，我從未在練習的資料集以外見過使用它。就產業界的應用來說，ML 從業者選擇使用矩陣分解的原因在於，許多線上平台擁有大量產品和使用者，所以必須選擇能夠處理非常稀疏和大型矩陣的演算法。像 ALS 這樣的演算法可以幫助解決這個問題，因為它們使用最小平方法的近似值，計算缺少的矩陣值最佳猜測，即使用者喜歡一個項目的程度，而不是傳統 SVD 所使用的複雜矩陣運算；最小平方法可見 72 頁的「線性迴歸概述」介紹。

在推薦系統上的面試問題範例

在介紹完推薦系統的基礎知識後，來看看一些範例問題。

面試問題 3-13：基於內容的推薦系統和協同過濾推薦系統之間有什麼差異？如何選擇使用哪一個？

範例解答

基於內容的推薦系統需要了解欲推薦產品的分類或特徵，以判斷產品類似性；協同過濾則依賴使用者行為和偏好，來推薦類似品味使用者會喜歡的產品，因此對產品本身資訊可能比較陌生。

因此，沒有太多使用者或項目為協同過濾建構使用者 - 項目矩陣的時候，基於內容的推薦系統就會運作良好；換句話說，存在「冷啟動」問題的時候，只要有項目 / 產品特徵的資訊，以及使用者特徵或偏好上的一些資訊，而不必像協同過濾一樣需要許多使用者行為和互動上的資料，基於內容的推薦系統仍然可以發揮作用。

另一方面，有大量使用者行為資料的場景就很適合用協同過濾。有時候，要蒐集足夠、有意義的描述產品特徵可會很困難，因而降低基於內容的推薦系統效率；在這些情況下，使用協同過濾可能比較合適。

---

40 如果你感到好奇的話，在 $m \times n$，$m > n$ 矩陣上 SVD 的時間複雜度（*https://oreil.ly/z4_x0*）為：$O(m2 \times n + n3)$。實際上，這要取決於實踐，就像在 MathWorks 討論所提（*https://oreil.ly/GFa4z*）。

說來有趣，我曾經從事過一個專案，其中協同過濾演算法（ALS）對於使用過一陣子網路平台的使用者來說，運作的比較好，但對於新的使用者並非如此。和 XGBoost 一起使用基於內容過濾，對新的使用者來說會運作的比較好，而我們會根據使用者類型來部署不同模型。當然，這只是一個例子，每個人的情況可能都不一樣。

面試問題 3-14：在推薦系統中會碰到哪些常見問題，要如何解決？

範例解答

冷啟動問題：這是指過去的資料點數量不足，無法提供 ML 模型訓練時出現的問題。因此，模型將無法從過去學到足夠的模式，而對新資料點準確地預測出正確的結果。在推薦系統中，可以使用基於內容的系統，它需要的使用者行為資料比較少，但仍然需要足夠產品特徵資料。這有助於解決冷啟動問題，而且仍然可以對網站新的使用者提供建議。

推薦系統也可能碰到資料品質的挑戰，這不是專屬推薦系統的問題，可能包括來源資料中的錯誤，例如攝入資料時有問題所造成的錯誤。遇到時，可以藉由分析來源資料出現問題的位置，然後和處理資料品質的團隊，有時是資料工程師、平台工程師或是 MLE 和資料科學家本身，來共同修復而解決。不過，重要的是有辦法先辨識出資料品質問題，並且採取使用像 Great Expectations 這樣的資料品質監控工具預防措施，比方說，可以在資料分布出現偏移，或有許多遺漏值時，向團隊發出警示。

若 ML 資料集中有很多遺漏值，會稱為**稀疏性**（*sparsity*）；例如，註冊一個會詢問使用者偏好調查的網路平台，可能會有一些登記欄位無法正確輸入，也有可能使用者會完全跳過。舉例來說，當某人註冊新的 Reddit 帳戶時，會出現一個提示，介紹可能讓他們感興趣的常見子論壇（subreddits），但使用者可以跳過這個步驟。這樣的設計是盡可能排除網路註冊障礙，但是當你要試著為 RecSys 建構特徵集的時候，類似這樣的事情可能就會造成資料稀疏。可能的解決方案包括插補，例如用平均值填補遺漏值，或用基於樹的方法填入資料，或使用協同過濾、矩陣分解技術及特徵工程等。

面試問題 3-15：推薦系統中的顯性回饋和隱性回饋有什麼差異？類型使用上分別有什麼權衡取捨？

範例解答

顯性回饋包括使用者評分或評論，而隱性回饋必須源自可用的使用者行為，像是花在網頁上的時間或點擊流行為等。顯性回饋的好處包括用於機器學習中明確地量化評分，以及和隱性回饋相比較有清晰度。不過，顯性回饋可能很難蒐集，因為不是所有使用者在每次互動之後都會留下評論，其實大多數都不會。

因此，透過像看視訊的時間，或花在網站上閱讀時間這樣的隱性回饋，可以衡量使用者的參與或享受程度。當然，這也可能導致不理想的測量結果：使用者花很長時間在這個網頁上，到底是因為他們喜歡網頁的內容，還是因為看不懂這個網頁？整體而言，考慮權衡取捨很重要，但在實踐中，通常可以在 ML 模型中結合這兩種回饋訊息。

面試問題 3-16：如何解決在推薦系統中的不平衡資料？

範例解答

這是面向 ML 場景的常見問題：有少許類別或類型，會比其他類別或類型有更多觀察或資料點，而且有許多類別或類型只有很少的觀察，這使它們形成長尾效應[41]。

為了解決這個問題，在較為簡單的情況下，過取樣技術可能會很有用，比如說在只有較少觀測的類別中創造更多資料點。不過，當觀察的類別 / 類型很多的時候，簡單的過取樣技術恐怕無法消除這個問題，可以替代的使用方案是特徵工程和集成方法等其他技術，或是和過取樣結合使用。集成方法的一個例子是，可以為普及的項目和低參與度的項目，建構單獨的推薦系統。

41 有時候，會稱 RecSys 的這個問題為「長尾」問題（*https://oreil.ly/Zd1Yp*）。

在像 Amazon 和 Spotify 這樣的公司中，將 RecSys 和強化學習等其他系列結合，有助於確保至少會在某些時候將長尾效應的產品、行業高手或項目展現給使用者[42]。

回顧本節開始之處，推薦系統是一個常問的共同預設 ML 主題，因為許多科技公司的 ML 用例可以表述為排名或推薦問題。在大型科技領域，將 NLP 技術或 RL 和 RecSys 結合的情況持續增加中，因此務必查看 101 頁的「關於 RecSys 演算法學習的資源」論文，以了解著名 RecSys 主要產品的現有範例，像是 Facebook、Instagram 等社群媒體、Netflix、Spotify、YouTube 等娛樂、Amazon 線上購物等。

強化學習演算法

在 81 頁的「監督式學習、非監督式學習和強化學習」中，我簡要地介紹過強化學習（RL）演算法。回顧一下，RT 靠著「嘗試錯誤」學習，而且在最簡單的情況下，它不需要預先存在的資料集或是已知的標記。RL 將透過即時現場環境蒐集知識，像機器人多次在迷宮中走動，以查知黃金、陷阱和出口。

強化學習在產業界中有許多應用，比如說自動駕駛汽車、遊戲[43]、大型推薦系統的一部分、改善 LLM，如 RLHF[44] 就是改善後 ChatGPT 的重要組成部分（*https://oreil.ly/qoWME*）等等。因此，在參加使用 RL 團隊的面試時，需要了解 RL。

---

42 Rishabh Mehrotra 的「Personalizing Explainable Recommendations with Multi-Objective Contextual Bandits」（MLconf 的視訊展示，YouTube，2019 年 3 月 29 日），*https://oreil.ly/v587X*；Brent Rabowsky 和 Liam Morrison 的「What's New in Recommender Systems」，AWS for M&E（部落格），Amazon 雲端運算服務，*https://oreil.ly/Z0Qq2*。

43 我曾經和 Ubisoft 中負責訓練 RL 代理來幫助優化和測試遊戲的團隊成員交談過，以下的網址有 Ubisoft 更多範例（*https://oreil.ly/1RP1h*）。

44 Chip Huyen 的「RLHF: Reinforcement Learning from Human Feedback」（部落格），2023 年 5 月 2 日，*https://oreil.ly/xE7tR*。

如同前面所提，RL 是用於生產中更先進的技術系列。因此對應屆畢業生而言，首先應該專注在獲得更廣泛的 ML 知識，一旦掌握這些知識，再了解 RL，可以幫助你成為應徵者中的佼佼者，至少我的經驗如此。

本節為那些不確定自己是否具備這個領域足夠背景知識的人，介紹 RL 技術的基礎知識，如果你已經掌握該領域的專業知識，可以隨意地跳過這些小節。無論你的專業知識程度如何，我都會在提示框中強調對 ML 面試的具體建議，以幫助你應用每個 ML 領域的知識，並在面試中出類拔萃。

關於 RL 演算法學習的資源

為了進一步補充本書所提供概述以外的 RL 技術知識，我推薦以下資源：

- Richard S. Sutton 和 Andrew G. Barto 合著，《Reinforcement Learning: An Introduction》（*https://oreil.ly/AN7y9*）
- Eugene Yan 精選的應用 ML 儲存庫使用案例和論文（*https://oreil.ly/Nr5eg*）

在準備面試的時候，可以回頭看本節的參考資料。

強化學習代理概述

在 RL 中，代理（*agent*）是與具有特定目標或目的的環境互動，並透過嘗試錯誤學習而做出最佳決策的自主實體。例如駕駛技術不好的自動駕駛汽車，在測試環境中經過一段時間的學習後，就會知道遵循速度限制和道路號誌等行為是好的，撞到樹木和闖紅燈等行為是不好的。

雖然前面各節所提的大多數 ML 演算法，重點都是模型，但在 RL 中，代理會因為和環境互動而更新。這不表示 RL 中沒有「模型」，而是模型通常是用作支援的組件，可以在整個 RL 工作流程中混合和搭配。

為了說明 RL，我會繼續使用自動駕駛汽車的範例，但為了便於理解而有所簡化。要建立這個基本的 RL 代理需要以下建構區塊：狀態、動作、獎勵和策略。

有很多種類型的強化學習，因此每一種演算法中策略、狀態、動作或獎勵的互動方式都可能不一樣，而且可能會和其他概念混合和搭配，面試時要注意問你的是哪些概念。

RL 代理試圖學習對環境做出反應的最佳安全駕駛策略。當代理初始化的時候，它還不知道給定場景能選擇什麼最佳動作策略，所以只是讓它在環境中四處行駛。這個特定場景的建構區塊是：

狀態

代理碰到的**狀態**（*state*）是表示環境，或環境的狀態。這可能包含更新汽車四周相關資訊；偵測汽車左側、右側、前方或後方是否有物體；以及用作可行駛的道路和交通號誌及號誌狀態的特殊標記。

行動

在這個範例中，代理可以選擇的**行動**（*actions*）有：左轉、右轉、前進和煞車；注意：這個場景已經簡化成單獨動作，但複雜的場景可能還包括方向盤轉的角度。代理可以執行的所有動作，綜合起來稱為**動作集**（*action set*），而代理力求在每一個決策點執行最好的動作。

獎勵

每次代理在給定環境狀態下做出動作，就會有獲得或損失利益的回饋；這在 RL 中稱為**獎勵**（*reward*）。例如，在自動駕駛汽車 RL 代理前方有紅燈的狀態下，RL 代理做出煞車動作，就可以獲得正獎勵；但如果 RL 代理選擇的是前進並闖紅燈，就會受到懲罰：負值的獎勵，也稱為**負獎勵**（*negative reward*），代理下次會記住這個結果。獎勵通常由外部定義，而代理事先不會知道，只能在嘗試錯誤的過程中學習。注意，「在**給定**（*given*）狀態下做的動作」一詞經過深思熟慮，因為在不同狀態下的相同動作，可能會產生不同獎勵。例如，當右側有路燈時右轉並發生碰撞，以及當有右轉車道時右轉，將分別產生負獎勵和正獎勵。因此，**狀態**（*state*）、**行動和獎勵**對於強化學習代理的決策和學習都很重要。

策略

> 策略（*policy*）是代理選擇動作的方式。大多數情況下，它會選擇已經知道能產生最高獎勵的動作，但是這種簡單的策略，會造成代理停止探索新的場景，而且通常會產生奇怪的行為。例如，代理可能之前就學習過，紅燈時右轉不會有負獎勵，因為北美許多地方的交通法規允許這樣行駛；代理可能會利用（*exploit*）這個事實，總是在紅燈時右轉，而不是嘗試新的策略，改為在紅燈時停止。

因此，策略可以定義成在給定狀態下選擇已知能產生最高獎勵的動作，並考慮到平衡其他因素，比如說利用（*exploitation*）已知的獎勵和探索（*exploration*）環境，來學習新的狀態 - 動作 - 獎勵組合。常用的策略包括 ε - 貪婪策略[45]，其中代理在訓練過程初期有更多的探索，然後在經歷過更多狀態、動作和獎勵之後，會有更多利用。在某些類型的 RL 中，它的策略是參數化模型，然後再更新；我將在後面基於策略的 RL 部分中，多介紹這方面的相關資訊。

總之，代理在給定狀態下用策略選擇最好的動作，在這之後會審視來自這個動作的獎勵，然後更新策略以改善未來的狀態和動作，如圖 3-13 所示。

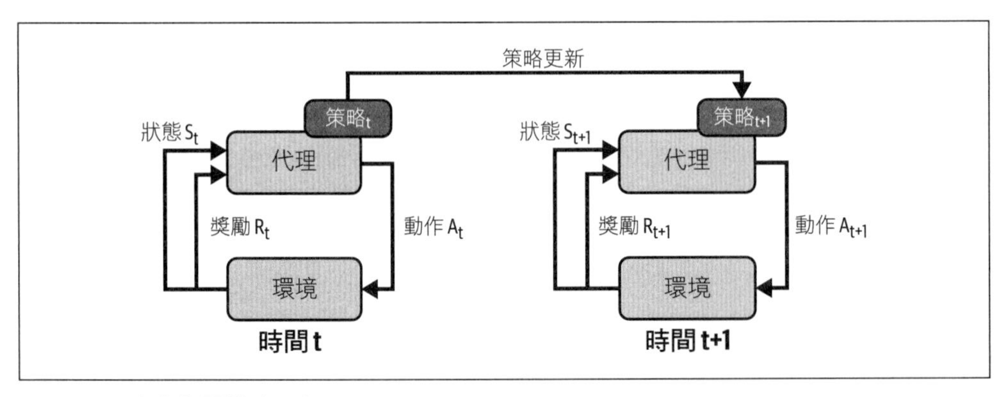

圖 3-13　強化學習策略更新。

45　「Epsilon Greedy Policy」，Machine Learning Glossary: Reinforcement Learning，2023 年 10 月 23 日讀取，*https://oreil.ly/ZYbkN*。

在面試時，我經歷過很多關於獎勵方式的設定、後續問題和深入探討，例如，「為什麼選擇將點擊次數當成正獎勵，而不是用視訊觀看時間？」

Q- 學習概述

我將繼續借重狀態、動作、獎勵和策略的概念，作為後續各節的基礎。RL 代理一般想要在給定狀態下，從選擇的動作將最高獎勵最大化；不過，在獎勵中如果沒有進一步的細微差異，這可能會導致短期思考，就像前文所提，代理只是**利用**（*exploits*）而非**探索**（*explore*）。要解決 RL 中短期思考問題的一種方法是，除了立即動作以外，在獎勵的設計上增添更多複雜性。因此，不只是包括來自當下動作的獎勵，而且還包括代理未來可用獎勵的長期**預期**（*expected*）獎勵，就很重要了。

預期的總獎勵會以 RL 過程的一部分計算，是已知目前步驟中可用的未來獎勵預期值加權和，以下用一個需要找到迷宮出口的機器人範例來說明，如圖 3-14 所示：

- 在這個迷宮中，炸彈代表反方，而黃金 / 金錢是正方。
- 出口在迷宮右上方，而且機器人在先前探索過程已獲悉迷宮中間有一個死胡同。
- 如果機器人選擇走向中間，就會有較高機率走到死胡同，走到出口機率較低，這反映在未來獎勵預期值的總和。
- 因此，在所有情況保持不變下，來自前往右上角的總預期獎勵，也稱為預期累積獎勵，將高於前往中間的總預期獎勵。當然，機器人必須已經探索過這些地方；在它探索之前，它仍然會計算預期的獎勵，只是結果可能不太準確。

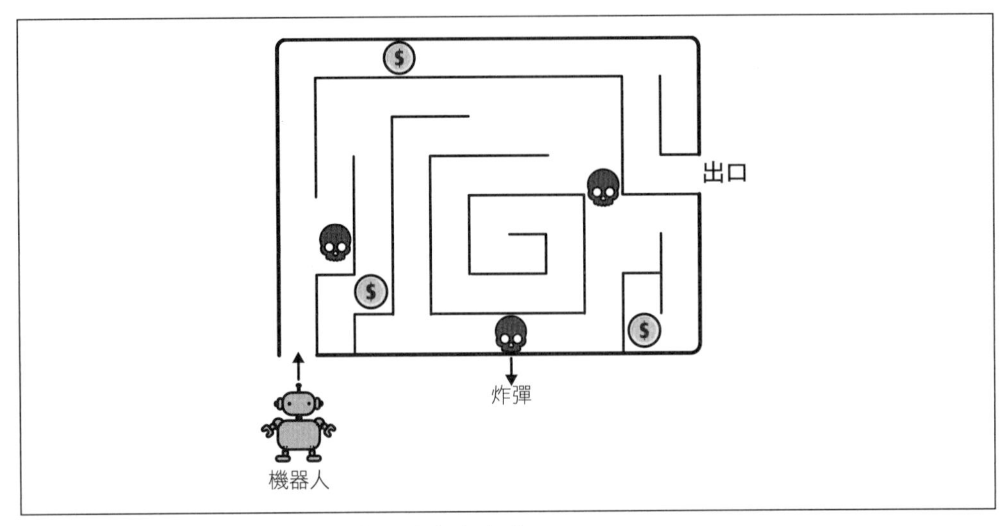

圖 3-14　強化學習圖示：機器人在迷宮中走動。

現在讓我們將預期累積獎勵的概念，連結到在特定狀態下採取動作的預期累積獎勵 *Q-* 值（*Q-value*），這與 *Q-* 函數（*Q-function*）概念相關，它接受狀態 - 動作對的輸入，並輸出 Q- 值。這個策略決定 RL 代理在給定的狀態下，應該採取的動作。為了將所有事情聯繫在一起，Q- 學習中的最佳策略來自於在每一個狀態中選擇有最高 Q- 值的動作。在每一個步驟之後，都會用所謂「Bellman 方程式」[46] 的最佳化方法評估策略並更新 Q- 值，在給定狀態下，這個過程會重複直到策略收斂，並選擇相同動作為止。

不進行策略迭代而使用 Q- 學習也是有可能的，方式是改用前一節所提，更簡單的 ε - 貪婪策略。在策略不太可能收斂、學習成本昂貴，或是狀態和 / 或動作空間非常大的情況下，這種更簡單的模式通常也更實用。

基於模型與無模型的強化學習概述

因為 Q- 學習不會用模型嘗試對環境建模，也就是對狀態和動作之間的關係建模，因此它是無模型的 *RL*（*model-free RL*）技術。像 Q- 學習這樣的無模型 RL

46 「Bellman Equation」，Machine Learning Glossary: Reinforcement Learning，2023 年 10 月 23 日讀取，*https://oreil.ly/KP8kh*。

需要狀態和動作的表示法，但如果使用策略迭代的話，隨後它只需要觀察獎勵，以持續改善 Q- 值和策略。

常見的無模型 RL 演算法包括 Q- 學習、SARSA（狀態 - 動作 - 獎勵 - 狀態 - 動作）[47] 和近端策略優化（PPO）[48] 等。

在基於模型的 RL 中，代理會學習環境的模型，包括各種可能狀態彼此相關的方式，這稱為**狀態轉換**（*state transitions*）。代理使用這個模型，決定在給定的狀態下應該採取的最佳動作；因此，基於模型的 RL 需要對環境有明確認知，這方面的範例有動態規劃和 Monte Carlo 樹搜尋（MCTS）[49] 等。

基於價值與基於策略的強化學習概述

基於價值（*value-based*）RL 建立在估計處於某種狀態下，並選擇採取某種動作的預期累積獎勵，也就是「價值」的基礎上，例如 Q- 學習 [50]、SARSA[51] 和深度 Q- 學習網路（DQN），這些演算法的重點是能夠預測預期累積獎勵。

另一方面，**基於策略**（*policy-based*）RL 會學習代理在給定狀態下選擇動作的策略、方法或模式。基於策略 RL 有參數化的策略函數，當它在學習狀態和動作之間的映射時可以用梯度上升方法來最佳化。使用梯度上升是因為基於策略的 RL 目的在於使預期累積獎勵最大化，而不同於用來讓錯誤最小化的梯度下降。常見基於策略的演算法包括像 REINFORCE 這樣的策略梯度演算法；和演員 - 評論家方法，「演員」指學習策略，「評論家」指學習價值，圖 3-15 中看到各種類型 RL 的圖示。

---

47 「SARSA Agents」，MathWorks，2023 年 10 月 23 日讀取，*https://oreil.ly/KP8kh*。

48 Yuewen Sun、Xin Yuan、Wenzhang Liu 和 Changyin Sin，〈Model-Based Reinforcement Learning via Proximal Policy Optimization〉，《2019 Chinese Automation Conference（CAC）》2019，pp. 4736–40，doi:10.1109/CAC48633.2019.8996875（*https://oreil.ly/M-POc*）。

49 Michael Janner，〈Model-Based Reinforcement Learning: Theory and Practice〉，《Berkeley Artificial Intelligence Research》，2019 年 12 月 12 日，*https://oreil.ly/ZuF22*。

50 J. Zico Kolter 的「Introduction to Reinforcement Learning」（演講稿，28th International Conference onAutomated Planning and Scheduling, Delft, The Netherlands，2018 年 6 月 24 日至 29 日），*https://oreil.ly/b_5nO*。

51 「SARSA Agents」，MathWorks，2023 年 10 月 2 日讀取，*https://oreil.ly/iZOG3*。

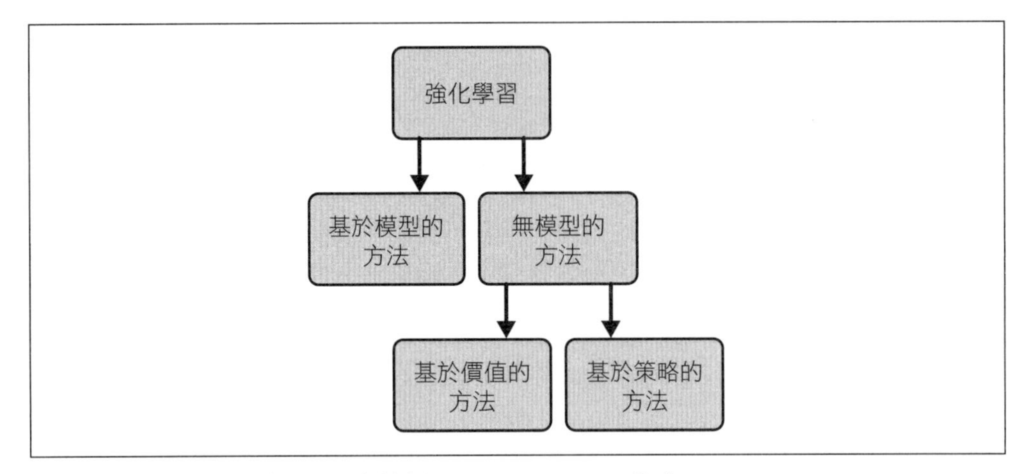

圖 3-15　強化學習方法概述；資料來源：J. Zico Kolter 的「Introduction to Reinforcement Learning」（*https://oreil.ly/d0sua*）。

同策略與異策略強化學習概述

同策略（*On-policy*）RL 遵循目前策略迭代時蒐集的資料點，以更新它的策略，但要注意，不是所有基於策略的 RL 都一定同策略[52]。假設 RL 演算法用目前的策略（p1）採取動作（a1），而且用這個動作的觀察結果，透過梯度上升更新這個策略，用（p2）表示最新學到的策略。如果代理繼續用新策略（p2）採取下一個動作（a2），就會認定它為同策略；像 SARSA[53] 這樣的策略迭代方法就是同策略 RL。換句話說，如果代理的行為策略是它的目標策略[54]，即正在更新的策略，那這就是同策略 RL。

異策略（*off-policy*）RT 演算法是根據從不同策略，或策略組合蒐集的資料點或是經驗，來更新它的策略，這包括 Q- 學習和 DQN；湊巧的是，這些都是基於價值的 RL 演算法。為了避免混淆，可以將同策略和異策略視為與代理是否使用正

52 Tingwu Wang，「Learning Reinforcement Learning by Learning REINFORCE」（演講稿，University of Toronto Machine Learning Group），*https://oreil.ly/Fgmck*。

53 David L. Poole 和 Alan K. Mackworth 合著，《Artificial Intelligence》第二版（Cambridge University Press，2017 年），之中的〈On-Policy Learning〉，*https://oreil.ly/KmgMu*。

54 Tingwu Wang，「Learning Reinforcement Learning by Learning REINFORCE」（演講稿，University of Toronto Machine Learning Group），*https://oreil.ly/Fgmck*。

在更新的最新策略有關，而基於策略與基於價值，指的則是用於衍生出最佳行為的演算法類型。

還有很多其他演算法可以探討，像是時序差分（TD）、A3C（Asynchronous Advantage Actor-Critic，異步優勢演員 - 評論家）和 PPO；如果有興趣了解更多細節，我鼓勵你閱讀 Richard Sutton 和 Andrew Barto 合寫的強化學習教材，該教材可從線上免費下載（*https://oreil.ly/MCgBK*），而且也包含在本節開始的資源中。

在強化學習上的面試問題範例

熟悉了 RL 介紹性概念之後，讓我們看看面試問題的一些範例。

面試問題 3-17：說明強化學習中 DQN（深度 Q- 學習網路）演算法。

範例解答

DQN 是 Q- 學習的延伸；DQN 使用神經網路逼近 Q- 值，這個值表示來自給定狀態下採取動作獲得的預期未來獎勵，和 Q- 學習定義相同。在 DQN 中有兩個網路：目標網路和 Q- 網路，目標網路負責預測從給定狀態，即目標 Q- 值可以採取的所有動作中最佳的 Q- 值。Q- 網路接受目前狀態和動作，並對特定動作預測 Q- 值，即預測的 Q- 值。為了改善 Q- 網路，在預測 Q- 值、目標 Q- 值和觀察到的獎勵之間的差異，就是 Q- 網路的損失函數。

神經網路的權重根據預測的 Q- 學習，和透過經驗得到的實際 Q- 值之間的差異更新。使用目標網路的理由是確保訓練結果會更加穩定，因為是使用強化學習並在每一個步驟更新 Q- 網路，而且每個動作的變異可能會很大。經過足夠的步驟之後，目標網路會用 Q- 網路新的權重更新，並繼續訓練。

面試問題 3-18：延續上一個問題，你能說明 DQN 添加在正規 Q- 學習上的主要修改嗎？

範例解答

DQN 使用主要的新進展之一是經驗回放，這是 Q- 網路和目標網路之前的一個組件，它在真實環境的目前狀態下，使用簡單的 ε - 貪婪方法採取動作，並獲得獎勵，它儲存這些動作、狀態和獎勵作為網路的經驗，以當作訓練資料。使用經驗回放的理由是強化學習的循序本性；網路的訓練資料集應該具有獎勵的序列，和來自之前狀態中每個動作所帶來的新狀態。

面試問題 3-19：用範例說明在強化學習中的探索和利用，這兩種概念的權衡取捨為何？用什麼方式可以平衡探索和利用？

範例解答

我以簡單自動駕駛汽車一部分的 RL 代理為範例說明。在探索的過程中，它首先發現根據北美的交通法規，紅燈右轉並不會受到處罰；代理可能會繼續利用這個知識，而不去嘗試新的行為，也不學習碰到紅燈時要停車，因此造成不良駕駛行為：永遠不會在碰到紅燈時停車。因此，鼓勵探索同樣很重要，這樣代理就會嘗試新的行為。當代理已經在環境中探索了許多次，這時繼續增加利用參數會更安全，因為屆時代理會有更好的表現，並利用它到目前為止所蒐集的經驗，成為一輛精確的自動駕駛汽車可能更為重要。在一開始就允許有更多探索，之後再透過像 ε - 貪婪策略等技術減少探索並增加利用，就能平衡探索和利用。

總而言之，要平衡探索和利用，我會使用 ε - 貪婪策略[55]，這樣 RL 代理就可以對環境有更多探索。代理從環境中有更多互動和學習，就會減少 ε 值，這會使代理開始增加利用。最後，一旦代理有了足夠探索，就可以採用過去看到的優質決策並減少探索。

面試問題 3-20：想像以下場景，你發現強化學習演算法持續建議將商品誤標記成售價的 10%。造成這個情況的可能原因為何？假設資料都正確，該如何調查？

範例解答

在 RL 代理中有獎勵函數的情況下，我會探討獎勵 / 獎勵函數，看看它是否會獎勵 RL 代理的不當行為。這可能是代理正在利用各種方法人為地提高使用者的點擊率，例如推薦高折扣的商品。碰到這種情況，人為增加點擊率有助於 RL 代理的正獎勵；但如果獎勵在獎勵函數中考慮到折扣成本，代理就不太可能只是為了優化點擊率，而以產品賠錢為代價。

55 「Epsilon Greedy Policy」，Machine Learning Glossary: Reinforcement Learning，2023 年 10 月 23 日讀取，*https://oreil.ly/jHrup*。

面試問題 3-21：說明基於模型或無模型的強化學習各有哪些範例？兩者要如何選擇？

範例解答

> 若估計環境模型很困難，或環境會不斷地變化時，通常會引用無模型 RL。這是因為基於模型的演算法會嘗試建置它們整個運行環境的精確模型。「模型」包括從一種狀態到另一種狀態的轉換機率，注意：這裡用「模型」這個詞，並不表示 RL 的其他組件不是 ML 模型。具體來說，「基於模型」的 RL 指的就是環境模型，這並不排除在工作流程中有其他的 ML 模型。
>
> 當整個環境有合理的基準真相表示時，比如說在像 Atari 或西洋棋等遊戲的環境中，基於模型的 RL 會比較適合。這些環境可以多次模擬，而且（通常）會有確定性的結果，這樣就可以了解或建置描述環境，以及它狀態轉換機率的模型。在大多數真實的案例中，不太可能完全的描述環境，然而用深度學習和非常大量的特徵來描述環境，比如說自動駕駛汽車上的先進感測器，就可能可以完全描述。不過，通常在未知環境的情況下，可以使用無模型 RL。

電腦視覺演算法

電腦視覺（*computer vision*）是一種包括影像分類、影像識別等在內常見的 ML 應用。這方面的範例有將電腦視覺應用到像 X 光等這樣的醫學影像，以區分是否患有某種疾病，或檢查波形影像以對某些聲音分類。自動駕駛汽車代表各種電腦視覺技術的複雜應用。

有些電腦視覺的應用可以在多種行業上發現；例如，光學字元辨識（OCR）可用於讀取銀行線上支票存款系統的支票、偵測社群媒體貼文中的標誌，或在廣告影像中辨識產品[56]。不管是哪個行業，ML 的從業者都會從領域知識中發揮電腦視覺的效益，尤其是在有高影響力的應用上，例如衛生保健或自動駕駛汽車等。

關於電腦視覺的面試問題，高度依賴於領域知識，因此在本書和技術資源的建議以外，我鼓勵你再閱讀些特定於目標領域的電腦視覺應用。

---

56 「What Is OCR（Optical Character Recognition）?」Amazon 雲端運算服務，2023 年 10 月 24 日讀取，*https://oreil.ly/0ms_Z*。

本節為那些不確定自己是否具備電腦視覺技術足夠背景知識的人，介紹該領域的基礎知識。如果你已經掌握這些領域的專業知識，可以隨意地跳過這些小節。無論你的專業知識如何，我都會在提示框中強調對 ML 面試的具體建議，以幫助你應用每個 ML 領域的知識，並在面試中出類拔萃。

關於電腦視覺學習的資源

為了進一步補充本書所提供概述以外的電腦視覺技術知識，我推薦以下資源：

- Image Classification with TensorFlow（*https://oreil.ly/K-0F7*）（教程）
- Valliappa Lakshmanan、Martin Gorner 和 Ryan Gillard 合著，《Practical Machine Learning for Computer Vision》（O'Reilly）（*https://oreil.ly/kQ7r5*）
- PyTorch: Training a Classifier（*https://oreil.ly/_Hy_U*）（教程）

在準備面試的時候，可以回頭參考本節資料。

常見影像資料集概述

因為它們直觀而且相對容易了解的本質，影像資料集通常會用來當作深度學習初學者的教程，例如，我就記得自己在 Coursera 的 CNN 課程中，和成千上百其他學習者一起使用狗和貓的資料集。在影像上用 ML，能讓 ML 熱衷者的想像力盡情發揮，而且在自學和組合專案中很受歡迎。在研究中，許多相同的資料集推動 ML 的重大進展，回想我在第 1 章提過，ImageNet 資料集和挑戰促成深度學習模型精確度上的發展和爆炸性成長，是前所未見的。

以下是用於電腦視覺的一些常用公共資料集：

- ImageNet（*https://oreil.ly/yQHl1/*）
- CIFAR-100（*https://oreil.ly/regHX*）

- MNIST（*https://oreil.ly/4Yf5C*）和像 Fashion-MNIST 這樣的相關資料集（*https://oreil.ly/OeMdK*）
- COCO（*https://oreil.ly/FsK3V*）（上下文中常見的物件）
- LVIS（*https://oreil.ly/2h6JQ*）（有註記的 COCO）

我鼓勵你試試看這些資料集，如果這是你第一次使用，可以嘗試以下的 Colab 手冊：

- Image Classification-Colaboratory tutorial（TensorFlow）（*https://oreil.ly/XnUJz*）
- Transfer Learning for Computer Vision tutorial（PyTorch）（*https://oreil.ly/AgB50*）

一旦熟悉這些基礎，我鼓勵你提出自己的專案。在以下位置可以找到更多影像資料集，甚至也可以自己蒐集：

- *Paperswithcode.com* 上的 Machine Learning Datasets—Image Classification（*https://oreil.ly/b_uhg*）
- Google 的 Know Your Data Catalog（*https://oreil.ly/Z2YS4*）
- Kaggle（*https://oreil.ly/Fy-9E*）資料集

許多線上教程都從簡單的影像資料集開始，像是貓狗分類、Iris 資料集（*https://oreil.ly/4Bhjc*）、MNIST 等。正因為如此，它們只應該用於學習目的，而不是專案資料夾目的。應徵者會發現，很難靠這些只使用最常見資料集[57]的專案就能脫穎而出，因為面試官早已經看過數千位使用這些專案的求職者，一點也不誇張。如果你正在建構組合專案，試著找到更獨特的資料集。

57 除非你有一些真正富創意的改變，但即便是如此，不要使用那麼老套的資料集，才可能會有更好的 ROI。

卷積神經網路（CNN）概述

如之前討論過的，電腦視覺工作的範例包括物件偵測、臉部辨識和醫學分類。通常用於電腦視覺演算法的資料是影像，而這些影像經常由 CNN 架構實現，如圖 3-16 所示。CNN 對影像識別這樣的工作來說特別有效，因為它們可以從影像中擷取資訊編碼，其中影像是用矩陣表示（輸入特徵圖）；然後，輸入透過網路中各個卷積層「卷積」，也就是從影像的矩陣表示中抽取資訊，並建立能捕獲關於影像更細膩資訊的新特徵。卷積也容許扁平化和壓縮影像中的資訊，這對計算來說很有效率。

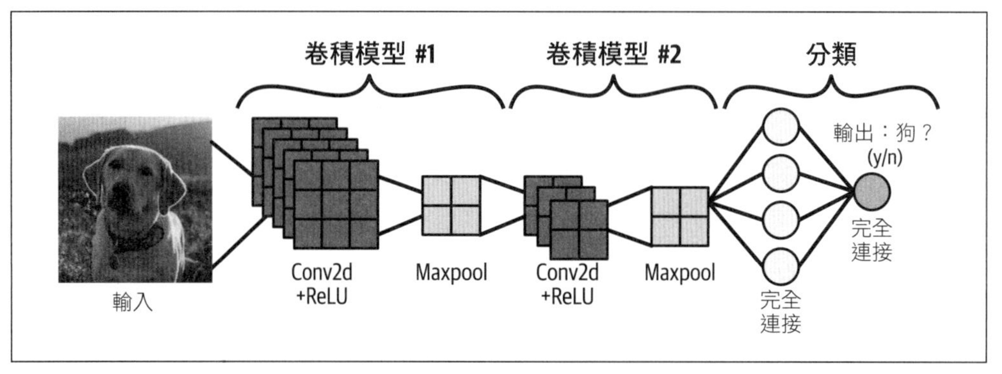

圖 3-16 CNN 接受狗的影像，並用矩陣形式表示影像，然後兩個卷積模型抽取有用的特徵，將這些特徵饋入到最後兩個完全連接層，以預測影像是否是狗；基於 Google「ML Practicum: Image Classification」（*https://oreil.ly/I3yeL*）的影像。

轉移學習概述

對於電腦視覺工作，可以從線上找到許多預訓練過的模型；這些預訓練模型已經在像是影像分類工作等的一般工作上完成調整和調節。要從頭開始訓練這些模型既耗時又耗資源，所以實際上，轉移學習就成為一種常用的技術。

轉移學習利用預訓練模型，並修改模型最後幾層的工作，以專注在手邊較小的工作上。例如，預訓練模型可能已經訓練好要對 1000 個項目做分類；在工作中，為了庫存追蹤，將只需要對桌上型電腦和筆記型電腦分類。為了這個工作你可以下載預訓練模型，使用它最後一層以外的架構和權重，然後只訓練它的最後一層，讓它專攻這兩種物件。

結果會是一個已經對影像分類有一般認知，以及已經微調過，讓它執行特定工作的模型；這整個過程稱為**轉移學習**（*transfer learning*）。

以下是一些教程：

- Transfer Learning and Fine-Tuning（TensorFlow）（*https://oreil.ly/qVisB*）
- Transfer Learning for Computer Vision（PyTorch）（*https://oreil.ly/zO3Af*）

面試時，具有轉移學習的知識會很有幫助。在許多情況下，為手邊特定工作確認要使用的預訓練模型，並在這個模型的頂層建構會非常有用。產業界由於成本原因，很少會將訓練一個全新的神經網路當成首選；如果你只提到為了電腦視覺而從頭開始訓練模型，這可能只會彰顯你缺乏充分的思考，或沒有接觸過實際情況。

生成式對抗網路概述

「深度偽造」指由深度學習生成的偽造影像，因為打造政客和名人的假影像而常上新聞。深度偽造是生成式 AI 結果已經開始變得非常逼真的一個例子，通常是由稱為**生成式對抗網路**（*generative adversarial networks*，*GAN*）的網路所生成。

GAN[58] 的架構著重在兩個模型上：生成器和判別器。**生成器**（*generator*）為了產生良好輸出而學習和改善，**判別器**（*discriminator*）則為了評估生成器產生的輸出是真是偽而學習和改善。

例如，訓練生成拉布拉多獵犬，簡稱「拉拉」的影像流程如下（參考圖 3-17）：

- 訓練開始；生成器並不擅長生成看起來像拉拉的物件，而判別器則不擅於區別生成器所產生的影像與真實的拉拉影像。

58 「Overview of GAN Structure」，Machine Learning，Google for Developers，2022 年 7 月 18 日，*https://oreil.ly/EfpSR*。

- 生成器經過更多訓練之後，學會產生看起來更像拉拉的影像；判別器經過更多訓練之後，也比較能夠從拉拉真實影像中，區別出生成器偽造的拉拉。生成器的目的是產生看起來夠真實的拉拉影像，讓判別器誤認這是實際拉拉真實影像。
- 最後，生成器在產生拉拉影像方面非常擅長，判別器再也無法區分。

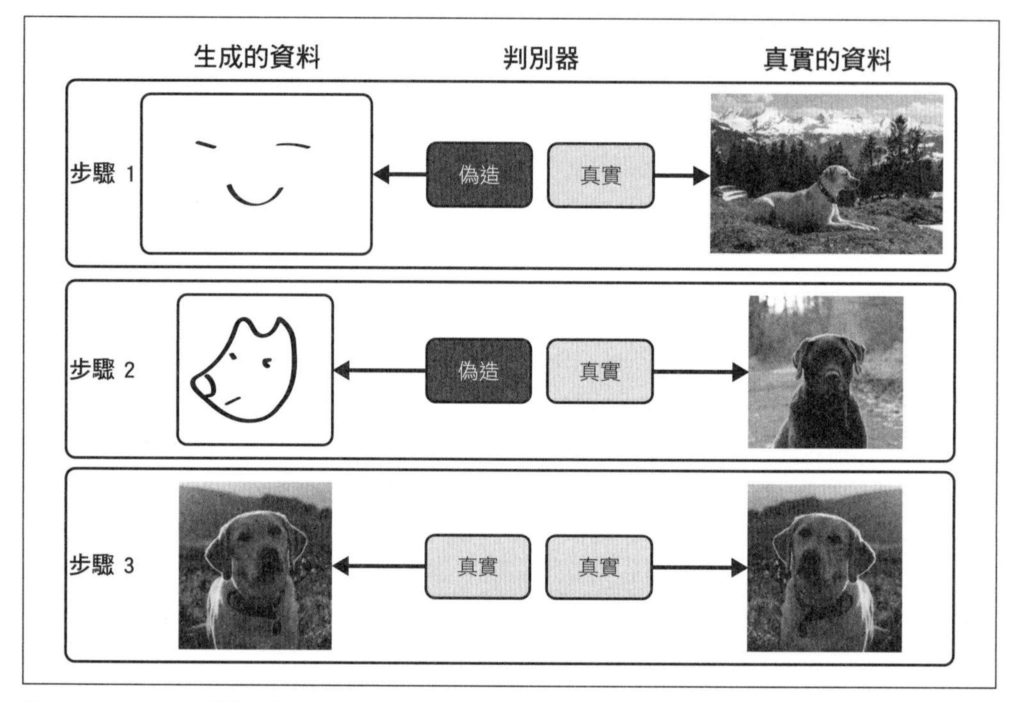

圖 3-17　GAN 訓練圖解。注意，GAN 可以生成對訓練資料集來說夠好的影像，並足以欺騙判別器。在這個圖解中，為了簡單只使用翻轉影像，但真實的網路可以生成與真實訓練資料更具差異的影像。

擴散模型現在在影像生成工作中很常見，本書不會詳述細節，但如果你有興趣，可以閱讀原始論文[59]。

59 Jascha Sohl-Dickstein 等人合著，《Deep Unsupervised Learning Using Nonequilibrium Thermodynamics》（2015），*https://oreil.ly/0Zp8Q*。

其他電腦視覺應用案例

除了分類和影像生成以外，對電腦視覺還有更多應用案例，比如說超解析度、語意分割和物件偵測等。在這裡我將討論一些常見的產業界應用案例，但如之前所提，強烈建議你閱讀要面試公司或行業有關的範例，才能在面試中說出更好的答案。

超解析度概述

超解析度（*super resolution*）是拍攝低解析度影像，並產生它高解析度版本的工作，這個工作也稱為**升高檔次**（*upscaling*），常見的應用案例是升高歷史影像、照片及影片等的檔次。在醫療衛生產業中，這工作可用來提升老舊醫療設備的解析度，以便在設備無法升級的時候，也可以做出更好的診斷。

GAN 和擴散模型通常會用在這類工作上，以下資源提供更多範例：

- Jonathan Ho 撰寫的「High Fidelity Image Generation Using Diffusion Models」（*https://oreil.ly/5b_5Y*）（Google Research 部落格）
- Silviu S. Andrei 等人撰寫的「SUPERVEGAN: Super Resolution Video Enhancement Gan for Perceptually Improving Low Bitrate Streams」（*https://oreil.ly/nw0e2*）（Amazon Science）

物件偵測概述

物件偵測（*Object detection*）是用來在影像中識別和定位物件的工作，比起將整個影像分類，顯得更為先進；**定位**（*localizing*）是知道物件在影像中的位置（*where*）。以此延伸，在視訊中應用物件偵測個別影幀，就可以追蹤物件，並在視訊來源中跟隨主體或物件的位置，甚至可以跨多個攝影機角度。例如，利用 ML 執行物件偵測和物件追蹤，可以在體育比賽中追蹤球的位置。

物件偵測相關的演算法包括有：

- Chien-Yao Wang 等人的 YOLO（*https://oreil.ly/2RAW5*）（You Only Look Once）以及最新版本
- Ting Chen 和 David Fleet 撰寫的「Pix2Seq: A New Language Interface for Object Detection」（*https://oreil.ly/n14_h*）（Google Research 部落格）

語意影像分割概述

語意影像分割（*semantic image segmentation*）是對影像中每個像素都指定語意標示，例如「電腦」、「電話」、「人」或「狗」的工作。這方面的範例包括在影像中將一些類別隔離，比如說將前景中的人從背景建築物隔離出來，常見的例子是智慧型手機照相功能的肖像模式，可以用 Google Pixel 智慧型手機的相機肖像模式[60]為例子，了解更多關於語意分割的應用。

從以下資源可以了解更多：

- Liang-Chieh Chen 和 Yukun Zhu 撰寫「Semantic Image Segmentation with DeepLab in TensorFlow」（*https://oreil.ly/qDr94*）（Google Research 部落格）
- Valliappa Lakshmanan、Martin Gorner 和 Ryan Gillard 合著，《Practical Machine Learning for Computer Vision》中的〈Comparison of Object Detection and Semantic Segmentation〉（*https://oreil.ly/UmZhc*）（O'Reilly）

以下提供更多產業界範例；但注意，它們通常還會結合其他多種技術：

- Amazon 不斷地嘗試和研究電腦視覺，以協助客戶線上購物，例如，透過對現有產品描述的差異，幫助他們找到相關產品[61]。比如說，顧客可能正在尋找衣服，而且有看到喜歡的款式，但是沒有喜歡的顏色；就可以輸入「我想要一件這樣的衣服，但要將黑色改成粉紅色」，進而找到類似目前產品的衣服。
- Meta AI（*https://oreil.ly/yf9xL*）經常試圖利用電腦視覺，改善社群媒體平台上的自動化程度。例如，它已經為有視覺障礙的人改善關於影像自動生成的文字描述[62]，提供 Facebook Marketplace 項目更理想的自動分類、內容審核等。

---

60 Marc Levoy 和 Yael Pritch 撰寫，〈Portrait Mode on the Pixel 2 and Pixel 2 XL Smartphones〉，「Google Research」（部落格），2017 年 10 月 17 日，*https://oreil.ly/VdtgX*。

61 Larry Hardesty 撰寫，〈How Computer Vision Will Help Amazon Customers Shop Online〉，「Amazon Science」（部落格），2020 年 6 月 5 日，*https://oreil.ly/xGyam*。

62 〈How Facebook Is Using AI to Improve Photo Descriptions for People Who Are Blind or Visually Impaired〉，「AI at Meta」（部落格），2021 年 1 月 19 日，*https://oreil.ly/_3YYj*。

- Netflix 運用電腦視覺豐富的視訊、音訊和影像資料，來實驗和改善內容簡圖與其他使用案例[63]。

在影像識別上的面試問題範例

在介紹電腦視覺、常見資料集、演算法和使用案例等概述後，以下是一些面試問題的範例。

面試問題 3-22：影像識別工作中常見的預處理技術有哪些？

範例解答

影像識別工作中常見的預處理技術，包括資料正規化、資料增強和影像標準化。資料正規化將影像中像素的數值表示轉換到預先定義的範圍內，例如（0, 1）或（-1, 1）；之所以如此，是為了讓應用在不同層的演算法也可以遵循相同範圍。資料增強可以幫助減少在訓練資料集上的過度擬合；例如，如果訓練資料湊巧只包含面朝右方的貓，CNN 可能就不知道面朝左方的貓也是貓。使用翻轉、旋轉、裁剪等各種不同資料增強技術，可以將相同物件更多的表示法增加到資料集中，並幫助 CNN 學習泛化物件偵測。影像標準化透過確保影像的高度和寬度彼此接近，而使資料集更容易使用，在這個預處理的步驟中，會調整影像大小，讓影像都在一定的寬度和高度範圍內。

面試問題 3-23：如何處理影像識別工作中的類別不平衡？

範例解答

有一些方法可以用來處理影像識別工作中的類別不平衡；這種情況下的「類別」指的是種類或標示；例如，影像中可能包含「貓」或「狗」。處理類別不平衡的一種方法是合併非常類似的類別，像是「橘子」和「柑橘」；當然，必須在待合併的標示之間決定權衡取捨。如果這個影像識別模型負責為柑橘類水果標記，就應該嘗試另一種方法，或合併其他類型的標示。

第二種選擇是重新取樣，讓它在少數類別中產生合成的資料或複製資料點，TensorFlow 和 PyTorch 中有內建工具，可為影像識別工作完成這件事。處理類別不平衡的另一種方法是調整 CNN 的損失函數，以使少數或稀有類別上錯

---

63 〈Ava: The Art and Science of Image Discovery at Netflix〉，「Netflix Technology Blog」，Medium，2018 年 2 月 7 日，*https://oreil.ly/3S9NZ*。

誤的權重，高於常見類別和標示上的錯誤，這是為了避免因為類別不平衡，而造成稀有類別上的擬合不足。

面試問題 3-24：要如何處理在影像識別工作中的過度擬合？

範例解答

在 CNN 內增加中輟層，這是正規化的一種類型，會將隨機神經元的激活化設成 0；可以避免這一層過度利用某個特徵。另一種方法是提前停止，也就是當損失不再明顯減少，且符合 CNN 最小化損失的企圖時，就停止訓練。使層的複雜度降低也能夠減少過度擬合，因為當 CNN 的層過於複雜的時候，它在影像中發現的模式可能會多於有意義的模式，例如，許多歌手的影像都包括他們站在舞台上並拿著麥克風，讓模型誤認影像中有麥克風就意味著是歌手。處理影像識別中過度擬合的另一種技術是資料增強，它可以幫助在訓練資料集中增加更多差異，並減少過度擬合。

面試問題 3-25：如何改善和優化 CNN 用於影像識別的架構？

範例解答

如果現有的網路運作不理想，例如擬合不足，而且無法順利分類物件，我可能會考慮增加更多特定類型的層，例如增加卷積層，或重新安排不同層的順序。這也是研究人員優化不同演算法架構的方式，比如說在 ResNet 上創建層的變異。

結語

恭喜你完成這些密集主題！首先，你仔細查看面試中經常會提到的統計技術，包括 ML 中正規化這樣的常見技術，以及過度擬合和擬合不足等主題。我們還解釋了監督式學習、非監督式學習和強化學習，然後深入探討各種核心 ML 領域：自然語言處理、推薦系統、強化學習和電腦視覺。

本章提供一些面試問題的範例，以及各個主題資源，可供準備面試時參考。

現在你已經知道技術面試中機器學習演算法這部分的概述，接下來就來看看 ML 模型和模型評估的訓練過程。

第四章

技術面試：模型訓練與評估

本章將介紹 ML 模型訓練過程和相關面試問題。對於許多從業者而言，模型訓練是最令人興奮的部分，這我也同意，在整個過程中看到模型變得越來越精準，的確令人很有成就感。不過，要開始 ML 模型訓練、超參數調整，以及用各種不同演算法實驗，需要資料，機器學習的核心是讓演算法在資料中找到模式，然後再基於這些模式做出預測和決定。擁有可用資料是 ML 的基礎，而如同產業界的諺語「垃圾進，垃圾出」；也就是說，如果 ML 模型在無用的資料上訓練，產生的模型和推論也不會有用。

我將從資料處理和淨化概述開始，它們能將原始資料轉換成對 ML 演算法有用而且相容的格式。接著，我將討論演算法選擇，比如說在不同場景中 ML 演算法之間的權衡取捨，以及對於給定問題一般選出最好演算法的方法。

在這之後，我將介紹模型訓練和優化模型性能的過程，這可能不是很清楚且具有挑戰性，但是你將會學習一些最好的做法，像是超參數調整和實驗追蹤，這些做法可以避免丟失最好的結果，並確保它們再現。說到這，我還將審視在實際的意義上，知道優質（*good*）ML 演算法的時機和方法，這牽涉到模型評估，以及和某些基準模型或基準啟發性方法的比較。模型評估也能夠幫助你確定模型在全新、未曾見過的資料上的有效性，並發現模型在現實生活中是否可能過度擬合、擬合不足，或有其他表現欠佳的情形。

我嘗試在篇幅允許下盡可能多提些常見的 ML 面試技巧，但實際上的技巧實在太多了，所以一定要查看連結資源，以拓展學習和面試的準備！

貫穿整章，我將提供務實的技巧和範例，幫助你成功通過 ML 面試。本章結束後，你對資料淨化、預處理、模型訓練和評估過程應該會有深厚認識，而且能夠在面試中充分討論。

界定機器學習問題

我將在本節提供界定 ML 問題概略的陳述，包含面試時會出現這些問題的原因及形式。

先想像以下場景：身為應徵者的你，正回顧你建構的 ML 專案，目的是預測使用者是否會點選特定歌手演唱會的促銷電子郵件[1]。面試官在你概述之後想了幾秒，然後說：「聽起來，你可以從使用者收聽歌手 A 的時間，來找出收到這位歌手的促銷電子郵件用戶。例如，如果有人每週聽歌手 A 的歌曲超過 5 個小時，只要歌手 A 在這些人住家附近舉辦演唱會，就會發送電子郵件給他們。一定有不使用機器學習，就能完成與這套模型相同事情的更簡單方法，*所以為什麼要選擇 ML*？」

你沒有想過這個問題，所以僵在那裡；在這之前，這似乎只是一個有趣、自己主導的專案，而且你只是想要從中學習。你不太明白面試官的問題想探究什麼，又該怎麼辦？

事先知道妥善回答這些問題的方法很重要，以下是一些可能的觀點：

- 你是否想過先用基於啟發性，也就是基於規則的基準？在合適的情況下，也可以使用如邏輯迴歸模型這種盡可能簡單的模型作為基準，然後你 ML 模型的目標是比基準表現的更好。

1 先假設這個專案有一些非常適合這個問題的公共資料集。

- 在實際情況下，除非有明顯商業價值證明耗費的工程時間和努力是合理的，否則通常不會啟動或核可新的 ML 提議。例如，如果從頭開始實作 ML 系統來推薦演唱會的成本不會超過預期收益，雖然使用啟發性方法比較容易，但是預期可以節省這件事的複雜性、手動工作或時間，就成了使用 ML 而不用啟發性方法的一個原因。

不過別擔心，面試官也不是輕視你的專案，只是問：「為什麼用 ML？」這在專業 ML 領域中很常見。問「為什麼用 ML？」並**不是**代表「你真的不應該用 ML」，這只是 ML 專業人員日常生活中經常會有的討論起點。對這個問題回應的方式，特別是對應屆畢業生來說，可能就是能否順利轉換到產業界 ML 工作的一個很好訊號。

以下是這種場景中你可以表達的方式：

- 實話實說：「老實說，我只是想用一個業餘專案學習一些新的建模技術，而且由於我是 Spotify 的重度使用者，我想了解用 ML 模擬它的電子郵件功能。」
- 如果談的是一個工作中的專案：「實際上，我發現啟發性方法有效，但這只是對最一般的使用者而言。例如，重度的使用者會需要花更多時間聽歌，才能決定他們最喜歡的歌手。除此之外，一旦將**按讚**和**加到播放清單**等其他資料納入啟發性方法中，就會發覺這樣對電子郵件促銷更有效果。因此，啟發性方法會變得太過複雜而且難以擴展，這就是為什麼要開始改用 ML 的原因，因為這樣它就可以在更多特徵中找到模式。」

誠實為上策！身為應屆畢業生，我曾經在一個業餘專案示範講解中，用這樣的開場白：「這是 Ariana Grande 影像的分類器，我只是覺得好玩才想進行這個專案，並沒有非 Ariana Grande 不可的原因。我的做法是……」但我仍然證明這個專案是使用卷積神經網路的機會，以此設法讓面試官認真對待這個專案。

如果你執行自己的業餘專案，並希望用它回答面試的問題，應該要考慮有哪些啟發性方法能夠達到想要的目標。稍後，可以用它們作為簡單的基準，讓 ML 方法變得更好，這將有助於你從其他應徵者中脫穎而出。本章後面會介紹模型選擇和模型評估。

用個人專案的近似工作經驗

就算還沒有 ML 工作經驗，仍然可以藉由以下幾點，在他人工作時已建置的類似專案找到近似答案：

- 嘗試一些簡單的非 ML 基準規則和啟發性方法，並指出它們的性能。
- 思考 ML 方法運作得比啟發性方法更好的可能方式；實際中常見的原因包括減少手動工作，或使工作更具概括性，因為 ML 在模型重新訓練之後可以考慮更多特徵。

資料預處理和特徵工程

本節將概述常見的資料預處理和特徵工程技術與場景，以及在 ML 生命週期中涵蓋這個步驟常見的面試問題。為了簡單起見，先假設資料可用於 ML 面試問題，縱使這在實際生活中是常見的挑戰。我會從資料採集[2]、探索性資料分析（EDA）和特徵工程等的簡介開始。

所有資料和 ML 職位都會用到資料預處理和 EDA，本章的一些技術專門針對 ML，但對資料分析師或資料工程師來說也很有用。

資料採集簡介

獲取資料，在 ML 背景下通常指的是資料採集（*data acquisition*），這可能會涉及以下選項：

- 工作訪問，通常是專用的資料
- 來自 Kaggle、人口普查局（*https://oreil.ly/_BFu5*）等公共資料集
- 網頁抓取（要注意某些網站的條款和條件）

2 記住任何許可、版權和隱私的問題。

- 學術訪問，比如說成為大學研究實驗室的一分子
- 向供應商購買資料：
  - 有些供應商也幫助註釋和標記資料，比如說 Figure Eight（*https://oreil.ly/LAH7w*）和 Scale AI（*https://scale.com*）。
  - 你工作場所或學術機構通常會幫助支付費用，因為對個人的業餘專案而言，價格通常太高而不值得購買。
- 透過模擬建立合成資料
- 建立自己的原始資料，比如說自拍照、群眾外包資料，或使用自己創作的藝術 / 設計作品

> **ML 生命週期的端到端知識是首選**
>
> 沒有人期望會找到完美的應徵者，所以公司已有幫助你完成在職訓練的打算；不過，擁有資料採集相關知識，在面試時也會大有裨益。不太需要花時間訓練的應徵者，和需要花很多時間訓練的應徵者，猜猜看誰會先拿到工作邀約？

探索性資料分析簡介

現在你已經取得資料，是時候分析它了。使用 EDA 的主要目的是了解資料是否足以作為起點，或者還需要更多資料，因此，設法得到資料分布概略的總覽，並發現其中任何瑕疵和怪異之處，可能是包括太多遺漏值、偏態的資料分布或重複等；EDA 也涵蓋每一個特徵的一般特性、審視平均值及分布等。如果發現瑕疵，有一些方法可以在稍後的資料淨化和特徵工程期間解決這些問題；EDA 過程中的重點，只是**意識到**潛在問題。

對於 ML 和資料從業者而言，擁有一些領域知識非常重要。在我的電動遊戲定價業餘專案中，身為狂熱遊戲玩家的我，對於業界動態和客戶行為瞭若指掌。在工作中，我需要了解每個領域才能建構有用的 ML 模型；例如，電信業客戶的行為，和那些金融科技客戶的行為就不會一樣。

我常用的方法是執行 ydata-profiling（*https://oreil.ly/S3XXt*），原來稱為 pandas-profiling，並開始從產生的報表中向下探索（範例報告顯示於圖 4-1）。注意，這只不過是一個起點，而且以領域知識為主，搞清楚模式是否異常很重要。在某些行業和模式可能會引發的問題，可想而知在其他行業和模式中也會是個問題，例如，在 RecSys 問題的案例中，與時間序列的資料集相比，更常見到的是稀疏資料。只審視所產生的統計資料是不夠的；另外，某些領域具有為這個領域搞定常見問題的演算法，因此這些問題也就不那麼令人驚慌失措了。

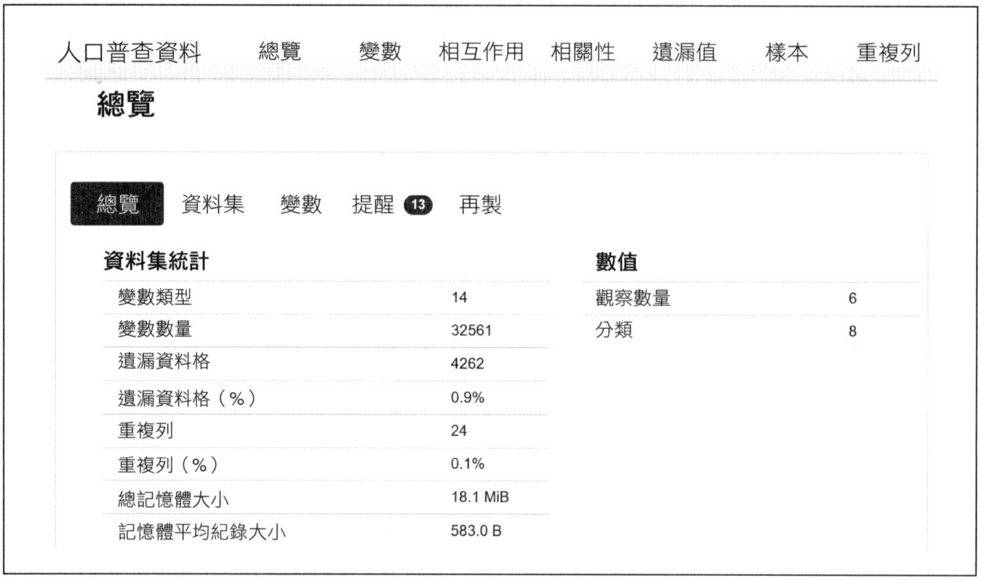

人口普查資料　總覽　變數　相互作用　相關性　遺漏值　樣本　重複列

總覽

總覽　資料集　變數　提醒 13　再製

資料集統計	
變數類型	14
變數數量	32561
遺漏資料格	4262
遺漏資料格（%）	0.9%
重複列	24
重複列（%）	0.1%
總記憶體大小	18.1 MiB
記憶體平均紀錄大小	583.0 B

數值	
觀察數量	6
分類	8

圖 4-1　ydata-profiling 螢幕截圖；來源：ydata-profiling 文件（*https://oreil.ly/jOE08*）。

關於 EDA 的更多細節已超出本書範圍，但我建議可以閱讀 Glenn J. Myatt 和 Wayne P. Johnson 合著的《Making Sense of Data》（Wiley）（*https://oreil.ly/zFoDd*），以取得更多資訊。

經過一些迭代之後，假設你已經完成了 EDA，達到決策點：資料似乎健全到（目前）可以繼續，或你可能需要先獲取更多資料或另一個資料集；重複這整個過程。

當面試官問你開始處理 ML 問題時會先做的事，他們期待聽到你在這個過程早期，在獲得一些資料來源之後就提到 EDA。重要的是要表現出你能夠認真地查看資料，甚至發現瑕疵，而不只是接受預先淨化過的資料集。

特徵工程簡介

在探索資料、迭代到對模型訓練都有一個好起點之後，就輪到特徵工程了。在 ML 中，特徵指的是 ML 模型的輸入，目的是修改資料集，以確保與 ML 模型的相容性，而且還要處理資料中任何觀察到的瑕疵或是不完整性，比如說遺漏值。在這裡討論的主題包括處理遺漏資料、處理重複資料、標準化資料和預處理資料等。

其中一些技術與通常所謂的「資料淨化」重疊，這在 ML 生命週期中可能發生的階段比特徵工程還多，但在這裡介紹這些技術會很有用。

透過插補處理遺漏資料

有一些用於處理遺漏資料的常見插補技術，和它們的優缺點，你都應該在面試中答得出來，其中包括用平均數或中位數填補，以及使用基於樹的模型。

表 4-1 列出在填補遺漏值時需要注意的一些事情。

表 4-1　常見插補技術的優缺點

技術	優點	缺點
平均數 / 中位數 / 眾數	實施簡單	與基於樹的方法相比，可能未考慮到異常值 不太適合分類變數
基於樹的模型	可以捕獲更多底層模式 對數值變數和分類變數都適合	增加資料預處理過程的複雜程度 如果資料的底層分布改變，就需要重新訓練模型

插補遺漏值時要提防資料外洩

假設你正計畫為電子商務購買的資料集填補遺漏值，假設遺漏值來自於對客戶年齡觀察相同的分布，所以打算用平均值插補這個資料集中年齡欄的遺漏值，那就說得通。（在 ML 中做出類似這樣的假設時，請務必將它們記在中心位置；如果將來預測出現錯誤，可以用它們幫助對模型除錯。）

但是，如果在將所有可用資料拆分成訓練集、驗證集和測試集之前，使用資料的平均值，它不可避免地會捕獲測試集的特徵。因此，ML 模型將在含有測試集潛在資訊的插補資料上訓練，除了資料插補方式以外，不會有其他不定時增加準確性的理由，這種現象稱為**資料外洩**（*data leakage*）。如果要使用插補，請務必先拆分訓練集、驗證集和測試集，然後只用訓練集的摘要性統計量來插補訓練集中的遺漏值。在面試中如果沒有提到這一點，或無法正確解釋這一點，那除非有能力為自己的論證辯護，否則這就是在 ML 模型中一個非常明顯的疏忽。

處理重複資料

可能有無數種方式會意外的重複觀察結果，因此這是展開 EDA 時需要發現的問題之一：

- 因為錯誤使資料攝取作業可能執行兩次。
- 在執行一些複雜的連接時，某些列可能會在無意間重複而遭忽略。
- 有些邊緣情況可能會造成資料來源提供重複的資料。

……等等。

如果碰到重複資料，可以使用 SQL 或 Python 移除，並且確保會以更便於日後存取和使用的格式表示紀錄。

標準化資料

處理遺漏和重複資料之後，資料應該要標準化，這包括處理異常值、縮放特徵，以及確保資料類型和格式一致：

處理異常值

處理異常值的技術有從資料集中移除極端異常值、用比較不那麼極端的值取代它們，即*縮尾處理*（*winsorizing*），和對數尺度轉換等。勸大家不要移除異常值，因為這樣做的後果會和領域知識非常相關。在某些領域會產生更嚴重的後果；例如，只是因為馬車不是常見的車輛類型，而將馬車影像從自動駕駛汽車訓練資料集中移除，可能會導致模型在現實中無法辨識馬車。因此，在決定特定的技術之前，一定要仔細評估它的影響。

縮放特徵

對於有多個數值特徵的資料集，較大的值可能會受 ML 演算法曲解而有更大影響。例如，價格欄的範圍是從 50 美元到 5,000 美元，而另一個特徵是廣告出現的時間量，範圍從 0 到 10 次。這兩個特徵用的是不同單位，但都是數值，因此價格欄可能會表達成具有更高的影響程度。有些模型，比如說基於梯度下降的模型，對於特徵大小更為敏感。因此，最好能縮放特徵，使它們的範圍都在 [-1, 1] 或 [0, 1] 之間。

在縮放特徵時要小心，結合不同的技術，或使用在展開 EDA 時發現的技術非常有用。例如，一個特徵可能有極端異常值，比如說除了一個觀測值是 1000 以外，大多數的值都在 [0, 100] 範圍內。如果不檢查，你可能會根據最小值 0 和最大值 1000 來縮放特徵值，這可能會壓縮到特徵中所包含的資訊。

資料類型一致性

我曾經在一個 ML 模型上作業，但得到的結果和預期不同，於是花了一些時間為模型除錯；最後，找到問題點了：一個數值欄格式化成字串！在開始其餘過程之前，先勘查最終的資料類型，以確保它們在饋入到 ML 模型後是有意義的，將非常有用；可把它當成是品質保證（QA）的一部分。

面試官可能會問你究竟如何處理異常值、特徵縮放，或資料類型一致性等相關後續問題，因此請務必複習每種方法的基本原理和權衡取捨。

資料預處理

預先處理資料，將使特徵在你所使用演算法類型的背景下，對 ML 模型產生意義。對結構性資料的預處理包括獨熱編碼、標籤編碼、分檔和特徵選擇等。

非結構性資料（*unstructured data*）是「不依照預設的資料模型或模式排列的資訊，因此不能儲存在傳統的關聯式資料庫或 RDBMS（關聯式資料庫管理系統）中；文字和多媒體是常見的兩種非結構性內容[3]。」當你遇到非結構性資料的時候，預處理可能會不一樣，甚至可能會將資料轉換成結構性的資料。為了說明的目的，本章只專注在預處理結構性資料的範例。

分類資料的獨熱編碼。 你可能想把分類資料表示成數值資料，每個類別都變成一個特徵，用 0 或 1 表示特徵在每個觀察中的狀態。例如，想像一個簡單的天氣資料集，其中可能只有晴朗或多雲的天氣；你會有以下的資料：

3 月 1 日

- 天氣：晴朗
- 溫度（攝氏）：27

3 月 2 日

- 天氣：晴朗
- 溫度（攝氏）：25

3 月 3 日

- 天氣：多雲
- 溫度（攝氏）：20

但是「天氣」這個特徵可以進行獨熱編碼，使它成為包含所有可能天氣狀態的特徵：

3 「Unstructured Data」，MongoDB，2023 年 10 月 24 日讀取，*https://oreil.ly/3DqzA*。

3 月 1 日

- 晴朗：1
- 多雲：0

3 月 2 日

- 晴朗：1
- 多雲：0

3 月 3 日

- 晴朗：0
- 多雲：1

獨熱編碼使用率很高，因為對 ML 演算法而言，數值更容易理解；甚至有些演算法不接受分類值，但這些年來這種情況已經有所改善了，有一些實作可以顧及分類值，並在幕後轉換它們。

獨熱編碼的缺點之一是，原來有高基數的特徵因為有很多唯一值，因此獨熱編碼可能會造成這種特徵數量急劇增加，而可能使得計算更為昂貴。

有時候，缺乏領域知識或不了解商務邏輯，可能會在資料預處理上造成問題。舉個例子，將流失的使用者定義為在過去 7 天內取消產品訂單的人，但產品或商務邏輯實際上是用過去 60 天內離開的使用者，來計算流失使用者的人數。如果因為某種原因，讓商務邏輯無法在 ML 上運作良好，可以討論一些折衷方案。

標籤編碼。 標籤編碼將類別對應到數值，但將它們保持在相同的特徵中。例如，天氣類型可以對應到唯一的數值，如圖 4-2 所示。

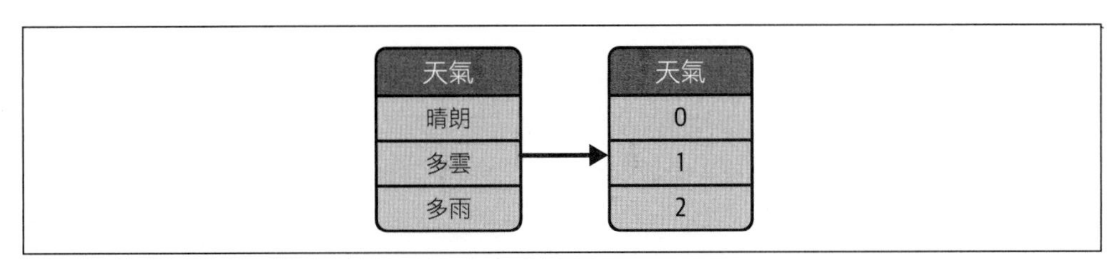

圖 4-2　標籤編碼圖解。

標籤編碼的缺點之一是，某些 ML 演算法可能會將規模和數值混為一談，都用來表示有更大的影響力。以之前範例說明，可以對天氣做標籤編碼：晴朗變成 0，多雲變成 1；但對於 ML 而言，這樣可能會將多雲和更高規模混為一談，因為 1 大於 0。

所幸，許多 ML 演算法已可以使用內建類別，例如 scikit-learn 的 `LabelEncoder`（*https://oreil.ly/Wm_7r*）類別，讓演算法在幕後知道這只是一種歸類，並非一定是表示大小。

當然，如果你忘了讓演算法知道標籤編碼的特徵，實際上是以標籤編碼，那 ML 演算法對這個特徵的處理方式，可能就會像正常數值特徵一般。如果你在面試時碰到這個問題而沒有解決，可想而知這可能會造成怎樣的問題了。

數值分檔。　分檔可以減少基數的數量，並幫助模型更加泛化。例如，如果資料集有 100 美元的價格，它第一次看到 95 美元的時候可能不會泛化，即使在特定的應用中，95 美元就類似於 100 美元。舉例說明，可以將分檔的邊界定義為 [15, 25, 35, 45, 55, 65, 75, 85, 99]，這將產生「15-25」美元、「25-35 美元」、「35-45 美元」等等類似的價格範圍。

分檔的一個缺點，是它在分檔的意義中引入輪廓鮮明的邊緣，以致於 46 美元的觀察將視為與「35-45 美元」分檔完全不同，儘管它可能仍然極為相似。

特徵選擇。　有時候，資料集會有高度相關的特徵，也就是說在特徵之間有**共線性**（*collinearity*）。舉一個極端的例子，你可能有以公分為單位的高度，但也可能有以公尺為單位的高度，它們本質上會捕獲相同資訊，也可能捕獲很高比例相同資訊的其他特徵，而且因為模型不需要處理那麼多特徵，所以移除它們之後，可能會減少意外的過度擬合或提高模型速度。降維是特徵選擇的常用技術；它能減少資料維度，同時保持最重要的資訊。

也可以使用特徵重要性表，比如 XGBoost 或 CatBoost 所提供的表格，並清理掉重要性最低的特徵，也就是對模型貢獻最低的特徵。

在資料預處理和特徵工程上的面試問題範例

在介紹資料預處理和特徵工程的一些基礎知識後，接下來看看一些面試問題的範例。

面試問題 4-1：特徵工程和特徵選擇之間有什麼差異？

範例解答

特徵工程是從原始資料建立或轉換特徵，這樣做更能表示資料，並使資料比它原始的格式更適合 ML，這方面常用的技術有處理遺漏資料、標準化資料格式等。

特徵選擇是縮小相關的 ML 特徵範圍，使模型簡化並避免過度擬合，這方面常用的技術有 PCA（主成分分析），或用基於樹模型的特徵重要性，來查看特徵貢獻更有用的訊號。

面試問題 4-2：在進行資料預處理時，如何避免資料外洩問題？

範例解答

謹慎對待訓練、驗證和測試資料的拆分，是避免資料外洩最常見的方法之一；不過，事情並非總是那麼簡單。例如，在使用特徵中所有觀測的平均值完成資料插補的情況下，這意味平均值包含所有觀測值的資訊，而不只是訓練拆分的資訊。在這種情況下，要確保只能使用訓練拆分的資訊進行資料插補。資料外洩的其他範例可能包括時間序列的拆分，應該小心不要意外地攪亂或將時間序列錯誤的拆分，例如以明天來預測今天，而非反過來。

範例問題 4-3：假設機器學習問題需要少數資料類別，在特徵工程期間要如何處理偏態資料分布？

範例解答

像是對少數資料類別過取樣的採樣技術[4]，能夠協助預處理和特徵工程的過程，例如使用像是 SMOTE 這樣的技術。值得注意的是，對於過取樣，任何重複或合成的實例都應該只從訓練資料中生成，以避免驗證集或測試集的資料外洩。

4 取樣技術可見第 3 章的討論。

模型訓練過程

現在用於 ML 的資料已經備妥，是時候進行下一個步驟了：模型訓練。這個過程包括定義 ML 工作、為工作選擇最合適的 ML 演算法，以及實際地訓練模型等步驟。本節也會提供有助於你成功的常見面試問題和技巧。

在模型訓練過程的迭代

在 ML 專案的初期，你可能會先預設理想的整體結果，比如「在 Kaggle 競賽中盡可能得到最高的準確度」，或「用這些資料來預測電動遊戲的售價」。也可能會開始探索一些擅長這些工作的演算法，比如說時間序列預測。決定 ML 的最後工作（通常）是一個迭代過程，在這過程確定最後的目標之前，你可能會在步驟之間來來回回，如圖 4-3 所示。

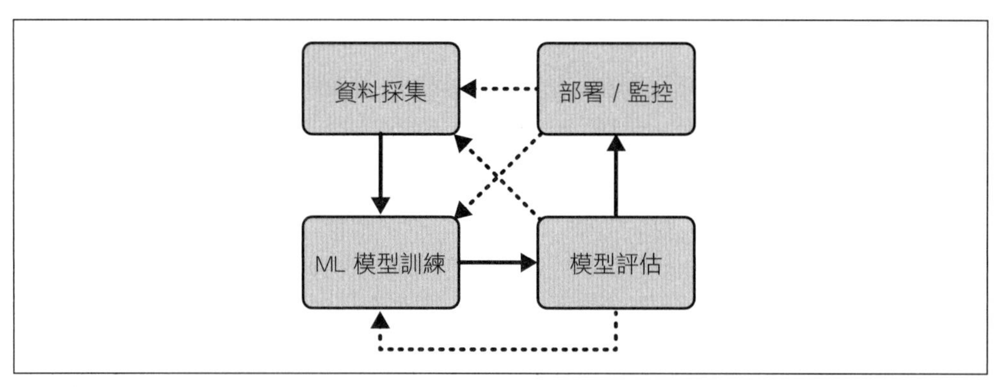

圖 4-3　ML 訓練期間的迭代過程範例。

例如，來看看在預測電動遊戲銷售專案中的所有步驟：

1. 定義 ML 工作、模型選擇。你可能會從一個想法開始：使用具有 ARIMA（差分自迴歸移動平均模型）的時間序列資料，因為問題似乎很簡單：價格預測通常都使用時間序列資料。
2. 資料採集。你可能會取得含有時間序列資料的資料集，也就是說，它只有像是日期或時間戳記的時間和價格。未來價格是模型預測的輸出，而歷史價格是輸入。但是，你可能會碰到 ARIMA 可能無法運作的情況，而為了排除故障，你會更仔細地分析來源資料；結果證實，你使用的資料，結合自獨立工作室的較小型遊戲，也就「獨立」遊戲資料，和來自大公司遊戲，也就是「AAA」遊戲資料。AAA 遊戲通常對行銷和推廣會有大筆預算，因此就平均而言，賣得會比獨立遊戲好。

3. 定義 ML 工作（再次）。下一個步驟是重新評估 ML 的工作；經過一些思考之後，你決定仍然用時間序列預測，因此保持 ML 工作不變。

4. 資料採集（再次）。但是，這一次，你已經知道可能需要做哪些改變，才能讓結果更好。因此，你可以採集更多資料：不管遊戲是 AAA 遊戲還是獨立遊戲，甚至最後可能用手動標記。

5. 模型選擇（再次）。現在，你明白因為 ARIMA 不採用像是如「獨立」和「AAA」這樣的分類變量，所以需要改變模型。因此，上網找到可以將分類變數和數值變數混合的其他演算法（*https://oreil.ly/ApYUa*），並且嘗試使用其中一種。

6. 繼續迭代前面的步驟，直到夠好為止。如果模型運作仍然不好，可能會重複這整個過程，以採集更多類型的特徵、嘗試不同的模型、或執行像獨熱編碼這樣的特徵工程。在這個過程中，ML 工作也可能會改變：不再是預測確實的銷售量，而可能會改成選擇預測像（高、中、低）銷售量這樣的分檔，其中高銷售量指的是銷售超過 50,000 件，或是透過 EDA 所定義的數量。

如果你從頭到尾完成一個專案，就會知道本節所描述步驟的迭代性質。你可能會注意到在這個範例中，可以清楚地看到讓你再回到資料採集，以及讓你再回到定義 ML 工作的原因；總是會有理由的，縱使只是想看看新的方法是否比目前方法更好。這也讓你在回應面試官問題的時候，提供更多有趣資訊。

面試官會希望能夠確定以下幾點：

- 你了解他們領域內常見的 ML 工作。
- 你了解與上述工作相關的常用演算法。
- 你知道評估這些模型的辦法。

面試官的觀點：解釋原因

如果面試官問你選擇的模型，或在模型訓練的任何步驟中使用的技術，我強烈建議你也要提到選擇它的原因。如果面試官沒有要求你解釋整個專案，就不需要包含微小的細節，但包含原因，會使你的答案更有說服力。

定義 ML 工作

從前一節，你明白從資料採集到模型訓練的步驟經常會迭代，並且也說明每次迭代都能幫助你回答面試問題的理由。

要選擇 ML 模型，就需要定義 ML 工作。要弄清楚這一點，可以問自己要使用什麼演算法，以及和這個演算法相關聯的工作。例如，這工作是分類還是迴歸？

沒有一種固定的方法可以告訴你何謂正確的演算法，但你應該會想知道的是以下事情：

- 你有足夠的資料嗎？
- 你預測的是數量 / 數值還是類別 / 分類值？
- 你是否有標記資料，也就是你知道基準真相標記嗎？這可以決定這項工作比較適合監督式學習還是非監督式學習。

工作可能會包括迴歸、分類、異常偵測、推薦系統、強化學習、自然語言處理、生成式 AI 等，這些在第 3 章都談過了。選擇 ML 工作的簡單總覽如圖 4-4 所示，知道目標和可用或打算採集的資料，能幫助你在一開始選擇工作，例如，根據可用的標記資料或目標變數是連續還是分類的，會選出不同類型的合適 ML 工作。

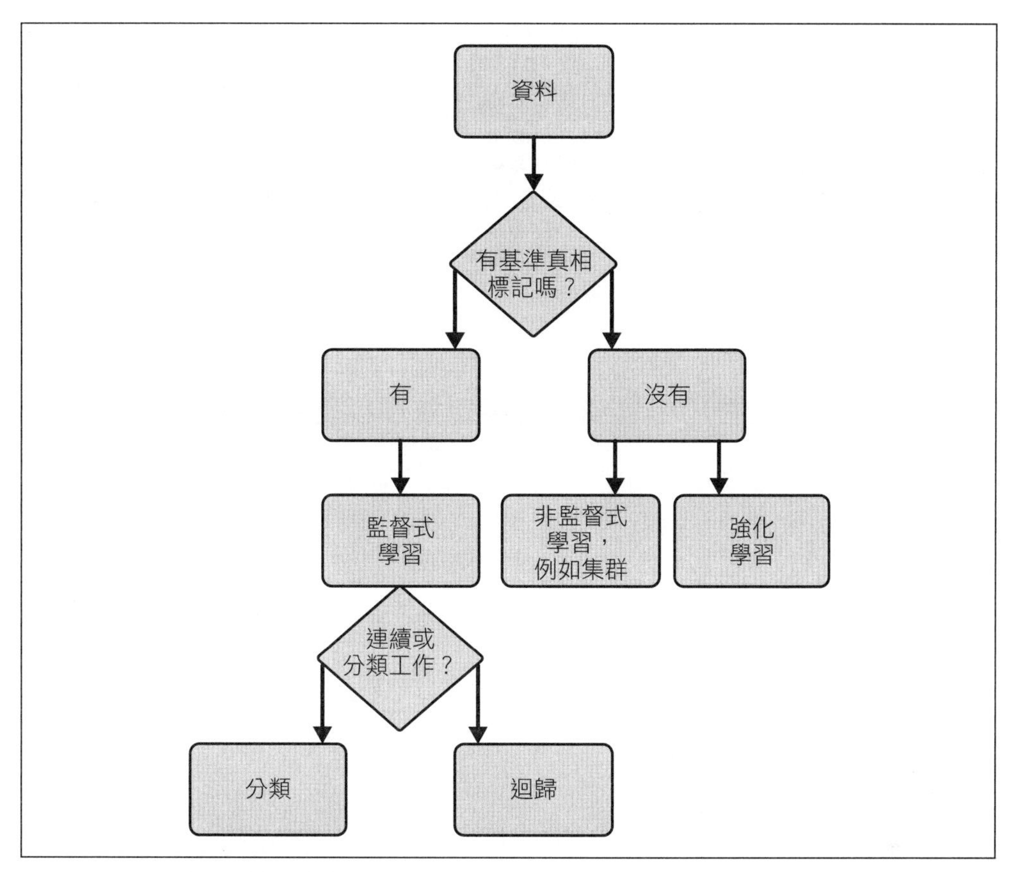

圖 4-4　ML 工作選擇簡單的流程圖。

模型選擇概述

現在已經有了 ML 工作的概念，可以前進到模型選擇；記住，這是個迭代過程，因此可能不會一氣呵成的做出決定，但是，的確需要選擇一個或一些模型作為起點。在面試中，會問你選擇特定演算法或模型的原因，而只憑直覺不足以成為正確答案，如圖 4-4 所見，根據你所定義的 ML 工作就已經有了一個出發點了。因此，現在就來深入研究，可以用來實現工作的一些常用演算法和函式庫，以 Python 為主。

我想快速澄清一下這個術語：一開始選擇演算法時，在技術上還不算是**模型選擇**（*model selection*），要到對它做過測試，並比較產生的模型性能之後才算是。這個術語經常可以互換使用，因為不可避免地，你會希望根據實際模型的性能而做出最後決定。就像 Jason Brownlee 在《Machine Learning Mastery》中所提：「模型選擇是一個過程，既可以應用在不同類型的模型之間，例如邏輯迴歸、SVM、KNN 等；也可以應用於配置不同模型的超參數，例如在 SVM 中不同內核的相同類型模型[5]。」

> ### 面試技巧：以簡單的演算法和模型為基準
>
> 如 128 頁「界定機器學習問題」中所提到的，最好有一個簡單的啟發性方法和 ML 模型做比較。如果一些 `if` 敘述或邏輯迴歸，優於你所選擇更複雜的模型，那在模型確實可行之前，就需要繼續改善它。

以下是一些可以用來當作每個工作簡單起點的演算法和函式庫，注意，許多函式庫都可通用，而且可用於多種目的，例如決策樹可用於分類和迴歸，但為了便於理解，這裡只列出一些簡單範例：

分類

演算法包括決策樹（*https://oreil.ly/EKZWI*）、隨機森林（*https://oreil.ly/IkQXJ*）等等。入手的範例 Python 函式庫包括 scikit-learn（*https://oreil.ly/f2Frn*）、CatBoost（*https://catboost.ai*）和 LightGBM（*https://oreil.ly/_cFT3*）。

迴歸

演算法包括邏輯迴歸（*https://oreil.ly/EaQdP*）、決策樹等等，入手的範例 Python 函式庫有 scikit-learn 和 statsmodels（*https://oreil.ly/ASFkP*）。

5 Jason Brownlee，〈A Gentle Introduction to Model Selection for Machine Learning〉，「Machine Learning Mastery」（部落格），2019 年 9 月 26 日，*https://oreil.ly/2ylZa*。

集群（非監督式學習）

演算法包括 k- 平均集群（*https://oreil.ly/VSTOe*）、DBSCAN（*https://oreil.ly/Dd1i0*）等，入手的範例 Python 函式庫是 scikit-learn。

時間序列預測

演算法包括 ARIMA（*https://oreil.ly/EmD-0*）、LSTM（*https://oreil.ly/Ym7mh*）等等，入手的範例 Python 函式庫包括 statsmodels、Prophet（*https://oreil.ly/xOtUh*）、Keras / TensorFlow（*https://oreil.ly/_4vBj*）等。

推薦系統

演算法包括協同過濾的矩陣分解技術，入手的範例函式庫和工具包括 AWS 上的 Spark MLlib（*https://oreil.ly/tOH7V*）或 Amazon Personalize（*https://oreil.ly/jmzwo*）。

強化學習

演算法包括多臂吃角子老虎機、Q- 學習和策略梯度，入手的範例函式庫包括 Vowpal Wabbit（*https://oreil.ly/QgSWp*）、TorchRL（*https://oreil.ly/O7V_d*）（PyTorch）和 TensorFlow-RL。

電腦視覺

深度學習技術是電腦視覺工作常見的起點，OpenCV（*https://opencv.org*）是重要的電腦視覺函式庫，也支援一些 ML 模型。著名的深度學習框架包括 Tensor-Flow、Keras、PyTorch 和 Caffe。

自然語言處理

前面提到的所有深度學習框架都能夠用於 NLP；另外，通常會試試基於變換器的方法，或在 Hugging Face 上找一些方法。目前用 OpenAI API 和 GPT 模型也很常見。LangChain（*https://oreil.ly/t-AJ4*）是個成長快速的 NLP 工作流程庫；還有 Google 最近發布的 Bard（*https://oreil.ly/1OjhJ*）。

如果工作是來自著名的 ML 系列，也會有專門用在這個工作上的著名演算法。一如既往，我提供的啟發性方法只是一個常見的起點，你最後可能還是會嘗試其他像是基於樹的模型，或集成方法等通用技術。

模型訓練概述

你已經經歷過定義 ML 工作和選擇演算法的步驟，現在將開始模型訓練的過程，其中包括超參數調校和優化器，或是如果適用的話，還有損失函數調校。這個步驟的目的，是看看藉由改變模型本身的參數，會不會讓模型越來越好。有時候，這不會產生任何作用，而必須回到早期階段，透過輸入資料來改善模型。本節的重點是調校模型本身，而不是資料。

面試時，相較於獲得高性能模型，雇主更感興趣的是聽到你提升模型性能的方法。在某些情況下，如果你對 ML 訓練過程考慮周全，就算存有其他像資料採集等你無法掌控的因素，而且即使最後獲得的是性能低的模型，仍然可以用來證明你適合這個職位。在其他情況下，如果還沒有部署它，那對於面試官來說，有個高精度模型就不是那麼重要了，因為模型就算在訓練階段和離線評估中表現良好，但在生產中或即時場景中表現得不怎麼樣，也是常有的事。

超參數調校

超參數調校（*hyperparameter tuning*）指的是透過手動調校、網格搜尋，或甚至 AutoML，為模型選擇最好的超參數，這包括模型本身的特徵或架構，比如說學習率、批量大小、神經網路中隱藏層的數量等。每個特定模型都有自己的參數，比如說在 Prophet 中的變動點和季節性先驗量表（*https://oreil.ly/6ydRg*）等。例如，超參數調校的目的是了解學習率是否更高，或者模型是否更快收斂，而且性能更好。

有一個好的系統能夠用於持續追蹤超參數調校的實驗非常重要，這樣一來，就能夠再現實驗的結果。試想，如果你觀察到運行中的模型產生很好結果，但因為是直接在腳本上編輯，因此你遺失了確切的更改，而且沒辦法再現這個好結果，這會讓人多心痛！追蹤可見 147 頁「實驗追蹤」的更詳細討論。

ML 損失函數

ML 中的*損失函數*（*loss functions*），是用以衡量模型的預測輸出和基準真相之間的差異。模型的目標是使損失函數最小化，因為這樣做，模型就可以基於對模型準確性的定義而做出最準確的預測。ML 損失函數的範例包括有均方誤差（MSE）和平均絕對誤差（MAE）。

ML 優化器

優化器（*optimizers*）是調校 ML 模型的參數，使損失函數最小化的方法。有時會有更改優化器的選項，例如，PyTorch 有 13 個常用的優化器（*https://oreil.ly/b9oll*）可供選擇。Adam 和 Adagrad 是常用的優化器，而以調校模型超參數本身來改善性能也可以；這可能是個額外調教手段，取決於模型的結構，和為什麼目前優化器不起作用的任何假設性原因。

> **面試技巧：流暢地談論與 ML 專業相關的模型**
>
> 如果你參加需要 NLP 知識的 ML 工作面試，但在這個領域沒有以往的工作或研究經驗，就需要多花些時間做個小專案來提高技能。具有常用演算法、函式庫、損失函數等淵博的知識，可以幫助你和面試官使用 ML 專業語言更流暢地交談。

實驗追蹤

在進行超參數調校的時候，需要持續的追蹤模型每次迭代的性能。如果沒有過去參數的紀錄可供比較，就無法弄清楚哪一組參數性能比較好。

你面試的公司可能具備有 ML 實驗追蹤的工具；一般而言，只要清楚實驗追蹤，是否用過這間公司所用特定工具的經驗並不重要，我之前曾經使用 Microsoft Excel 來追蹤實驗，而且許多其他從業者也是如此。不過，使用集中式實驗追蹤平台已經成為趨勢，這方面的範例包括 MLflow（*https://oreil.ly/RNpng*）、TensorBoard（*https://oreil.ly/tt-ur*）、Weights & Biases（*https://oreil.ly/gIW5j*）和 KerasTuner（*https://oreil.ly/Xt1k-*）。還有其他像是 Kubeflow（*https://oreil.ly/tTNa4*）、DVC（*https://oreil.ly/OPFQ_*）、Comet ML（*https://oreil.ly/cig1c*）等等。單論面試，只要知道應該在一個集中位置以某種方式追蹤結果，實際有哪種工具的使用經驗根本就不重要。

模型訓練其他的資源

Google 為那些有興趣了解更詳細內容的人，提供了一個 Google Machine Learning Education 網站（*https://oreil.ly/BthDc*），本文撰寫時仍開放免費使用，課程從 Machine Learning Crash Course（*https://oreil.ly/5rJ1q*）開始，專注於 ML 和 TensorFlow，可以在 Google Colab 上運行。

在模型選擇和訓練上的面試問題範例

在回顧過模型訓練期間常見的注意事項後，來看看面試問題的一些範例。

面試問題 4-4：在什麼情況下，你會使用強化學習演算法，而不是像基於樹這樣的方法？

範例解答

當從嘗試錯誤中學習很重要，而且動作的順序也很重要的時候，RL 演算法就非常有用；當結果可以延遲，但希望 RL 代理不斷地改善時，RL 也很有用。範例包括遊戲、機器人、推薦系統等。

相較之下，當問題是靜態且非循序的時候，基於樹的方法，像是決策樹或隨機森林等，就非常有用；換句話說，考慮延遲獎勵或順序決策並不那麼有用，在訓練的時候有靜態資料集就足夠了。

面試問題 4-5：在模型訓練過程中常見的錯誤有哪些，要如何避免？

範例解答

當產生的模型在訓練資料中擷取太複雜的資訊，並且無法很好地泛化到新的觀察結果時，過度擬合就會是一個常見的問題；正規化技術[6]可以用來避免過度擬合。

不調整常用超參數可能會使模型的表現不好，因為預設的超參數可能（經常）無法直接開箱即用，沒辦法立即成為最好的解決方案。

將問題過度工程化也可能在模型訓練期間造成問題；有時候在使用非常複雜的模型或模型組合之前，最好能先試行一個簡單的基準模型。

6 可見第 3 章。

面試問題 4-6：在什麼場景下集成模型會很有用？

範例解答

> 當處理一個類別的數量明顯多於其他類別的不平衡資料集時，集成方法可以幫助提高在少數資料類別結果上的準確性。透過使用集成模型並整合多個模型，可以避免並減少模型朝向大多數資料類別的偏差。

模型評估

現在模型訓練過了，是時候該評估它並決定是否應該繼續迭代，或就斷定它已經夠好了。順便一提，通常在開始為 ML 建模之前，應該先確定包括增加點擊率、提高客戶轉換率，或透過客戶調查衡量達成更高滿意度等的**業務指標**。這些指標和本節所提的 ML 模型指標不一樣；相反地，它們是用來了解模型在訓練資料集上訓練過，並使用評估資料集評估過之後，在測試資料集上的表現是否夠好。

面試官正在探尋有關評估這個領域模型常用方法的知識。例如，時間序列的面試問題可能會期望你了解平均絕對誤差（MAE）、均方根誤差（RMSE）和類似的評估指標，我有一次面試金融科技職位就遇到這種事。你也可能會討論到偽陽性（誤報）和偽陰性（漏報）之間的權衡取捨，這是我曾在面試安全機器學習職務時遇到的事情。其他常見的期望，是了解方差偏差的權衡取捨以及衡量方式，或是準確度相對於精確度和召回率之間的差別。

常見 ML 評估指標概述

以下是用於評估 ML 模型的一些常用指標，指標選擇取決於 ML 的工作。

注意，我不會冒著將本書變成統計教科書的風險，來定義書中所有術語，但還是會定義並說明最常見的術語。如果想要深入了解其餘指標，書中也會包括一些其他資源。

分類指標

分類指標（*classification metrics*）是用來衡量分類模型的性能。其中所用的簡寫如後，注意 TP= 真陽性、TN= 真陰性、FP= 假陽性和 FN= 假陰性，如圖 4-5 所示。以下是一些需要知道的其他術語和值：

- 精確度 =TP（TP+FP）（如圖 4-6 所示）
- 召回率 =TP/（TP+FN）（如圖 4-6 所示）
- 準確度 =（TP+TN）/（TP+TN+FP+FN）

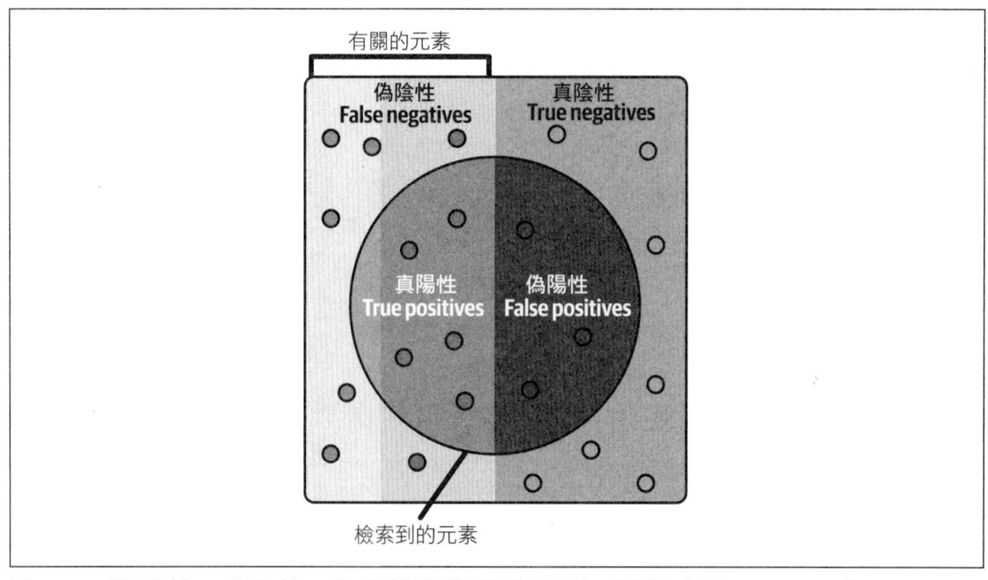

圖 4-5　真陽性、偽陽性、偽陰性和真陰性圖解；資料來源：Walber（*https://oreil.ly/1oyCp*）、CC BY-SA 4.0、Wikimedia Commons（*https://oreil.ly/UJafx*）。

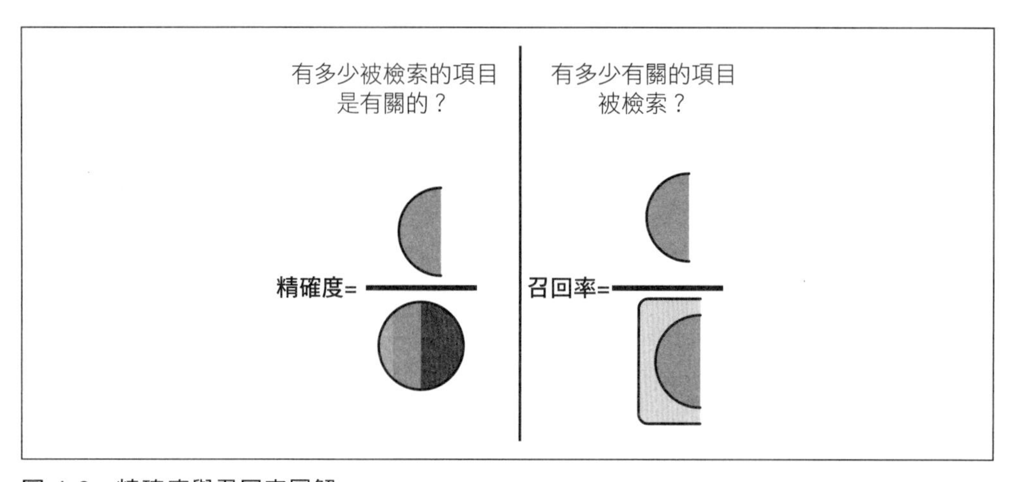

圖 4-6　精確度與召回率圖解。

有了這些術語，就可以建構各種不同的評估：

混淆矩陣

將 TP / TN / FP / FN 值以矩陣形式彙總（如圖 4-7 所示）。

F1 分數

精確度（*precision*）和召回率（*recall*）的調和平均數。

AUC（*ROC* 曲線下的面積）和 *ROC*（接收器操作特徵）

這曲線繪製在不同閾值下真陽性率和假陽性率的對照。

預測狀態 \ 真實狀態	否	是	總數
否	9432	138	9570
是	235	195	430
總數	9667	333	10000

圖 4-7　混淆矩陣範例。

面試技巧：特定領域知識

研究一下你要去面試的公司，想一想它在業務層面所重視的價值；這樣做可以幫助你在關於模型評估指標的面試問題上有更好的互動。例如，在惡意軟體偵測 ML 系統中，減少偽陽性非常重要，因為你不想造成警報疲乏，這會造成人員對惡意軟體偵測模型本身失去信任。

迴歸指標

迴歸指標（*regression metrics*）用來衡量迴歸模型的性能，以下是一些應該知道的術語和值：

- MAE：平均絕對誤差（$MAE(y, \hat{y}) = \frac{1}{n}\sum_{i=1}^{n}|y_i - \hat{y}_i|$）
- MSE：均方誤差
- RMSE：均方根誤差
- R^2：R 平方

集成指標

集成指標（*clustering metrics*）用於衡量集成模型的性能。集成指標的使用可能要取決於是否有基準真相標記。這裡我的假設是沒有，但有的話，也可以使用分類指標。以下是需要了解的術語清單：

輪廓係數

　衡量一個項目和自己集群內其他項目的凝聚力，以及和其他集群中項目的分離度；範圍從 -1 到 1

Calinski-Harabasz 指數

　用於確定集群品質的分數；當分數較高的時候，表示集群相當密集而且分離得很好

排名指標

排名指標（*ranking metrics*）用在推薦系統或排名系統上，以下是一些應該了解的術語：

平均倒數排名（*MRR*）

　透過第一個相關文件出現率的高或低，來衡量排名系統的準確度

K 精度

　計算推薦項目在相關項目頂部的比例

標準化折扣累積增益（*NDCG*）

　用 ML 模型預測的重要性 / 排名與實際的重要性比較

ML 評估的資源

以下是一些了解關於 ML 評估指標的資源，其中包括了很多需要的數學背景知識：

- Alice Cheng 所著，《Evaluating Machine Learning Models》（O'Reilly）（*https://oreil.ly/0sYrV*）
- Gareth James 等人合著，《An Introduction to Statistical Learning with Applications in Python》（Springer）（*https://oreil.ly/6LN1O*）
- Peter Bruce、Andrew Bruce 與 Peter Gedeck 合著，《資料科學家的實用統計學》（歐萊禮）（*https://oreil.ly/mg8lu*）

現在已經在指標上做出決定，且有時候會想使用好幾個指標，你需要撰寫程式來實作它們。在 Python 常用的 ML 函式庫中，這裡所提過的大多數指標都已經實作了，因此不必親自從頭開始實作。以下指標的實作是很好的起點：

- TensorFlow 與 Keras 指標（*https://oreil.ly/z6UD_*）
- Scikit-learn 指標（*https://oreil.ly/CyyXE*）
- MLlib 指標（*https://oreil.ly/-4ZdG*）

這個清單不是詳盡無遺的，所以應該再查閱你所用函式庫的說明文件。如果內建的實作因為某種原因不符合你特定的需求，可以自己撰寫些客製化的程式。如果在面試中出現這種情況，最好能夠說明原因；例如，如果你想混合和匹配來自不同函式庫的一些不同指標，可能必須撰寫一些程式，將它們全部連接和聚集在一起。

評估指標的權衡取捨

在面試官面前證明你能夠認真地思考 ML 評估指標和各種權衡取捨很重要。例如，如果模型只是在多數類別上的預測非常好，那單獨用準確性可能會隱藏模型在少數類別上預測的瑕疵；少數類別指那些與多數類別相比，只有很少資料點的類別。在這種情況下，最好是用更多指標輔助，比如 F1 分數；然而，有時候必須明確地做出權衡取捨。

例如，在用 X 光掃描影像預測肺癌的醫學模型中，偽陰性會有非常嚴重的後果；因此，減少偽陰性有其必要性。當減少偽陰性時，就會增加召回率指標（可參考前一節定義）；但在某些情況下，在減少偽陰性的過程中，模型可能會意外地學到將更多患者歸類為陽性，即使他們根本沒有罹患肺癌。換句話說，會導致偽陽性增加這個間接結果，而且降低了模型的精確度。

因此，在偽陽性和偽陰性之間的權衡取捨中做決定很重要；在某些情況下，這樣做可能是值得的，但有時候就未必了。如果在回答面試問題的時候，能夠有像這樣的權衡取捨討論，對你會很有幫助。

面試官從你深思熟慮的答案中可以看出來，你有能力認真思考模型中的偏差，而且可以選擇恰當的模型和指標，這會讓你成為更值得信任的 ML 從業者。

離線評估的其他方法

使用我之前概要介紹的模型指標，你可以衡量在模型隱匿的基準真實標記比較之下，模型對於之前未曾見過標記的預測有效性。但願你是經過一些調整後才能走到這一個步驟；即使你的第一個模型最後用的還是這些指標衡量性能中最好的一個，了解不能運作的原因也很值得。面試官也可能會問到這方面的問題！

但是，在部署模型之前，要能夠確定模型在生產現場實際上會有好的表現很困難。在這種情況下，「現場」意味著它已經在世界各地使用了，可以想像為「現場直播」；**生產**（*production*）指軟體系統是在真實輸入和輸出下運作。儘管模型在指標上的表現良好，但生產中卻表現不好的原因有很多：訓練資料有時候無法擷取到實際的資料分布，而且存在邊緣情況和異常值等。

最近，許多雇主都在尋求知道模型在生產中可能表現的有經驗者；這和學校或學術單位的觀點不同，因為在實際輸入下，模型表現不好會對企業造成真正的損失。例如，不好的詐欺偵測模型，可能會造成銀行損失數百萬美元的代價；讓網頁持續顯示不相關或不適當內容的推薦系統，可能會導致客戶失去對公司的信任，在某些情況下，公司甚至可能會面臨訴訟。面試官會迫切需要知道你是否能意識到這一切，以及你是否具有避免這種場景的辦法。

另一方面，如果知道模型是奏效的，從事 ML 領域的工作將會非常有成就感，它可能會成功地避免從詐欺中損失數百萬美元，或者可能在你最喜歡的音樂串流應用程式的幕後工作！

在模型進入生產現場之前，可以進一步評估，並衡量模型是否真的強健，然後能夠泛化到新的資料上。要這樣做的方法包括以下幾項：

擾動測試[7]

: 引入一些雜訊或變換測試資料。例如，對影像而言，看看如果隨機增加一些像素，是否會造成模型無法預測出正確的結果。

不變性測試

: 測試 ML 模型在不同條件下的表現是否始終如一，例如，移除或改變一些輸入不應該會導致輸出發生劇烈變化。如果你完全移除一個特徵，而且模型會做出不同的預測，就應該要考慮探討一下這個特徵；如果這個特徵是敏感資訊或和敏感資訊有關，比如說種族或人口統計，這一點就特別重要。

基於片段資料的評估

: 在測試拆分的不同片段或次群組上測試模型的性能。例如，模型可能在像是準確度和 F1 分數等指標上整體的表現很好，但當你進一步研究的時候，發現它在 35 歲以上和 15 歲以下的人群中表現不好；這對於研究和迭代非常重要，特別是如果你在訓練時忽略這些群組的情況下。

對於這些評估技術的更多資訊，可以參考 Chip Huyen 的著作：《設計機器學習系統 | 迭代開發生產環境就緒的 ML 程式》（歐萊禮）（*https://oreil.ly/JVYBI*）。

模型版本控制

模型評估的目的，是為了了解模型的表現是否夠好，或者它的表現是否比基準或其他 ML 模型更好。在每次模型訓練之後，會得到各種不同的模型產物，比如模型定義、模型參數、資料快照等。想要挑選出表現良好的模型時，如果能夠輕易

7 Chip Huyen 在他的著作《Designing Machine Learning Systems》（O'Reilly）使用這個術語，為了方便起見，本節也使用相同術語，因為似乎並沒有一個統一說法，而是有更多概略性的分組。

地檢索輸出模型產物將會更方便，就算你知道會導致上述表現良好模型的特定超參數，用模型版本控制，也會比執行整個模型訓練過程管道以重新產生模型產物更為方便。

用於實驗追蹤的工具，通常也會支援模型版本控制，見 147 頁的「實驗追蹤」。

在模型評估上的面試問題範例

在回顧過模型評估的常用技術和注意事項之後，來看看面試問題的一些的範例。

面試問題 4-7：ROC 指標是什麼？要在什麼時候使用？

範例解答

> ROC（接收器操作特徵）曲線可以用來評估二元分類模型。這條曲線會繪製出在不同閾值下的真陽性率與偽陽性率，閾值是 0 和 1 之間的機率，高於曲線部位的預測就可視為屬於這個類別。例如，將閾值設定為 0.6，模型預測機率高於 0.6 的類別，就會標示為類別 1。
>
> 使用 ROC 可以幫助我們決定在不同閾值下，真陽性率和偽陽性率之間的權衡取捨，然後可以決定應該使用的最佳閾值。

面試題目 4-8：精確度和召回率之間有什麼差別；在分類工作中，要在什麼時候使用哪一種？

範例解答

> *精確度*（*precision*）是衡量模型做出正確預測的準確度（品質），而*召回率*（*recall*）是衡量正確地預測出多少個相關項目（數量）的準確度。從數學上看，精確度是 TP /（TP+FP），而召回率是 TP /（TP+FN）。
>
> 希望降低 FP，並保持在較低數值時，精確度就可能比召回率更重要。舉個例子說，在惡意軟體偵測或垃圾郵件偵測中，有太多偽陽性可能會造成使用者的不信任，而 FP 在垃圾郵件偵測中，可能會將合法的商業電子郵件移至垃圾郵件資料夾，因此造成延遲和商務上的損失。
>
> 另一方面，在像是醫療診斷等這樣高風險的預測中，召回率可能比精確度更重要。增加召回率表示會有比較少的偽陰性，即使這可能會引起一些意外的 FP。在這種情況下，讓錯失真實病例的機會最小化，就更為重要。

面試問題 4-9：大概解釋何為 NDCG（標準化折扣累積增益）？什麼類型的 ML 工作會使用它？

範例解答

> NDCG 是用於衡量排名工作的品質，比如說推薦系統、資訊檢索和搜尋引擎 / 應用等，它用 ML 模型預測的重要性 / 排名與實際的相關性比較。如果模型的預測和實際（或理想）相關性的差異很大，比如說在購物網站頂部顯示客戶不感興趣的產品，則分數就會比較低。NDCG 的計算方式，是透過用預測相關性分數，即 DCG 或折扣累積增益的總和，除以 IDCG，即理想折扣累積增益，然後再將計算的結果正規化，使計算結果在 0 和 1 之間。

結語

本章說明 ML 建模和訓練過程的概述，以及每個步驟與 ML 面試的關係。首先，定義 ML 的工作，並採集適當資料；接著，根據適合這個工作的演算法來選擇模型作為起點，另外也從一些簡單的模型中選擇一個基準模型，用於和任何進一步的 ML 模型比較，比如基於啟發性的方法，或像這樣越簡單越好的模型。

在所有這些步驟中，最重要的是要在面試中指出迭代方式這個過程，讓模型更好，這甚至可能會牽涉再回到如資料採集般的先前步驟。在回答關於在自己專案中對於 ML 模型訓練經驗之類的面試問題時，無論這個專案是來自學校、個人還是工作上，都必須談到所面臨的權衡取捨，以及你認為某種技術有幫助的原因。

只是擁有一個高準確度的模型以便在測試集上衡量是不夠的，因為現今對於雇主而言，ML 應徵者能了解模型在生產中可能會有的表現非常重要；如果你正在應徵建立生產管道和基礎架構的 ML 職位，它可能還會更重要。最後，你也檢討了評估 ML 模型，和從中挑選最好模型的方法。

下一章將討論 ML 技術面試下一個主要組成部分：編碼。

第五章

技術面試：編碼

前面幾章已經說明 ML 面試過程，以及技術面試組成部分中的 ML 演算法和模型訓練。然而，技術面試對應徵者的要求超出 ML 演算法、統計知識和模型訓練的範圍很多；本章將介紹這些技術面試中的一個部分，那就是編碼面試。

對於 ML 領域中的工作，在不同公司甚至同公司的不同團隊之間，要求的編碼類型可能就會不一樣。例如，當我參加資料科學家和 MLE 職位面試的時候，我收到以下編碼類型的問題和工作：

- 公司 1：在 pandas 中與資料操作相關的 Python 問題
- 公司 2：只有 Python 上腦筋急轉彎的問題（「LeetCode 風格」）
- 公司 3：在 SQL 和 Python Pandas 上與資料相關的編碼問題
- 公司 4：為實際場景撰寫程式碼的帶回家編碼練習

……等等。

在編碼這個回合的面試中可能會問的問題，在公司之間有很大差異。從我個人親身所見，加上從軟體工程師同事和軟體工程師招募經理那裡聽到的情形來看，ML 編碼面試的標準化程度，比軟體工程職位技術面試更低。好處是，不是所有 ML 職位的面試官，都會問應徵者最困難的「LeetCode 風格」問題，也就是「LeetCode 腦筋急轉彎問題」[1]，因為可以用像是 ML 演算法知識等類似的其他

1 指以困難度而論，在線上編碼練習平台 LeetCode 上標記為困難（以困難度而論）的編碼問題；在本文撰寫的時候，其他的困難度是簡單和中等。

技能來評估應徵者。然而，這可說完全取決於職位種類：例如，參加大型科技公司工程師職銜，比如 MLE 面試的應徵者，會碰到常見的軟體工程循環問題，這可能就會包含 LeetCode 腦筋急轉彎。一如既往的，請諮詢你的招募人員。

如同我在 13 頁「機器學習職位的三大支柱」中所提，想從事於 ML 的人，都應該清楚程式設計和 ML / 統計資料。沒有人要求你比一般應徵軟體工程師職位的人在編碼方面更有經驗，但至少必須能輕易地和團隊合作。

你可能會碰到一些只要求你具備 ML / 統計的團隊，這種團隊裡只需要使用較小規模的資料，而且不必將所做的事情投入生產中，像這樣的公司在 ML 面試過程中可能不會測試你的編碼技能。但本書會更傾向瞄準軟體工程和 ML 融合的 ML 職位，因為如果沒有散布和提供 ML 模型服務的方法，ML 模型就不會成為日常如此頻繁使用產品的一部分。ML 本身並不會建置 Netflix 推薦系統，而只是將這個模型投入生產，並成為會帶給客戶歡樂互動前端體驗的一部分，因而從 ML 中獲利。（對於測試關於模型部署知識方面更多面試的資訊，可參考第 6 章。）

本章將分解出現在 ML 工作面試中程式設計問題的常見類型，並說明準備方式：

- 在不懂 Python 情況下的學習路徑圖
- 與資料相關的 Python 問題
- Python 上的腦筋急轉彎問題
- 與資料相關的 SQL 問題

從頭開始：不懂 Python 情況下的學習路徑圖

如果你對 Python 已經有所了解，可以隨意跳過本節！之所以會專注在了解 Python 的原因是：

- 在我所經歷過的 ML 面試，就算不是全部也是大多數，都假設你對 Python 會有一定程度上的了解；使用於工作中的大多數 ML 函式庫都有 Python 實作。
- 對於面試而言，因為（編碼）速度和抽象性，即使是軟體工程師，也建議在和語言無關的面試中使用 Python，將優於其他程式語言。不需要花費寶貴的面試時間，用 C 或 C++ 從頭開始編碼，而只是用一兩行 Python 的程式碼取代，這有助於在面試中專注在更重要的事情上。

- 通常 ML 工作會需要和其他個人及團隊合作，即使 ML 可能是你的主要技能，面試官也會希望了解你是否能夠寫出同事可以使用的可讀性程式碼。

考量到這些原因，如果你不懂 Python 或是有些生疏，以下是自學路徑圖的建議。

挑選容易理解的書或課程

找到一本主打可以立即看到結果的實用程式碼書籍或課程[2]，多做書上的練習；以下是我推薦的一些資源：

- Al Sweigart 的《Automate the Boring Stuff with Python》（No Starch Press）（*https://oreil.ly/DAwOt*）：線上免費使用，練習和日常活動有關。從 Python 最起碼的基礎開始，比如說用於數學計算（2+2 是書中第一行程式碼），所以任何人都可以從這裡開始。
- 至於比較喜歡視訊形式的人，Al Sweigart 在 YouTube 上有個播放清單（*https://oreil.ly/JbMbT*），用 15 部視訊課程說明他的書。
- Kaggle 上的教程，包括 Learn Python、Data Viz、pandas 等（*https://oreil.ly/lCzfX*）。

從 LeetCode、HackerRank 或你所選擇平台上的簡單問題開始

有許多類似的線上編碼平台，以北美來說，最常用的是 LeetCode（*https://oreil.ly/-ghT4*）和 HackerRank（*https://oreil.ly/QNx1z*）。為了簡單起見，就舉最常用的這兩個平台為範例，但你居住的地區或地方可能還有其他類似平台。

兩個經典的初學者問題是 Fizz Buzz（*https://oreil.ly/b9O_W*）和 Two Sum（*https://oreil.ly/0WEIZ*）。在你選擇的平台上嘗試；如果在這個學習的早期階段需要查看答案也沒關係，目標是了解程式碼片段；如果你現在能夠了解這一點，日後就能了解更困難的程式碼[3]。

---

2 我是透過在 Ren'Py（*https://www.renpy.org*）遊戲引擎上的編碼學到這一點。因為它是 Python 的基礎，而且可以立即在螢幕上看到結果，所以能夠發自內心地了解我的程式碼在做的事，這對於無師自通的編碼者來說非常有幫助。

3 用學樂器比喻的話，就是如果能夠慢速地演奏，那也可以快速地演奏。

設定可衡量的目標，並練習、練習、再練習

即使試著一天一題或每兩天一個問題，對初學者來說都是有幫助的。在日記或手機裡保存一個追蹤器；嘗試一個小時，如果遇到困難，就翻找答案或尋找視訊說明，直到了解為止。幾天之後可以再做一次這個問題，確認自己真的了解。避免死記硬背，因為面試不太可能會有完全相同的問題，除非你極度幸運。

嘗試 ML 相關的 Python 套件

在熟悉 Python 的一些基礎之後，想使用 ML 可以從以下教程開始：

- CatBoost：「Tutorial」（*https://oreil.ly/LLHMA*）
- NumPy：「The Absolute Basics for Beginners」（*https://oreil.ly/t_q7L*）
- pandas：「10 Minutes to pandas」（*https://oreil.ly/BnmdV*）

CatBoost 的教程（*https://oreil.ly/qTHUE*）可以作為第一個 ML 模型的起點！在這個步驟之後，就嘗試使用自己的資料集或做些修改，試試其他類型的模型，並建構自己的專案。

現在將介紹在 ML 工作面試期間，可能有人會問的編碼問題回答技巧。

編碼面試成功的技巧

在一頭栽進本章的程式碼部分之前，有一些需要記住的技巧。在面試當天有最佳的表現非常重要；無論準備多充足，如果面試官完全看不出來也沒用。我曾經見過許多應徵者都忽略了這一點，而白白浪費他們辛勤的付出。另一方面，應徵者能夠運用好這些技巧，就可以讓他們的表現格外地成功。

說出想法

即使你是編碼者，面試仍然是你和面試官之間的論述。面試官並不是總能清楚了解你所撰寫的某些程式碼行的意圖，如果你在輸入程式碼的時候能說出想法，就能幫助面試官了解你所採取的方向，甚至也可以幫助自己。說出想法的一個例子是：「我接下來要撰寫一些測試，但我正在琢磨要測試些什麼……」。

就算你撰寫了最佳解決方案的程式碼，如果整個面試大部分的時間都是在沉默中進行，這通常也不會是一個好跡象。當然不需要，也不應該用想法和交談填滿面試的每一瞬間，只要提供面試官足夠資訊，而不是光在那沉默地編碼就可以了。

以下是一些例子：我曾經面試過在整個過程中都非常安靜的應徵者，我問了一些問題提醒他們解釋程式碼，但也許是太緊張了，他們沒有提供任何解釋；最後，我也沒辦法提供協助，好引導他們走向最佳的解決方案。另外一次面試時，應徵者分享他們思考的過程，因此在應徵者陷入困境無法自拔之前，我能夠採取進一步說明問題的行動，使這位應徵者獲得好的結果。注意，這並不表示如果你說出想法就能夠得到解決方案，而是藉由增加和面試官的交談，面試官才可以在編碼的時候，提供進一步說明。

面試官的觀點

作為一位 ML 的面試官，我是在尋找可以成為同事的應徵者。如果面試者能夠在不讓其他人感到困惑的情況下清晰地溝通，他們也很有可能，可以在共同專案上和我的團隊合作，而且幫助他們更順暢的執行專案。

控制流程

作為應徵者，你可以積極塑造面試的交談流程，來幫助自己在編撰程式碼的時候集中精力。如果你確實需要一點專注的時間，就直接讓面試官知道！我之前在思考一個解決方案的時候曾經說過這句話：「我在嘗試找出解決方案的時候，會專注個兩分鐘或多一點，所以我會安靜一陣子。」若是有人問這樣的行為面試問題：「告訴我你克服團隊專案挑戰的經驗」，也適用；如果既有知識實在想不出答案，而且思緒一片空白的話，可以先說：「回答問題之前，我需要先組織一下想法」，而不是在緊張狀態下亂掰一些事情。這同樣的也可以用在編碼面試；你可以控制節奏來幫助自己拿出最好表現，因為面試官無法看出你的心思。

你也應該掌控時間，而不只是依賴面試官的控管。作為一位面試官，時間快來不及的時候，我必須打斷應徵者的話，以便進入下一個問題；而作為應徵者，在面試開始的時候，可以先弄清楚會有多少個問題，以及每個問題你能回答的時間有多少。有時候，面試官會直接提供你這個資訊，但並非總是如此。例如：

應徵者：「會有多少個問題？我在回答每個問題時，可以花多久時間？」

面試官：「面試時間一個小時，有 3 個問題想請你回答，所以每個問題大約有 20 分鐘。但第一個問題最簡單，而最後一個最複雜，所以我覺得如果你試著在第一個問題上花 10 到 15 分鐘回答，是再好不過。」

藉由一個簡單的問題，你可以得到更多資訊以幫助自己調整節奏，並控制面試流程！這樣，如果只剩下 10 分鐘，而且還有好幾個問題需要回答，也不會措手不及了。

面試官的觀點

我通常會在面試差不多要開始的時候，提到面試問題的數量；然而，不是所有面試官同事都會這麼做。平心而論，這不是必要步驟，而且面試官不提面試問題數量的原因可能有很多，例如，如果面試因為一些技術問題而耽誤到時間，面試官就會立即進入主題。

作為面試官，我也會試著和應徵者合作來掌控時間；如果時間來不及了，我會提醒應徵者，但有時候，如果看得出來他們真的已經很接近解決方案了，我可能也會願意多花一點時間在這個問題上，可以的話，我不會刻意地讓應徵者在不知不覺中走完所有流程。但面試其他人也是一種技巧；作為應徵者，如果也能密切關注面試流程，使流程更能符合你的需要，而不只是讓面試官掌控整個節奏，這樣會更好。

再多說一句：不要急！在回應之前，先確保你了解這個問題，最好向面試官複述一次問題。

面試官可以幫助你

和「說出想法」技巧的建議類似：如果碰到困難，就讓面試官知道，沒有人會阻止他們提供建議。作為應徵者，我之前就直截了當地請求過建議！例如：「你對於這個問題的回應有什麼具體的建議方向嗎？」我曾經在面試時要求提供類似更簡單的建議，並且通過面試。但還是要謹慎為上：每次開口的時候，我都心知肚明，如果一再請求幫助，與沒有這種問題的人比較起來，這對我的面試評估並不好。儘管如此，我寧願得到一些小提示，而能夠多完成這個問題的 30%，也不願意在時間不等人的情況下被困在那很長的時間；衡量一下當下情況和時間之間的權重，請教面試官你的方法是否得當，通常比陷入完全不同的無法自拔困境要好。

「大多數時候，面試官都會希望應徵者能夠出色地通過面試！因此，他們會問一些問題以引導出正確的回應，或在技術面試的期間提供回饋和提示，好證實應徵者已經為這個職位準備好了。因此，應該將面試官視為盟友，而不是把關者。」Amazon 資深應用科學家 Eugene Yan 這樣表示。

優化你的環境

這應該不言而喻了，如果你是透過電話面試，盡量選沒有背景噪音讓人分心的安靜環境。如果開啟自己的視訊攝影機，要確保背景不會太讓人分心，或是使用虛擬的背景。曾有位面試官告訴我，當他們在面試某個人的時候，應徵者的伴侶穿著隨性的在後面床的附近走來走去，這絕不是一個讓人記住你的好方式！幸虧 Zoom、Microsoft Teams 和 Google Meet 都有提供虛擬背景，可以避免這種情況。

然而，一般來說，如果我是個應徵者，而且只能在繁忙咖啡館這樣喧鬧的環境中面試，沒有其他選擇，我也會提出，因為背景噪音，我可能必須在通話時關靜音；在這些情況下，只要你的主要目的是能夠清晰說話，好讓面試官清楚聽到，面試官都能理解；如果必須一再地重複自己的話，可能會滿尷尬的。

如果是參加現場面試，必須確保做好基本準備：面試前不要讓自己挨餓。如果參加面試的公司在面試**之後**提供免費午餐，但你沒有時間在現場吃點零食或早餐，也要盡量確保自己在事先能吃點東西。對我而言，我喜歡每天喝杯咖啡，所以我會確保在面試前可以喝到。不要聽天由命；即使公司有休息區和免費零食，也不能保證在需要的時候你可以取用；我發現還是自己帶比較容易。

參加現場面試時我也會帶一瓶水，而且在前一天盡量睡飽。當然，並不一定總能盡如人意，但盡你所能吧；你不會後悔的。

面試需要精力！

所有這些我提到的技巧，都是因為面試需要非常專心以及充足精神能量。這不只是你在技術主題上的準備；整個面試會從整體上評估你的表現，就像標準化考試一樣。有些人做了很多準備，但卻因為壓力、緊張或是睡眠不足而表現不好；有些人由於在面試時的良好精神和身體狀態，雖然準備的稍微少了一點，但卻能有更好的表現。表現更好的人才能得到這份工作，這聽起來似乎不太公平，但務必記住這一點並盡力而為。

Python 編碼面試：資料以及 ML 相關的問題

現在，來深入探討程式設計 / 編碼第一種類型的面試問題：資料和 ML 相關的問題。這些問題著眼於使用 Python，比如說使用 NumPy 和 pandas 函式庫，或 XGBoost 等 ML 函式庫撰寫解決面試問題的程式碼。這個類型的問題與下一小節要介紹的腦筋急轉彎 / LeetCode 問題之間的主要差異為，它與在 ML 工作日常職位中所做的事情更為相關。

根據參加面試公司的類型，這些問題可能會圍繞著公司的產品為主題。例如，社群媒體公司可能會問到包括提取關於新使用者註冊的資訊、萃取出使用者活躍程度的方法等，以及上週有多少使用者流失（離開）等一系列的問題。

資料以及 ML 相關面試和問題範例

本節將以一個面試的場景為指導，並提供面試中可能會提問，與資料以及 ML 相關的兩個 Python 問題範例。注意，為了方便理解，這些範例會提供小規模而且簡單的資料集。

場景

在面試當天，面試官發送一個 HackerRank（*https://oreil.ly/NK22m*）介面的連結給你，點選之後，會看到一個可以撰寫程式碼的介面。你和面試官再次確認，在這一個小時的面試期間一共會有兩個問題，並且估計你應該設法在第一個問題上使用 15 分鐘，在第二個問題上使用 30 分鐘，剩下的時間是緩衝時間以及和面試官問答的時間。

面試官將第一個問題複製並貼到頁面頂部，用註解掉的程式碼簡要說明這個問題。這個編碼面試介面可能早就預先填好了問題，但在我所經歷過的許多資料面試中，不管是大型科技公司，還是新創公司等各類型公司，問題可能不是放置在側邊欄上，而是改貼到編碼區。作為一位面試官，我猜測這對於不需要執行完整腳本的問題，以及更重視反覆討論的面試來說，會更為適合。

再次確認你不用完整地執行程式碼，因為 HackerRank 環境不會發生連接到實際資料庫的情況；面試官也確認這一點。

問題 5-1（a）

在 [你參加面試的社群媒體公司]，我們是在調查使用者的行為。我們擁有的資料格式為 [*.json* 格式的樣本資料]。資料由以下兩個 *.json* 物件所提供；為了方便將這些物件稱為「表」。

表 1：

```
user_signups = {
  "user_signups": [
    { "user_id": 31876, "timestamp": "2023-05-14 09:18:15" },
    { "user_id": 59284, "timestamp": "2023-05-13 15:12:45" },
    { "user_id": 86729, "timestamp": "2023-06-18 09:03:30" },
  ]
}
```

表 2：

```
user_logins = {
  "user_logins": [
      { "user_identifier": 31876, "login_time": "2023-05-15 10:28:15",
"logoff_time": "2023-07-15 13:47:30" },
      { "user_identifier": 31876, "login_time": "2023-06-17 15:12:45",
"logoff_time": "2023-07-17 18:31:20" },
      { "user_identifier": 31876, "login_time": "2023-06-20 09:03:30",
"logoff_time": "2023-07-20 12:17:10" },
      { "user_identifier": 59284, "login_time": "2023-05-16 14:49:10",
"logoff_time": "2023-07-16 18:02:45" },
      { "user_identifier": 59284, "login_time": "2023-05-18 09:33:25",
"logoff_time": "2023-07-18 12:48:15" },
      { "user_identifier": 59284, "login_time": "2023-06-19 14:06:40",
"logoff_time": "2023-07-19 16:34:50" },
      { "user_identifier": 59284, "login_time": "2023-06-21 08:20:05",
"logoff_time": "2023-07-21 11:36:25" },
      { "user_identifier": 59284, "login_time": "2023-07-23 15:28:50",
"logoff_time": "2023-07-23 18:44:40" },
      { "user_identifier": 86729, "login_time": "2023-06-18 10:48:30",
"logoff_time": "2023-07-18 10:58:20" },
      { "user_identifier": 86729, "login_time": "2023-06-19 13:31:05",
"logoff_time": "2023-07-19 15:50:40" },
      { "user_identifier": 86729, "login_time": "2023-06-21 10:10:25",
"logoff_time": "2023-06-21 12:21:15" }
  ]
}
```

表 1 包含新使用者註冊的時間：

- `user_id`
- `timestamp`

表 2 包含目前的帳戶：

- `user_identifier`
- `login_time`
- `logoff_time`

問題：在提供的這兩個表中，哪些使用者最新的活動發生在註冊後超過 60 天？

開始回答第一個問題的時候，應該先做以下事情：

- 不清楚的話，先確認每種資料型態的意義：表 1 中的 *user_id* 和表 2 中 *user_identifier* 相同嗎？（就這個範例的答案來說，假設為相同。）
- 將 *.json* 格式上傳成你所選擇的格式，例如，上傳成 pandas DataFrame。
- 說出想法：在編碼的時候說明你的做法和想法。不確定的話，應該先確認問題；在這種情況下，即使有好幾個欄位，最後可能不會需要其中某些欄位，或者可以將結果簡化。

以下程式碼是問題 5-1（a）解答的範例：

```
# python

import json
import pandas as pd

user_signins_df = pd.DataFrame(user_signins["user_signins"]) ❶

user_logins_df = pd.DataFrame(user_logins["user_logins"])
latest_login_times = user_logins_df.groupby(
    'user_identifier')['login_time'].max() ❷

merged_df = user_signups_df.merge( ❸
    latest_login_times,
    left_on="user_id",
    right_on="user_identifier",
    how="inner"
```

```
    )

merged_df['timestamp'] = pd.to_datetime(merged_df['timestamp'])

merged_df['last_login_time'] = pd.to_datetime(merged_df['login_time'])

# merged_df

|user_id    |timestamp                |login_time
|31876      |2023-05-14 09:18:15      |2023-06-20 09:03:30
|59284      |2023-05-13 15:12:45      |2023-07-23 15:28:50
|86729      |2023-06-18 09:03:30      |2023-06-21 10:10:25

merged_df['time_between_signup_and_latest_login'] = \
merged_df['last_login_time'] - merged_df['timestamp'] ❹


# merged_df

|user_id |timestamp              |login_time              |time_between
                                                           _signup_and
                                                           _latest_login
|31876    |2023-05-14 09:18:15   |2023-06-20 09:03:30     |36 days 23:45:15
|59284    |2023-05-13 15:12:45   |2023-07-23 15:28:50     |71 days 00:16:05
|86729    |2023-06-18 09:03:30   |2023-06-21 10:10:25     |3 days 01:06:55

filtered_users = merged_df[merged_df['time_between_signup_and_latest_login'] \
> pd.Timedelta(days=60)] ❺


filtered_user['user_id']
# Result: 59284
```

❶ 將 .json 物件當成 pandas DataFrame 讀入。

❷ 取得每個使用者最新的登入時間，並儲存在稱為 `latest_login_times` 的 DataFrame 中。

❸ 合併這兩個 DataFrame。現在，會顯示出每個使用者註冊的時間（timestamp）和最近登入的時間（login_time）。提示：如果面試時間允許的話，可以將這些欄位重新命名，讓名稱更為明確。

❹ 計算從註冊時間戳記到最新 `login_time` 之間的時間，將結果放入新欄位中。

❺ 篩選使用者，只保留在註冊後超過 60 天才登入的使用者。

本書的程式碼範例因印刷體格式原因，有時候換行不會如同程式碼格式器輸出般整潔。

問題 5-1（b）

現在，面試官將第二個問題貼到 HackerRank 介面上。

假設你拿到一個新的資料集，表 3。

表 3

```
{
  "user_information": [
    {
      "user_id": "31876",
      "feature_id": "profile_completion",
      "feature_value": "55%"
    },
    {
      ure_id": "friend_connections",
      "feature_value": "127"
    },
    {
      "user_id": "31876",
      "feature_id": "posts",
      "feature_value": "42"
    },
    {
      "user_id": "31876",
      "feature_id": "saved_posts",
      "feature_value": "3"
    },
    {
      "user_id": "59284",
      "feature_id": "profile_completion",
      "feature_value": "92%"
    },
    {
      "user_id": "59284",
      "feature_id": "friend_connections",
      "feature_value": "95"
    },
```

```
    {
      "user_id": "59284",
      "feature_id": "posts",
      "feature_value": "63"
    },
    {
      "user_id": "59284",
      "feature_id": "saved_posts",
      "feature_value": "8"
    },
    {
      "user_id": "86729",
      "feature_id": "profile_completion",
      "feature_value": "75%"
    },
    {
      "user_id": "86729",
      "feature_id": "friend_connections",
      "feature_value": "58"
},
{
      "user_id": "86729",
      "feature_id": "posts",
      "feature_value": "31"
    },
    {
      "user_id": "86729",
      "feature_id": "saved_posts",
      "feature_value": "1"
    },
    {
      "user_id": "13985",
      "feature_id": "profile_completion",
      "feature_value": "45%"
    },
    {
      "user_id": "13985",
      "feature_id": "friend_connections",
      "feature_value": "43"
    },
    {
      "user_id": "13985",
      "feature_id": "posts",
      "feature_value": "19"
    },
    {
      "user_id": "13985",
```

```
      "feature_id": "saved_posts",
      "feature_value": "0"
    },
    {
      "user_id": "47021",
      "feature_id": "profile_completion",
      "feature_value": "65%"
    },
    {
      "user_id": "47021",
      "feature_id": "friend_connections",
      "feature_value": "73"
    },
    {
      "user_id": "47021",
      "feature_id": "posts",
      "feature_value": "37"
    },
    {
      "user_id": "47021",
      "feature_id": "saved_posts",
      "feature_value": "32"
    }
  ]
}
```

問題：根據前一個問題的表和這個新表（表 3），假設模型可以在比這些還要多的資料上運行，要如何用這小型資料建構預測性客戶流失模型？假設執行分析的日期是 2023 年 7 月 25 日，請建立流失指標和特徵表，並用口頭描述著手建模的方法。

以下是回答問題 5-1（b）的一些技巧：

- 就算是一個小型資料集也應該分析資料，並演練它的規模增加之後會做的事。
- 定義使用者留下或離開的意思。公司對於流失的使用者有定義嗎？例如是指 30 天沒有登入的使用者嗎？對不清楚的任何事情都要先確認。
- 建議一些尋找相關性的可能方法，例如，如果使用者的個人資料完成率較低，是否意味著他們更有可能會流失？另外，簡要的說明如何在資料集中測試和確認這些假設並將其編碼。

- 對於建模，可以嘗試哪些省力的基準模型？也許是迴歸或簡單的基於樹的模型？
- 對於更複雜的模型，你該怎麼做？
- 如果發現自己的時間快用完了，快速且概略性的告訴面試官你處理複雜模型的工作方式，然後開始收尾。

為了說明，以下是以表格形式載入後，表中某些列的樣式範例：

user_id	feature_id	feature_value
|31876	|profile_completion	|55%
|31876	|friend_connections	|127
|31876	|posts	|42
|31876	|saved_posts	|3
|…	|	|

以下程式碼是問題 5-1（b）範例解答中的第一個部分，載入表 3：

```
# python

import pandas as pd

user_info_df = pd.DataFrame(user_info["user_information"])

user_info_df.head() # print top 5 rows
```

```
|user_id    |feature_id           |feature_value
|31876      |profile_completion   |55%
|31876      |friend_connections   |127
|31876      |posts                |42
|31876      |saved_posts          |3
|59284      |profile_completion   |92%
```

面試官確認，如果使用者 30 天沒有登入，就可以視為流失；注意，假設目前日期是 2023 年 7 月 25 日。你建立一個顯示流失的二進位欄位，以下程式碼是問題 5-1（b）解答的第二個部分，建立流失指標：

```
# python

import numpy as np

# add churn indicators

merged_df['churn_status'] = np.where(
  pd.to_datetime('2023-07-25') - merged_df['login_time'] >= pd.Timedelta(days=30),
  1,
  0
  )

# merged_df
```

user_id	timestamp	login_time	time_between_signup_and_latest_login	churn_status
31876	2023-05-14 09:18:15	2023-06-20 09:03:30	36 days 23:45:15	1
59284	2023-05-13 15:12:45	2023-07-23 15:28:50	71 days 00:16:05	0
86729	2023-06-18 09:03:30	2023-06-21 10:10:25	3 days 01:06:55	1

從這裡可以將它和特徵表結合：

```
# python

user_info_df["user_id"] = pd.to_numeric(user_info_df["user_id"])

features_df = user_info_df.merge(merged_df_2[["user_id", "churn_status"]],
                                 left_on="user_id", right_on="user_id") ❶

# features_df
```

user_id	feature_id	feature_value	churn_status
31876	profile_completion	55%	1
31876	friend_connections	127	1
31876	posts	42	1
31876	saved_posts	3	1
59284	profile_completion	92%	0
59284	friend_connections	95	0
59284	posts	63	0
59284	saved_posts	8	0
86729	profile_completion	75%	1
86729	friend_connections	58	1
86729	posts	31	1
86729	saved_posts	1	1

❶ DataFrame 的 `merged_df` 欄位存有流失指標，現在可以將它和有 *features_df* 欄位的表結合在一起。

接著，你決定一個簡單的 ML 模型 CatBoost，並繼續將這個 DataFrame 轉換成需要的格式（在這種情況下，如果欄位是特徵的話會比較容易）。

一種簡便且基於規則的方法可能只是，如果使用者 20 天沒有登入，他們可能已有流失傾向，畢竟 30 天沒有登入就算流失。這是一種簡單「拭目以待」基於規則的方法，但它是一種方案；還有一種方案，如果 14 天沒有登入，而且也沒有新增好友，就有可能流失。之所以會這樣猜測是因為，如果他們在這段時間都沒有新增好友，也許他們就沒有回來的動機，所以可能會流失。

如同第 4 章所提到，這可能是討論資料縮放的地方，以便有較大「數值」的特徵不會甩開了大小的規模；也應該討論是否有遺漏值的情況。這個小型範例中沒有，但實際情況可能會有。

關於以資料和以 ML 為重點面試的常見問題與解答

在前一個場景中，我解釋以資料和以 ML 為重點的面試可能進行方式。我曾經多次經歷過這些面試，有時候是面試者，有時候是面試官；以下是一些補充看法和技巧，希望對你有所幫助。

FAQ：看來實際面試會有很大的差異，我是否應該試著在像 HackerRank 和 CoderPad 等的平台上練習？

答：面試的形式也許會不一樣，但不用擔心，一旦經歷過一些，就會更習慣於這種多樣性。例如，在我參加過的面試中，曾有些會要求我正確地執行程式碼，但也有些面試只要有功能齊全的虛擬碼就好。以 Google 面試為例子，在 Google Docs 中編碼，當然不能就這樣執行程式碼。但如果你對語法不熟悉或犯下很多明顯錯誤，就算不需要執行程式碼，面試官也可以看得出來。

FAQ：說出想法似乎會讓我分心，如果我真的做不到那該怎麼辦？

答：如果你知道說出想法會讓你分心，就不要那麼頻繁地說出想法。不過，我仍然建議在自然停頓的時候，比如說剛完成函數定義時，可以花些時間很快地總結一下你做的事和原因。作為一位面試官，就算我注視應徵者輸入的每一個字元，也可能會有不正確的假設；畢竟我沒辦法讀出別人的想法！簡單的說，至少要在自然停頓的期間試著解釋。

FAQ：我之前沒有處理資料的工作經驗，要怎樣才能正確回答這些問題？

答：我發現需要處理資料的人，常常琢磨的都是各種演算法的優缺點，他們也會琢磨應該更注意資料中的細微差別。例如，回到社群媒體公司的面試場景，面試官可能會提出，基於樹的模型在有較長使用權的使用者身上，可能會運作得比較好，但對於新使用者的運作來說，可能就沒那麼好了；若面試者能夠針對這個缺點提出解決方案，是再好不過，例如，對超過 30 天活躍的使用者用這個模型，就可能會是一個解決方案。

舉一個資料細微差別的例子：如果一個表有使用者 ID 和好友連結，但沒有關於使用者使用這個社群媒體平台時間多長的資訊，這些數字的意義可能會不同；使用平台較長時間的使用者自然會有更多的好友連結。儘管有相同的好友數量，但在只註冊一個月的使用者和有一年使用權的使用者之間，有 10 個好友的重要性是不一樣的。

好消息是，即使沒有資料方面的工作經驗，現在你既然知道這些要點，透過業餘專案你也能得到相同類型的想法。這聽起來像是有很多要求，但作為一名應屆畢業生，也能夠根據在學校計量經濟學指定作業中學到的知識，來回答類似問題，只要有一些實踐的經驗就能夠做到，而在面試準備和建立專案組合期間，應該都會有這些經驗。

關於資料和 ML 面試問題的資源

以下是一些為了進一步練習資料和 ML 相關面試問題的資源：

- NumPy 附有解決方案的練習（*https://oreil.ly/ecEfI*），本文撰寫時，在 GitHub 上有 10.6k 顆星
- pandas 練習（*https://oreil.ly/pzbxO*），本文撰寫時，在 GitHub 上有 9.2k 顆星

- 透過 Google Colab 的 pandas 練習（*https://oreil.ly/YqMzP*）（Berkeley 大學）

在 Google 搜尋關於資料和編碼面試問題的時候，我發現如果用「機器學習程式設計問題」搜尋，出現結果會比較傾向腦筋急轉彎類型的問題。要避開的方法是指明 Python 函式庫，然後再加上「練習」這個字，例如「numpy 程式設計練習」或「pandas 程式設計練習」。

Python 編碼面試：腦筋急轉彎問題

下一個類型的程式設計問題，本書稱之為「腦筋急轉彎問題」，更普遍的名稱是「LeetCode 問題」，通常會縮寫成 LC 或稱編碼挑戰等等。

搜尋「以 ML 為重點的面試，會問的程式設計問題」，搜尋引擎給出的結果會非常頻繁地看到腦筋急轉彎這類型的問題，儘管你現在知道這不是唯一可能會問的題目類型。然而，這些問題之所以重要的原因如下：

- 它們更標準化。
- 它們與建立已久的軟體開發者 / 軟體工程師面試循環共享。
- 對於高度重視軟體工程技能的 ML 職位，這個類型的問題和面試循環在一般軟體工程面試方面有許多的重疊。
- 即使實際工作所從事的專案成本高於編碼腦筋急轉彎問題，要評估應徵者程式設計的技能，仍然以腦筋急轉彎問題占絕大多數。

已經熟悉這類型面試問題的人可以隨意的跳過本節；此處只針對剛剛接觸腦筋急轉彎 / LeetCode 問題類型的人，並說明有效的準備方式；也就是說，要聰明地工作，而不是一昧努力而已。如果你曾經聽說過這些模式，就會知道是時候該去練習並「苦學 LeetCode 了」！

在進一步提供建議和資源之前，為腦筋急轉彎問題做準備的時候，還要留意以下模式。

腦筋急轉彎程式設計問題的模式

註冊 LeetCode 或 HackerRank 的時候，將在平台上面臨數百個問題，可能會造成分析癱瘓：有太多問題了，該從哪裡開始？通常緊隨其後的是不知所措：我真的能夠全部學會這成千上萬個問題嗎？

別擔心！你當然不需要全部學會。許多問題都是測驗類似的概念或模式，越專注於識別常見的模式並從基本原則理解，就越能靈活地對新問題採取行動，即使之前從未見過它們。

如果有 100 個問題，但它們實際上只是測試 10 個主要模式，為了節省時間，一開始可以每種類型只做兩到三個問題，也就是總共 20 到 30 個問題，而不是窮舉攻擊面試的準備，並做完這所有 100 個問題。

隨意瀏覽本節；現在還不必深入地充分了解所有內容，可以在開始面試準備之後，再回來複習。

以下是一些需要留意的模式：

- 陣列和字串操作
- 滑動窗口
- 雙指標
- 快和慢指標
- 合併區間
- 圖形遍歷，比如深度優先搜尋（DFS）和廣度優先搜尋（BFS）

這裡會詳細介紹前 3 種模式：陣列和字串操作、滑動窗口和雙指標，在所有資料職位中，最常問這些主題的問題，而只有更專注在軟體工程的工作面試中，才可能會問到像是圖形遍歷等其他概念。本節後面會連結到可以幫助你為這些額外概念做好準備的資源。

陣列和字串操作

許多程式設計問題都需要能夠操作陣列、字串、字典或其他資料型態。這個敘述會拆分成兩部分以說明一些定義，首先，在這種情況下，**陣列**（*arrays*）實際上並不局限於 Python 陣列（*https://oreil.ly/ncZpX*）或 NumPy 陣列；相反地，這是一個口語化的統稱。在面試場合中，「陣列」可以包括 Python 列表，和其他可以在 `for` 迴圈中迭代的可迭代物件。這時候的**操作**（*manipulation*），指的是像更新、重新排列，和從陣列中提取元素以達成目標結果等工作。這不是一個孤立的模式；相反地，你將結合像是滑動窗口和雙指標等其他模式，來使用陣列和字串操作的技能。

對於這些問題，你應該能夠自在地使用以下這些簡單的函數：

- `len()`（*https://oreil.ly/T0Etb*）
- `sum()`（*https://oreil.ly/BVbs0*）
- `min()`（*https://oreil.ly/NnOow*）
- `max()`（*https://oreil.ly/qwqK-*）
- `enumerate()`（*https://oreil.ly/7GTvF*）

另外，你可以匯入像是 `collections`（*https://oreil.ly/Dum4h*）、`itertools`（*https://oreil.ly/EEBfv*），或內建函數 `sorted()` 這樣的模組，但是如果你對語法不熟悉，或是可以用更簡單的內建函數輕易地取得結果，它們帶來的麻煩就可能比價值還多（來自 Python 文件：*https://oreil.ly/I9XcU*）：

```
abs()            dir()          isinstance()    range()
aiter()          divmod()       issubclass()    repr()
all()            enumerate()    iter()          reversed()
any()            eval()         len()           round()
anext()          exec()         list()          set()
ascii()          filter()       locals()        setattr()
bin()            float()        map()           slice()
bool()           format()       max()           sorted()
breakpoint()     frozenset()    memoryview()    staticmethod()
bytearray()      getattr()      min()           str()
bytes()          globals()      next()          sum()
callable()       hasattr()      object()        super()
chr()            hash()         oct()           tuple()
classmethod()    help()         open()          type()
```

```
compile()      hex()      ord()        vars()
complex()      id()       pow()        zip()
delattr()      input()    print()      __import__()
dict()         int()      property()
```

你也應該自己熟悉常見的資料型態，其中包括以下類型；但記住，本書將專注在 Python 上：

列表（*https://oreil.ly/domv5*）
: 你應該能夠自在地用它們的索引循環遍歷，並將它們切片和切塊，像是取得 A 到 B 的元素、取得最後 3 個元素等等。

字串（*https://oreil.ly/u4moU*）
: 你應該能夠像列表一樣操作這些型態。你能輕易地取得第三個字元嗎？抓取第一到第三個字元？取得最後一個字元？等等。

各種數值類型（*https://oreil.ly/JyA_n*）
: 面試問題要求當成 *int* 還是 *float* 儲存？採用這些方法的原因分別為何？

字典（*https://oreil.ly/4CaPK*）
: 這些將幫助你用鍵值對儲存某些內容，而且也能輕易地存取這些內容，這種資料型態處裡的速度也很快。對於習慣其他語言的人來說，這種型態類似於 Java 的 *HashMap*。

集合（*https://oreil.ly/dAHtJ*）
: 如果面試問題的重點在每個值都是唯一的，用集合就最恰當了。

元組（*https://oreil.ly/u6kcb*）
: 想要從程式一次回傳多個結果的時候，元組就非常適合。

生成器（*https://oreil.ly/UztZh*）
: 這些在現實生活中非常有用，可以真正節省需要的記憶體，也可以降低在執行大量資料處理的測試案例時，可能發生的錯誤。

陣列（*https://oreil.ly/FkFsb*）

我在面試中沒有真正的使用過這個 Python「陣列」（與 NumPy 陣列不同），因為對我而言，使用前面提到的資料型態就已經足夠了。不過，了解這種實作可能很有用，因為對於大量資料和數值的運算，它更有效率。

注意：我對於每種資料型態的解說並不完備，但這些是我在面試過程中發現的有用內容。

根據所面試的職位，問題的難度可能會比本書提供的介紹性概述高很多。如果你應徵大型科技公司的工程師職位，這可能包括如 MLE 或 ML 軟體工程師等的職位，建議（甚至是必須）盡可能在 LeetCode 這樣的線上平台上練習。對於剛剛出道的人來說，可以繼續以此為基礎，充實自己。

滑動窗口

繼續前進到下一個模式：*滑動窗口*（*sliding window*）。這個模式可用於需要操作或聚合一系列數值的問題上（參考圖 5-1）。在學會這種模式之前，我曾經用窮舉的方式處理這些問題：例如在每個循環之中，我會對整個範圍求和；不過，用這種方式很快就會遇到問題，只能用在較少的資料上，當整個範圍很大的時候，這樣的解決方案就可能會超時，並且會造成在 LeetCode 上的測試案例失敗。在提供測試案例的面試中，這就意味著我無法完全地解決問題。

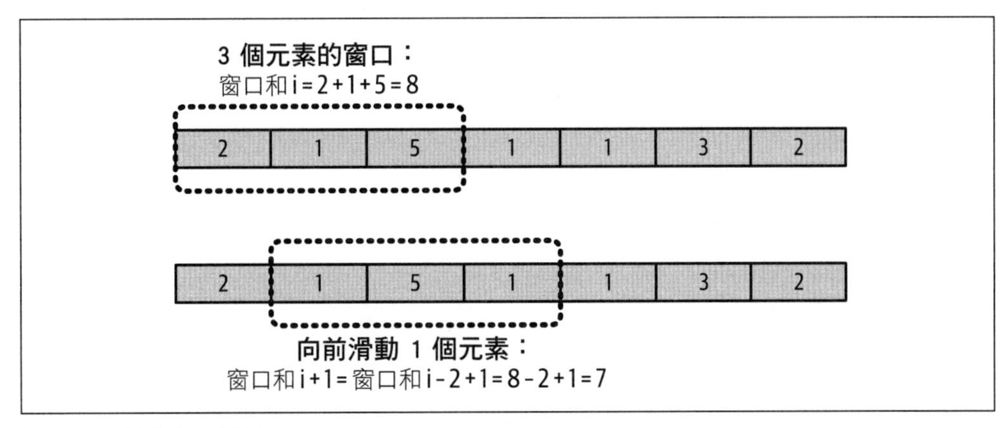

圖 5-1　滑動窗口圖解。

這個模式幫助你重複使用在循環中，每個後續迭代之間重疊的窗口或範圍。在第一次迭代，加總第一次迭代中需要範圍內的所有元素；在循環的第二次迭代，不必從頭開始加總第二次迭代的範圍，取而代之可以使用迭代 1 中的總和，加入新的數值，然後減掉第一個數值；這樣，加總一個範圍就變成了只需要處理 3 個數值的更簡單問題。當我應用這種方法的時候，發現許多處理大範圍數值測試案例曾經失敗過的問題，現在都可以通過了。

現在來看看一些範例問題，為了便於理解已經將這些問題簡化。注意，許多 LeetCode 這樣的線上平台，都會提供一些如預先定義類別之類的樣板程式碼，讓你能夠插入程式碼中；為了簡明扼要起見，範例問題和解答中將不包含樣板程式碼。

問題 5-2

已知正數陣列 [2, 1, 5, 1, 1, 3, 2] 和正整數 k=3，找出大小為 k 的任何毗鄰子陣列最大總和。

在這個範例中，大小為 3 的子陣列如下：

```
[2, 1, 5]→Sum：8
[1, 5, 1]→Sum：7
[5, 1, 1]→Sum：7
[1, 1, 3]→Sum：5
[1, 3, 2]→Sum：6
```

以下程式碼是問題 5-2 的範例解答：

```
# python
def max_subarray_sum(arr: List[int], k: int):
    """
    :returns: int
    """
    results = []
    window_sum, window_start = 0, 0

    for window_end in range(len(arr)):
        window_sum += arr[end]              ❶

        if window_end >= k-1:               ❷
          results.append(window_sum)        ❸
          window_sum -= arr[window_start]   ❹
          window_start +=1

    return max(results)
```

```
test_arr = [2, 1, 5, 1, 1, 3, 2]
test_k=3
result = max_subarray_sum(test_arr, test_k)

# result: 8
```

❶ 在窗口滑動之後加入新的項目（參考圖 5-1）。

❷ 對於前 k 個元素，在第一個完整的 `window_sum` 內將它們全部加在一起。這裡用 k-1 是因為列表 / 陣列的索引以 0 開始，表示起始位置從 0 開始，而不是 1。

❸ 一旦開始滑動窗口，將結果儲存在命名為 `results` 的陣列中。

❹ 滑動之後，減掉不在窗口內的項目（參考圖 5-1）。

根據輸入的陣列是否經過排序，可能會有不同的實作方式；一定要再次確認問題，以了解它們是否有指定為排序或未排序的輸入 / 輸出。

> **更多範例**
>
> 求毗鄰子陣列總和的好範例在此：*https://oreil.ly/8t-3j*。如果這個連結無法使用，應該也可以透過搜尋「毗鄰子陣列總和」，或「編碼滑動窗口練習問題」等標題，找到類似的問題。

雙指標

雙指標（*two pointers*）是我要介紹的下一種模式，遵循這種模式的問題，可以透過使用兩個指標遍歷陣列、列表、字串等而獲得解決，請參考範例解答中的圖 5-2。想像有一隻烏龜和一隻兔子，分別位於以陣列表示直路的兩端，為了找出問題的解答，烏龜和兔子往彼此的方向移動，最後在路途中會合。還有其他的模式；例如，固定一個指標，而另一個指標可以移動。

為了說明，以下來看看一個雙指標面試問題範例，以及一些其他相關問題的線上資源，以供練習。

問題 5-3

從一個**排序過**，且數值不會重複的數值陣列中，找出加起來等於給定目標值的一對數值，並傳回每個數值在陣列中的索引（位置）；每個數值只能使用一次，也就是不能將數值和自己相加。

以下是範例的輸入：

```
numbers = [2, 5, 7, 11, 16]
target = 16
```

範例的目標輸出是：`[1, 3]`。

在索引 1 和 3 的數值分別是 5 和 11，加起來是目標總和 16。

為了便於理解，以下是簡單說明。首先，我將以圖 5-2 說明使用雙指標的進行方式。在這個範例中，指標分別從陣列開頭和結尾，逐步並朝向中間移動，好讓指標位置元素的總和會更接近目標總和。

範例程式碼的實作如下：

```
# python
import math

def get_pair_with_target_sum(numbers: List[int], target: int):
    """
    :returns: List[int]
    """
    start_ind, end_ind = 0, len(numbers) - 1          ❶

    test_num = math.inf

    while test_num != target_sum:                     ❷

      start_num = numbers[start_ind]
      end_num = numbers[end_ind]
      test_num = start_num + end_num

      if test_num > target_sum:
        end_ind -= 1

      elif test_num < target_sum:
        start_ind += 1
      elif test_num == target_sum:
        return [start_ind, end_ind]
```

```
    if test_num == math.inf:
      return None

numbers = [2, 5, 7, 11, 16]
target = 16
result = get_pair_with_target_sum(numbers, target)

# result: [1,3]
```

❶ start_ind 對應到圖 5-2 中的指標 #1，即最左邊的指標；而 end_ind 對應到指標 #2，即最右邊的指標。

❷ 繼續在總和上迭代，如果目標總和較小，就將最右邊的指標向左移；如果目標總和較大，就將最左邊的指標向右移，如圖 5-2 所示。

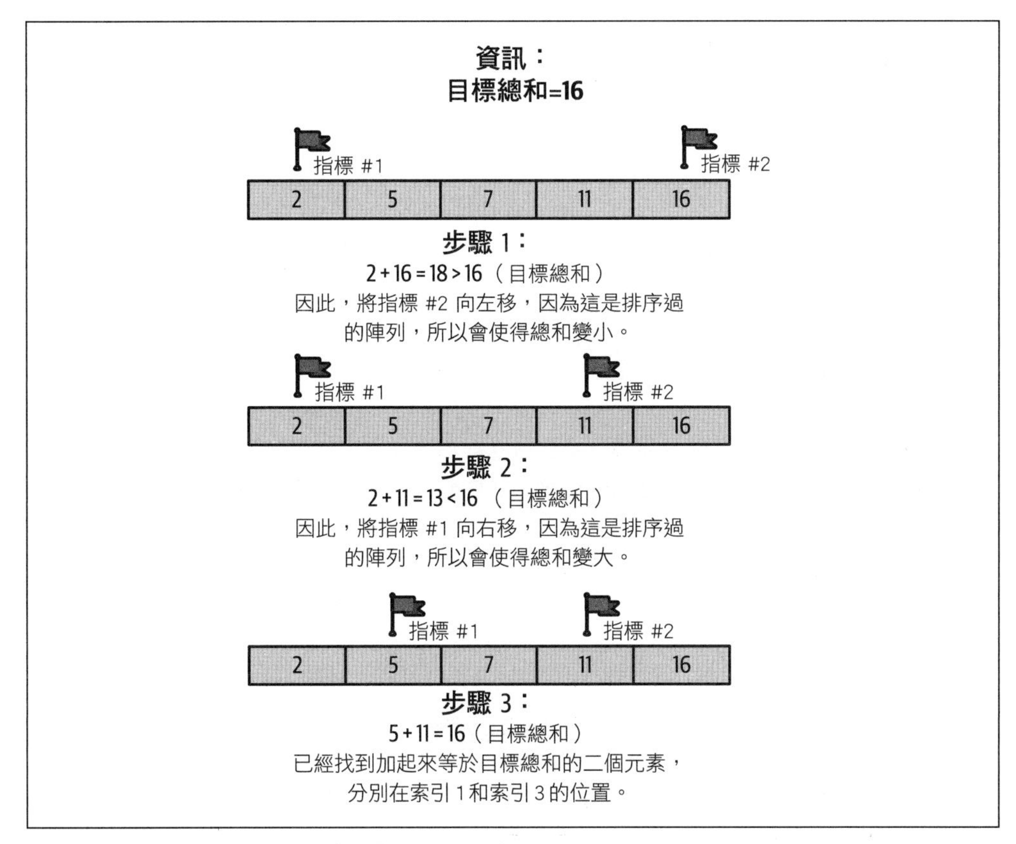

圖 5-2　用於編碼面試問題雙指標模式的圖解。

如果你所面試的職位提出更為困難的程式設計問題，面試官可能會繼續問你是否能夠提出優化或加速初始解決方案的方法。如果你能從一開始就提出優化的解決方案，那就更好了！進一步優化的範例說明於以下的程式碼範例。

以下的程式碼範例更為精簡，簡化最初的解答：

```
# python
def get_pair_with_target_sum(numbers: List[int], target: int):
    """
    :returns: List[int]
    """
    pointer_1, pointer_2 = 0, len(numbers) - 1
    while(pointer_1 < pointer_2):
        current_sum = numbers[pointer_1] + numbers[pointer_2]
        if current_sum == target:
            return [pointer_1, pointer_2]
        if target > current_sum:
            pointer_1 += 1
        else:
            pointer_2 -= 1

numbers = [2, 5, 7, 11, 16]
target = 16
result = get_pair_with_target_sum(numbers, target)

# result: [1,3]
```

根據測試案例，無論是由面試官提供還是你提出的，都可能會有你是否對輸入淨化過的假設。在問題 5-3 中，我假設傳入的輸入是正整數，但有時候也會有一些設陷阱的問題，比如說當程式碼假設輸入總是正數的時候，卻傳入負數。可以和面試官核對一下以應對。

更多的範例

以下是來自 LeetCode 一些使用這個模式相關問題的線上資源：

- Two Sum（*https://oreil.ly/70iBt*）

- Move Zeroes（*https://oreil.ly/Bxzxr*）
- Is Subsequence（*https://oreil.ly/GcctB*）

用於腦筋急轉彎程式設計問題的資源

本節為編碼面試提供更多用於練習的資源。

為了編碼面試的練習平台

以下是為了練習 LeetCode 風格或腦筋急轉彎風格編碼問題的常用平台：

LeetCode（*https://oreil.ly/1uqha*）
: 為軟體工程師和開發者提供編碼挑戰和面試準備資源的線上平台

HackerRank（*https://oreil.ly/ShS4w*）
: 提供線上編碼測試和技術面試的線上平台

Pramp（*https://oreil.ly/sh_Bm*）
: 用於練習技術面試的免費線上點對點平台

Interviewing.io（*https://oreil.ly/rguzR*）
: 與來自科技公司工程師進行的匿名模擬面試

為編碼面試精心挑選的學習資源

以下是針對這種類型問題熱門而且有用的指引；基本上，它們與用於普通軟體工程師面試循環的資源相同：

- Gayle Laakmann McDowell 所著，《Cracking the Coding Interview》（*https://oreil.ly/nf4lu*），這本書可說是技術巨擘風格編碼面試最著名的介紹書之一。這本書聚焦於軟體工程面試循環，但如果你是面試和軟體工程循環有很多重疊的 ML 職位，比如某些 MLE 職位、ML 軟體工程師等，也會需要為這些面試循環做好準備。
- James Timmins 撰寫的「How to Stand Out in a Python Coding Interview」（*https://oreil.ly/9pkXS*）。

為編碼面試精心挑選的練習問題

其他更多的模式，可以查看像是 LeetCode 75 Study Plan（*https://oreil.ly/YucsS*）這樣的資源，以取得完整類別清單，以及在像是 Hunter Johnson 的部落格貼文「7 of the Most Important LeetCode Patterns for Coding Interviews」（*https://oreil.ly/_Yfud*）之類資源中，閱讀相關的內容。

> **適應編碼的環境**
>
> 你參加面試的公司，可能會用不同平台來評估你的編碼，像是：HackerRank、CoderPad、Codility 等。大多數主要平台都很類似，因此應徵者只要在其中一個平台上練習過，就應該能夠適應其他平台，而不需要實際的一一使用過。
>
> 如以下場景，你將會從事前練習中受益：Google 要求應徵者在 Google Docs 上撰寫程式碼，所以這程式碼將無法實際執行；因此，應該花些時間確保它是有效的程式碼。對於那些可能已經習慣線上平台，和像是 Visual Studio Code（VS Code）之類編輯器上自動完成的應徵者，這可是件需要適應的巨大挑戰。

SQL 編碼面試：與資料相關的問題

從事於資料工作的人，都可能會在職業生涯中的某個時間點接觸到 SQL，在我任職過的每間公司，都必須使用 Python 和 SQL。因此，許多公司也會特意地用 SQL 來測試一些資料問題，儘管某些問題也許可以在 Python 和 SQL 之間做挑選。

就像在資料和 ML 上的 Python 問題一樣，SQL 問題可能和你所面試的公司或團隊的行業有關。例如，參加大型社群媒體公司搜尋團隊資料科學家工作面試的人，可能會問你以下問題：

- 在過去 14 天內，有多少使用者執行超過 10 次的搜尋？
- 有多少百分比的使用者獲得一種以上的搜尋結果類型？

- 若你要求為搜尋建立自動完成的功能，該如何使用 SQL 完成這個功能的簡易版本？

以下是我提供的 SQL 面試問題樣本。

問題 5-4

對於這個問題，已知有兩個資料表。

表 1 包含了產品層次的資訊，以及每種產品的價格和數量：

Product	Category	Price	Quantity
Product1	Category1	10.99	5
Product2	Category2	25.99	12
Product3	Category1	15.49	20
Product4	Category3	8.99	3
Product5	Category2	17.99	8

表 2 包含近期將推出的折扣：

Category	Discount
Category1	0.10
Category2	0.00
Category3	0.05
Category4	0.15
Category5	0.05

假設所有項目都在折扣期間賣出，請撰寫出能夠取得每個類別的總數量和總折扣值的查詢，比如說具有以下欄位：

- category
- total_category_quantity
- total_discounted_values

以下程式碼是問題 5-4 的範例答案：

```
-- SQL
SELECT
P.category AS category,
SUM(P.quantity) AS total_category_quantity,
SUM(P.quantity * P.price * (1-COALESCE(D.discount, 0)))
AS total_discounted_values
FROM TABLE_1 AS P
```

```
LEFT JOIN TABLE_2 AS D
ON A.CATEGORY = B.CATEGORY
GROUP BY P.CATEGORY
;
```

對於 SQL 編碼面試問題的資源

這裡提供的範例，是為了讓你了解在 SQL 中測試資料合併的基本問題。不過，更進階的資料表也許會包含更多、更複雜的資料表、視窗函數（*https://oreil.ly/uyHg3*）、子查詢等。使用以下這些資源好準備得更充足：

- Learn SQL Basics（*https://oreil.ly/NEO3A*）（Coursera，UC Davis）。
- SQL questions on LeetCode（*https://oreil.ly/Wkwrg*）：一如既往地，可以，而且也應該先從免費問題開始；這裡提供很多這類問題。
- 「Advanced SQL Queries: Window Function Practice」（*https://oreil.ly/4EKy2*）（來自 O'Reilly，需要登入）。

為準備編碼面試的路徑圖

有些讀者可能已有過面試經驗，而且早就已經意識到可能會有各種類型的問題。當我早先參加面試的時候，常被這麼多不同類型的問題搞得有些措手不及，例如，我專注在準備資料和 ML 相關的 Python 問題上，但沒有料到會有一些根本不使用常見 ML 或統計 Python 函式庫的腦筋急轉彎問題。從那時之後，我就決定要拓展面試準備所覆蓋的範圍。

不過，說比做要容易的多。無論你是否早就懂得 Python 或是 SQL，這些問題的格式可能仍然會讓人摸不著頭緒，在沒有充分練習又有時間的限制下，要有好的表現並不容易，面試是個獨立事件，如我曾經提過的，在面試中拿出好的表現也是一項專門技能。有充分準備、豐富經驗，但在面試過程中非常緊張的人，可能因此無法錄用；但有睿智準備，而且在面試期間壓力下仍然有出色表現的應徵者，更有可能會得到這份工作。

本書是有關 ML 求職的書，所以我不會花太多時間評論，對於那些在這行中有經驗，但已經有一段時間沒有練習 LeetCode 腦筋急轉彎的人來說，這樣的面試是否是能夠全面評估他們表現的最佳系統。但我敢說的是，我參加面試的時候，總會花時間重新溫習一下這些問題中的一部分，並且會為了這個目的而製定時間表。根據本章提供的內容，你也許已經知道該準備的方向，但是在還沒有將手放在鍵盤上之前，在獲得工作邀約這方面都不會有任何具體進展。

每次找工作的時候，我都會製作應該準備事項清單，而且會建立一個練習內容和時間的行事曆。我在這裡也納入一個行事曆範例，只要經過一些變更，就可以供大學生或打算轉職的人使用；我鼓勵你依據自己的情況調整這個行事曆，馬上開工吧。本章主要是為程式設計面試準備的路徑圖，但也可以對書中提到的所有面試類型，以相同格式做準備；至於更一般性的 ML 面試準備路徑圖，可參考第 8 章。

編碼面試路徑圖範例：四週，大學生

概述：你是學士或碩士學程最後一年的學生，對 Python 有些熟悉，而且剛好因為沒有上過使用 SQL 的課程，所以對 SQL 一竅不通。透過從一位在資料領域工作校友的資訊面試以及閱讀本書，你知道除了練習 Python 腦筋急轉彎的問題之外，也應該懂一點 SQL。

非強制，但鼓勵你：聯繫學程中的學術顧問或類似人員，請求他們幫助你聯繫進入資料科學和 / 或機器學習學程的校友。他們提供你兩位校友的聯絡方式[4]，你可以在 LinkedIn 上找到並且聯繫他們。其中一位校友沒有回應，但你和另一位校友通上電話，他談到關於他們準備的事情，你記下一些筆記並且開始擬定計畫。

目標是在四週內開始應徵工作和參加面試（表 5-1）。

表 5-1 在課程和作業之間留出準備時間的大學生路徑圖範例，每天共計約 2 到 3 小時，每週大約 18 小時

路徑圖範例						
第 1 週：規劃						
週一	週二	週三	週四	週五	週六	週日
了解 ML 面試	了解 ML 面試	了解 ML 面試	[忙於明天到期的作業][a]	[忙於今天到期的作業]	製定面試準備行事曆[b]	製定面試準備行事曆

4 有一些學術顧問以令人難以置信、翻天覆地、積極的方式影響我的職業生涯，他們提供的驚人資源令人大吃一驚，因為我只不過是提出個請求而已。另一方面，我也曾在無意中聽到某些學術顧問在午休時間抱怨學生，而當我有幾門課不及格的時候，也曾有一位學術顧問說「你怎樣都彌補不了這個失敗的。」讓我在之後的兩年裡，一直對學術顧問心懷恐懼。別難過，只是吸取了教訓，要找到價值非凡的好顧問需要付出努力。我說這麼多只是想鼓勵你，可以的話多和他們交談，付出的努力總有回報！

路徑圖範例

第 2 週：資料和 ML 問題

週一	週二	週三	週四	週五	週六	週日
重新整理 NumPy 和 pandas 的知識	練習 NumPy 上的問題	練習 NumPy 上的問題	[社團活動]	練習 pandas 上的問題	練習 pandas 上的問題	[和朋友烤肉]

第 3 週：腦筋急轉彎程式設計問題

週一	週二	週三	週四	週五	週六	週日
在滑動窗口模式上的 3 個問題 [c]	在雙指標模式上的 3 個問題	在 [模式] 上的 3 個問題	[忙於明天到期的作業]	[忙於今天到期的作業]	在陣列和字串操作上的問題（與前兩個類別重疊）	嘗試解 3 個問題，並計算花了多長時間

第 4 週：從頭開始學習 SQL

週一	週二	週三	週四	週五	週六	週日
觀看 SQL 介紹的視訊，跳過其中一些內容	觀看 SQL 介紹的視訊	嘗試解 3 個問題，查看解答	嘗試多解 3 個問題，查看解答	在不看解答下嘗試解 2 個新的問題	[休息]	[休息]

第 5 週：SQL 練習問題 + 腦筋急轉彎，計時

週一	週二	週三	週四	週五	週六	週日
在不看解答下，練習 5 個NumPy / pandas 問題	在不看解答下，練習 4 個所有主要模式中的 LeetCode 問題	查看之前卡住的問題解答	在不看解答下，試著在 1 小時內練習 3 個 LeetCode 問題	在不看解答下，練習 3 個 SQL 問題	查看前一天 SQL 問題的解答，看看是否有更好的解決方法	追上未完成工作的進度

a 看得出來我將一些作業放在這個準備的行事曆中，但這並不表示在這個行事曆之外就沒有作業時間、準備考試和參加社交活動。這個行事曆每天只設定兩到三個小時的活動，如果你在這裡列出學校或個人事情，表示你仍然可以為了緊急事情、作業或社交活動等，從面試準備時間中擠出一些時間。

b 在這個範例中，第 2 到 4 週的活動是在規劃週期間的專屬時間內填寫。

c 你可以從挑選 2 個難度為簡單的問題開頭，再加上 1 個難度為中等的問題。在每個問題上可以花費 30 分鐘到 1 個小時；如果一個小時之後仍然卡住，就查看一下問題的解答。

這個路徑圖相對較短的主要原因是，我喜歡盡快地擺脫只消耗學習教材的階段。有些人在兩倍的時間內只有很少的進展，這是因為他們還沒有把手放在鍵盤上並且開始練習問題。這就好像試圖在只閱讀而不拿紙筆計算的情況下，學習數學。

我也讓我的路徑圖壓力較低；如果無法完成 3 個問題，只做 1 個問題就好；那天就只要完成一題，甚至還可以在至少一半的準備日期中查看問題解答。你辦得到的！

最初幾次試著練習問題並發現自己被卡住的時候，將會感到很痛苦。它將會誘使你回頭再去看看視訊和讀書，期望能夠找到必要、扭轉局勢、立即有效的技巧；不要陷入那個陷阱。越快開始嘗試練習問題並且犯錯，就會學得越快。而且，在我的經驗中，對資訊的留存也會越好。

在我自己的經驗中，以類似這個路徑圖的方式準備，並開始參加面試，而且在一些失敗面試之後，我繼續迭代和改善。也許我需要練習更多中等難度的問題，或是在面試過程中更快的辨識出編碼模式。但至少我開始了，失敗的面試和隨後每一次面試的漸入佳境，都讓我比卡在被動觀看視訊，更接近找到 ML 工作的目標。

編碼面試路徑圖範例：六個月，職業轉換

好吧，假設你不是學生，目前從事 ML 以外的工作領域；此外，還和另一半共同育有一子。

概述：你對 ML/ 資料領域感興趣，也已經讀了很多線上的資料，而且在無意中發現了這本書。你想要開始邁出這一步，但下班後沒有太多時間和精力，週末的時間要花在家人身上，但你想從每個週六抽出兩到三個小時，週日抽出一個小時來準備面試。你想要把握這個機會，並且在 6 個月內準備好面試，這是一個務實而且可持續的目標（表 5-2）。

表 5-2　每週大約抽 4 個小時的全職專業員工和家長路徑圖

	第一週	第二週	第三週	第四週
第 1 個月	了解 ML 面試	了解 ML 面試	擬定學習規劃	擬定學習規劃
第 2 個月	學習 NumPy	學習 pandas	練習 NumPy 問題（先看解答，然後不要看）	練習 pandas 問題（先看解答，然後不要看）
第 3 個月	了解用於 LeetCode 的 Python	了解有關模式的內容，每個模式做 1 個問題	每個模式做 2 個難度為簡單的問題	每個模式做 2 個難度為中等的問題
第 4 個月	透過視訊了解 SQL	透過視訊了解 SQL	嘗試做 3 個有解答的 SQL 問題	嘗試做 5 個沒有解答的 SQL 問題
第 5 個月	每週做 3 個問題	每週做 3 個問題	每週做 3 個問題	每週做 3 個問題
第 6 個月	每週做 5 個問題，計時	每週做 5 個問題，計時	每週做 5 個問題，計時	每週做 5 個問題，計時

注意，你也需要為本書其他部分安排準備時間。例如，如果你也在學習 ML 演算法，那可能也是個 6 個月的路徑圖；如果你在工作中，週末只有兩到三個小時或每個工作日一個小時的空檔，可以調整並延伸這個時間框架。這完全由你決定！

編碼面試路徑圖：打造自己的路徑圖！

現在是擬定自己路徑圖的時候了，可以隨意地在行事曆中包含其他面試類型的準備。我想要強調程式設計面試的準備，因為它需要很多的肌肉記憶才能快速地完成問題解答。對於可用在編碼準備以及整體面試準備的空白範本，可參考第 8 章相關內容。

在本書伴隨網站（*https://susanshu.substack.com*）的評論區和我分享你的路徑圖！

結語

你在本章了解編碼面試問題的各種類型：資料以及 ML 相關的問題、腦筋急轉彎問題和 SQL 問題，你也知道面試官在編碼面試中尋找的目標，以及一些成功技巧：說出想法、頻繁地和面試官澄清，以及在面試過程中多溝通。最後，我提供一些為準備編碼面試的範例路徑圖，並鼓勵你以自己的目標時間表為主，建立自己的路徑圖。

第六章

技術面試：模型部署和端對端 ML

第 3 章和第 4 章提供 ML 演算法、模型訓練和評估等相關重要面試概念的概述。無論使用者是公司客戶，還是公司內部的使用者和同事，要讓 ML 模型對他們產生影響，都需要*部署*這個模型。

部署有許多等級，但最重要的是要能達成模型的最終目標。如果每次行銷團隊要求新的結果時，都要用手動的臨時運行模型，而且運行很好，那這可能就是你的部署等級。又或者，你可以有一個完全自動化系統，把模型當成 A / B 測試的一部分提供給客戶，訓練模型的人員不需做模型訓練以外的任何事情，而這個部署等級可能是最終目標所需要的情況。

關於這方面，ML 專業人員不需要知道模型部署的所有細節。但是，如果你是應徵以下的工作之一，對這部分所提到的主題溫故知新將會很有幫助。在模型部署上可能需要更深入了解的職位包括：

- 不單單是執行模型訓練的機器學習工程師
- MLOps 工程師
- 沒有專門從事 ML 部署額外人員的新創公司資料科學家或 MLE

湊巧的是，越是歸類為這種類型職位的工作，面試中就越有可能會包含第 5 章提到的，與軟體工程面試循環重疊的編碼問題。

另一方面，如果你感興趣的公司或團隊有非常明確的職位界定，而且你應徵的職位不需要實際部署工作，或者你感興趣的是以下工作，或許你可以稍微瀏覽，或直接略過本章：

- 產品資料科學家
- 專注在模型開發或其他分析的資料科學家、應用科學家、MLE 等

本章將介紹模型部署、部署後的模型監控，以及其他端對端 ML 流程和工具。另外，也會簡要地概述更進階的 ML 面試主題：系統設計、對過去專案的技術深入探討以及產品知覺；這是為了讓你了解這些主題，以及在碰到這些主題時做好準備。好消息是，更困難的變形預期只會出現在資深或主任以上的層級，而不會出現在初階層級。

模型部署

我會用「現場即時轉播」來類比部署的模型；在 ML 職位中，這是第 1 章談論的機器學習生命週期中很重要的一個部分。對於專注在 ML 部署職位的面試，很可能會觸及到模型完成部署後的 ML 或軟體基礎架構（有助於模型服務）、ML 假設檢定、監控、模型更新等主題。

這是一種很難透過自學而獲得的 ML 經驗類型，因為將 ML 模型建構成業餘專案的時候，一開始也許不會有使用者測試它們。因此，依照我的經驗，這通常不是業餘專案要優先考慮的事情。

接下來，我會簡要說明模型部署在業界很重要的一些原因，並展示在思想上從模型訓練和開發工作連結到部署工作的方式。

新人剛進入 ML 產業的主要經驗缺口

我剛出道的時候，並不熟悉生產和部署的概念。因此，這一節會納入我第一次接觸到這些概念的情況，並描述我從理論 ML 知識到獨立專案再到完整專案之間，一一填補這些缺口的方式，希望你會覺得這個經歷能引起共鳴而且有所幫助。

我在多倫多大學進修碩士學位期間，為了某些研究專案曾經在 Jupyter Notebooks 上使用過 Python，我以程式方式搜尋和獲得資料，撰寫淨化這些專案的腳本，並且分析資料。在這段期間，我用筆記型電腦計算：直接在筆電的本地環境中安裝

Python 套件，開發期間，因為我是唯一在這台筆電上面作業的人，所以能夠快速地編輯程式碼。除了在筆電上進行本地複製以外，我並沒有備份程式碼，在 ML 模型訓練和分析完成之後，我建置一些視覺化內容，並用 LaTeX 將它們轉成紙本格式，而這就是那個專案的終點，我從此再也沒有執行過這些腳本。

這對於學習環境很適合，但在業界的工作環境就截然不同了。許多 ML 從業者分享他們轉變思維模式的經驗：模型現在需要部署、能夠運行並且能夠輕易的由其他同事修改，而且程式碼需要備份和重新運行；通常是自動的！

生產是一個範圍，具體規模取決於你應徵的公司。對某些團隊來說，ML 主要的可交付成果，也許是在模型完成一次訓練後所產生的一些圖形，這可能類似於在學校或個人專案中的經驗；但對於其他的團隊來說，有趣的是，通常也是更有競爭力的工作，生產可能會伴隨著數百萬使用者對於上線時間和運行的期望；在這些情況下，適用於簡單開發環境的方法，就多半與生產環境不一樣。

我第一份工作開發的 ML 模型，每天必須為數百萬使用者運行。與只有幾千筆紀錄的研究所專案相比，所需要的計算能量有很大差異，我不再能夠用筆記型電腦運行。在這第一份工作中，我必須學會遠端連線到本地雲端運算，並且在虛擬機器上使用程式碼，還必須學會使用版本控制的方法，使程式碼可以備份，並輕易地與同事共享；也必須撰寫測試程式，讓程式碼新的更改可以執行自動測試；這些都不是在學校專案中會做的事，因為在學校我都是用手動測試每個更改。最後，我第一份工作的 ML 模型必須和排程器一起運行，以便它每天至少會生成一次預測；這與在訓練過程後只運行一次就生成全部結果的學校 ML 模型，更有著天壤之別。

分享這一切只是想說，如果在學校就能夠從版本控制，如 Git、GitHub 等合作型專案中獲得一些這種經驗，你就能夠更清晰地談論這方面的技能。如果你沒有機會學習合作型開發，無論想應徵什麼職位，瀏覽本章的內容都會對你有所幫助，讓你能夠自己熟悉在工作上可能需要學習的事情。

我建議現在的應徵者試著使用如 Streamlit（*https://streamlit.io*）這樣的工具，部署一個簡單的 Web 應用程式。過去，我是用本地或像是 Heroku（*https://oreil.ly/D86D9*）之類託管網站上的 Flask，部署我的業餘專案。

資料科學家和 MLE 應該了解這些嗎？

求職者經常提出像是「A 應該了解 Docker 嗎？」、「B 應該了解 Tableau 嗎？」等這類問題，例如：

- 資料科學家應該了解 Kubernetes 嗎？
- MLE 應該了解 ML 演算法背後的數學嗎？
- 資料科學家應該了解 Docker 嗎？

我的回答是：你必須根據自己的情況，在 ML 職業生涯這個特定時間點，為是否應該學習某項技術做出決定，以下是相關做法說明。

先以 Kubernetes 為例。你可能會試著搞清楚是否應該了解它，依照我的見解，凡事都有個先來後到：首先，要了解你應徵職位的必需技能，用第 1 章和第 2 章簡要說明的方法，來了解你感興趣的是機器學習生命週期中的哪個部分，再透過招募啟事，分析你應徵的工作是否需要了解 Kubernetes。如果這個職位不需要，就只專注在準備其他的核心主題，比如說模型訓練和評估等。

如果你的目標職位的確需要有 Kubernetes 經驗或其他類型的部署知識，比如說設定 Jenkins、GitHub 操作和一般的 CI / CD 等，就一定要做些研究，並獲得一些在小型專案上實際操作它們的經驗。

再進一步，仔細閱讀這個主題各種值得信賴的相關來源，並蒐集廣泛的觀點，這些也很重要。

例如，《Designing Machine Learning Systems》（O'Reilly：*https://oreil.ly/j9Obs*）的作者Chip Huyen，在「Why Data Scientists Shouldn't Need to Know Kubernetes」這篇部落格貼文中表示：

> 擁有端到端知識的資料科學專案能夠更快地執行並減少通訊的開銷。不過，只有在有好的工具來抽象出較低層次的基礎架構，以幫助資料科學家專注在實際資料科學，而非檔案配置時，這才有意義[1]。

1 Chip Huyen，「Why Data Scientists Shouldn't Need to Know Kubernetes」（部落格），2021 年 9 月 13 日，*https://oreil.ly/6c35m*。

我也推薦 Eugene Yan 在部落格上的貼文「Unpopular Opinion: Data Scientists Should be More End-to-End[2]」，裡面提到：「我試圖說服（讀者）端到端的能見度、凝聚力，也就是逆轉 Conway 定律，以及所有權會導致更好的結果[3]。」但他補充說，並非一定要「推動資料科學家 / ML 工程師成為全端工程師，並深入了解設定 K8、博士等級的研究、設計前端等」。

這個時候，在查看招募啟示和各種可信意見之後，你可能會決定：「我**現在**還不需要了解 Kubernetes，但它可能**遲早**會對我有所幫助。」

無論你的結論是肯定還是否定，我認為最好的答案是假設在情況改變的時候，可以重新評估答案。就如同所有職業一樣，你了解的技術也必須與時俱進！隨著在職業上的成長，你可能會發現自己處在以下情況之一：

- 進入新創公司，且必須承擔更廣泛的責任
- 想要升職，且在某項事務需要有更多經驗
- 想要轉調到另一個需要有更多某方面經驗的 ML 職位

在這些情況下，你終究還是需要了解這些技術！但這並不表示現在就需要搞懂。因為你可能沒有多少時間準備面試，所以將它當成是受到限制的優化對待。你的精力可能有限，可以用在尋找理想工作的準備時間和研究時間也不多，你應該優先考慮那些能提供最好面試結果的活動。如果這個活動就是學習 Kubernetes，那就專注在它的學習上；如果這個活動是模型訓練，那就先專注在模型訓練上，並在其他工作上善用其餘時間。

端到端機器學習

端到端是用來參考整個工作流程的術語，「端」指的是專案或工作流程的開始和結束。ML 從業者是否應該更加具備端到端知識？這話題已經討論一陣子了，你可能也很好奇是否應該具備端到端知識。為了能聯繫到機器學習生命週期，這個答案是你應該了解生命週期的多個面向（參考圖 1-5），而不只是其中的一部分。

---

2 Eugene Yan，「Unpopular Opinion: Data Scientists Should be More End-to-End」（部落格），2020 年 8 月，*https://oreil.ly/iUnlj*。

3 有關 Conway 定律的更多訊息，請參閱「Conway's Law」，維基百科，2023 年 10 月 2 日更新，*https://oreil.ly/wJIN7*。

在軟體工程中類似的術語是**全端工程師**或**全端開發者**，有時候全端資料科學家、全端 MLE 之類，指的也是那些更需要對端對端 ML 流程負責的職位。

我的回答和「我應該了解嗎？」這個問題類似：研究你工作的職位，看看需要的內容，然後再判斷優先順序以及最有利的情況。

就像 Eugene Yan 在部落格貼文「Unpopular Opinion: Data Scientists Should be More End-to-End」中所寫的，意識到端到端的 ML 流程很有用，但你並不需要成為每件事情的專家。

這是我自己隨著時間推移，而逐漸變得更加具備端到端的經歷，但不是初階層級應徵者就有的經歷。我得到第一份 DS / ML 工作的時候，對於大規模模型部署，或像是 Docker、Kubernetes[4] 這樣的工具並不太了解，也不太清楚資料工程和 SQL。在第一份工作的期間，我在資料工程和 SQL 方面學到更進階的程度，而在 Docker 方面也學到中等程度，但仍然不了解 Kubernetes。

我的第二份工作是在一家新創公司，工作內容要對更多機器學習生命週期負責，因此需要以更高格局的方式，了解更多關於大規模部署模型的事情；在這種情況下，必須惡補這些技術，好更加具備端到端知識，以便進一步將 ML 工作流程連接到應用程式堆疊中非 ML 部分，讓這一切有意義。我在 O'Reilly AI Superstream 的主講：MLOps（*https://oreil.ly/pb83P*），談到成為更加具備端到端知識的好處，也就是了解部署的過程，可以幫助 ML 從業者在完成 ML 專案上會更有效率。

總而言之，我認為更加具備端到端知識對我的職涯有利，不過，這是發生在很多年之後：在我 ML 職業生涯剛開始的時候，其實不了解那麼多，而是一個接一個專案、一個接一個職位地獲得了這些知識。因此，對於需要了解某些技術的主張不必過於擔心，透過查看你最感興趣的職位來評估目前情況，並優先考慮有助於成功通過這些面試的頂級技能。在深入研究之前，也可以從本書這樣的書籍中快速獲得其他技能概略性的陳述；稍後可以再從工作中，或透過持續自學而獲取新技能，就像我一樣。

4 以這個例子來說，並不需要知道運作方式，在本章後面會提供 Docker 和 Kubernetes 的概述，所以不用擔心。

以下各節將陸續介紹雲端環境和本地環境、模型部署技術、雲端提供者以及其他工具。如果你早已經熟悉這些概念，或覺得某些部分現在和你不太相關，都可以隨意略過。當主題變得更相關的時候，再回到本章了解即可。

雲端環境和本地環境

第 4 章談到模型訓練和評估，但對開發環境這方面並沒有詳述。模型會在某個地方訓練，並在在某個地方評估，使用的環境可以是本地機器，像是 MacBook Pro、或雲端虛擬機器（VM）等等。

另外，訓練模型的環境通常和生產環境不一樣。例如，模型可以在 VM 上完成訓練並包裹成 pickle 檔案，然後利用腳本將它複製到一個可能在完全不同 Google 雲端平台（GCP）命名空間中的生產環境，而訓練模型的人，對這個命名空間可能沒有個人存取權限。

不管是在雲端還是在本地作業，都必須注意在模型訓練和部署之間的移轉。模型訓練的工件如何移轉給生產環境？生產流程內容為何？流程中的每個步驟發生在哪裡？甚至是有生產流程嗎？了解建構 ML 工作流程地點的基本類型，有助於精簡、自動化或優化 ML 部署的工作。這方面在面試中通常不會直接提問，但它是面試中其他模型部署主題的重要基礎。

本地環境概述

我一開始從事資料相關工作的時候，在遠端、雲端環境或是提供的雲端 VM 上訓練模型就已經很常見了。不過，有些事情在強大的計算上反而無法運行，但通常卻仍然能夠在本地機器上完成，這視工作地點而定。這些事情包括：

- 連接到遠端資料儲存，並為了特殊的探索性資料分析而在本機上運行 Jupyter Notebook
- 在小資料樣本上進行模型訓練的快速原型，但在遠端運行完整的訓練
- 如果公司的技術堆疊設定為本機運行，則在本機測試 ML 服務

本地機器通常只是一個開發環境，除非是一家在單一機器上運行伺服器的新創公司，但由於停機時間或計算問題，這幾乎不可能。本書不會討論運行單一本地伺服器的情況。

了解開發環境在例如筆記型電腦這樣的本地機器上運行方式非常重要，這樣才能知道將它複製到生產環境中的方法，反之亦然。在 Python 中設定 Docker（*https://oreil.ly/wsewB*，見本章稍後的介紹），和像是 Pipenv（*https://oreil.ly/kIiKf*）、Poetry（*https://oreil.ly/ wPvpO*）之類的依賴關係管理至關重要，這樣在某個人筆記型電腦上運行的東西，就可以在生產環境中，甚至可以在另一個同事的筆記型電腦上運行！

雲端環境概述

雖然「雲端」已經成為使用由第三方管理的遠端伺服器統稱，但對於 ML 以及部署雲端環境不同的方式，還是有一些重要的細微差別。接下來，我會介紹一些開發環境的類型。

公共雲端提供者。 *公共雲端*指的是像 GCP、Amazon 雲端運算服務（AWS）、Microsoft Azure 等這樣供應商的雲端服務，213 頁的「雲端提供者概述」會進一步說明這些服務。就硬體而言，這種服務和來自相同供應商的私有雲端不同之處在於，相同伺服器可以運行來自多個公司的工作負載，也就是說，它們是*多承租戶*的。公共雲端提供者的好處是極為方便的設定，這讓公共雲端成為軟體公司非常熱門的選擇。

以下是使用公共雲端的一些額外考慮：因為大型供應商的巨大資源，使用公共雲端一般而言更為安全，但考量到監督管理等原因，它可能成為最不理想的選擇。轉移到公共雲端的過程可能會造成停機，並干擾日常操作，這可能會極度不方便。如果你準備在小到中型公司的 ML 領域工作，可能會使用公共雲端或私有雲端；但如果你在一個受到高度監督管理行業下的大型公司工作，你可能會使用地端或本地雲端，和 / 或在本地工作。

隨著像是 AWS 等之類的平台崛起，公共雲端變得更受歡迎，促使許多公司將工作負載從地端，即辦公室運行的環境伺服器，轉移到雲端服務。不過，因為監督管理的原因，許多工作流程或資料儲存仍然不能轉移到公共雲端。

地端和私有雲端。 就一些比較大型的企業來說，擁有伺服器並在伺服器上託管地端平台的情形屢見不鮮，我任職過的一家大型電信公司，本身就擁有很多台伺服器。事實上，大型公共雲端提供者使用的許多伺服器，都是租賃自電信公司，或屬於電信公司。私人公司為了使用目的而保留一些伺服器，而且有自己的 GitLab（*https://oreil.ly/Osuho*）實例和其他的服務。許多企業的軟體解決方案也提供附帶企業支援好處的自託管解決方案，這可稱為*地端*（*on-premises*）。

自託管許多服務的原因包括：

- 伺服器為公司所擁有，而且比暴露在公共雲端的相同伺服器更安全。
- 在某些情況下，更容易監督管理，比如說歐盟在資訊隱私上的規定 General Data Protection Regulation（GDPR）。
- 金融服務和法律機構等之類受到高度監督管理的行業，對於資料儲存地，以及公共雲端是否可以用來儲存個人可識別資訊（PII）另有額外要求。

*私有雲端*位於公共雲端和地端 / 本地雲端之間。像是 AWS 之類擁有伺服器的供應商，保證伺服器只為一個企業客戶專用，即單一承租戶[5]，而不會像公共雲端使用共享硬體。公司可能會將包括公共雲端在內的這些技術混合起來使用，在可行度以及成本、便利和法規之間權衡取捨。

如果這個職位不負責評估、設定或自動化部署環境，用於開發 ML 的環境在面試中就不會造成重大影響。當我在本地雲端上工作的時候，會比在私有雲端或公共雲端稍微不方便，這只是我個人意見，但在整體上需要有類似的知識。如果你已經在一種遠端環境上工作過，也就能夠使用另一種遠端環境工作。不過，如果你是 MLOps 平台團隊合適的一員，你可能更需要了解有關你所使用平台的基本運作。

另一方面，也存在一種稱為「雲端回歸[6]」的現象，也就是因為本地雲端的各種好處，讓已經轉移到公共雲端服務的公司，現在正在重新評估並轉移回到本地雲端。依據我的觀察，比較大型的公司有更多頻寬可以自行託管本地雲端的實例，因為他們有更多員工，因此負擔得起由專職員工維持這些本地伺服器，並且可以在事情出錯的時候，和供應商的顧問溝通以排除故障。我任職過的某一間大公司，平台供應商之一是 IBM，在我們本地 IBM 平台實例出現問題的時候，資料科學團隊一位資深成員會打電話給 IBM，並安排一場會議，讓 IBM 能夠協助排除故障。有全天候可用的 IBM 支援人員實在是太好了，但相對的，支援和諮詢成本也很高。

---

5 「Selecting the Right Cloud for Workloads—Differences Between Public, Private, and Hybrid」，Amazon 雲端運算服務，2023 年 10 月 24 日讀取，*https://oreil.ly/KX5FE*。

6 Tytus Kurek，〈What Is Cloud Repatriation?〉，「Ubuntu」（部落格），2023 年 3 月 17 日，*https://oreil.ly/2qcrO*。

小到中型的公司可能會覺得維持本地雲端很麻煩、成本很高而且開銷太大；對於這種類型的公司來說，公共雲端或私有雲端可能仍然是最常見選擇。

模型部署概述

模型完成訓練並準備好之後，現在應該要部署到生產環境了！在不同類型的公司中，這個過程可能會很不一樣。就像我在本章稍早提到的，生產等級各有不同，但目標都是讓模型有效。

以下是一部分的部署範例清單，範圍從最簡單到最複雜的等級[7]：

- 將 ML 模型儲存在某地，並且為專門目的運行，所得到的結果會儲存在本地。
- 將 ML 模型為專門目的儲存和運行，但運行結果會寫入中央單元。
- 將 ML 模型儲存在某地，並自動以批次處理過程運行，而且印出運行結果。
- 將 ML 模型包裹在如 Flask（*https://oreil.ly/QetyX*）之類的簡單 Web 應用程式中，而且這個應用程式會透過 Docker 容器啟動。
- 將 ML 模型包裹在簡單的應用程式中，並經由 Google Cloud Functions（*https://oreil.ly/IEjDe*）或 AWS Lambda（*https://oreil.ly/GRK30*）等呼叫而使用。
- ML 模型在某地提供服務，並藉由 Kubernetes 協作和管理；所有事情幾乎都是自動化的。

……等等。

根據所參加面試的公司以及它傳統的部署模式，對你可能會有不同的期望。如果你是參加一間有成熟技術或 ML 團隊公司的面試，可能會期望你了解前面清單中第 5 和第 6 等級相關的工具。和技術堆疊成熟度相比，公司規模就不是那麼重要的決定因素了；我曾經在一間有 200 位員工的新創公司就職，當時的技術堆疊作用於第 6 等級。

7 從最簡單到最複雜的順序可能取決於實際技術堆疊和使用案例，但為了說明，所以只使用這個清單中的順序。

一般而言，這表示如果你在 ML 中的職位是負責平台、部署和生產生命週期的一部分，而且如果你剛好沒有這些技術和工具上的工作經驗，就需要用更多的時間學習。對於像是在 1-4 等級成熟度較低的 ML 團隊，你可能要盡力的同時兼顧這個職位和 ML 模型的訓練。

當 ML 團隊發展得更為成熟時，由相同的人訓練模型而且建構自動化平台就不再那麼恰當了。同時執行多項事情的個人或團隊，將無法專注在讓 ML 模型有最好表現，尤其是隨著公司的發展，只會需要越來越多的模型。

例如，一間最初只是為庫存建立簡單預測模型的電子商務公司，可能會希望開發模型來推薦它商務通訊中的產品，這間公司可能只想在銷售期間增加一個穩健的模型。或者，也許有詐騙帳戶在利用公司商品隱藏贓款流向，公司中的某個人可能會收到建構詐欺偵測的模型指示。

當 ML 團隊所負責任越來越多時，團隊將會厭倦膠帶式的解決方案，也就是快速且臨時，而希望能夠開始引入一些開發者的開銷，比如說容器化和版本控制。現在的公司通常從初始階段就會開始使用這些技術，但只不過是幾年以前，一些軟體不太成熟的團隊或 ML 團隊，可能都還沒有使用過 Docker，而且令人驚訝的是，截至 2023 年本文撰寫時，有些公司和團隊幾年前才開始正式使用 Git。如今，Docke 和如 Git 的版本控制知識，都可能是比以往更受期待的技能。

Docker 簡介

Docker 將軟體的應用程式和它附屬物件包裹在一起，且成為**可攜的**（*portable*）；也就是說，透過 Docker 容器，相同的軟體應該能夠在任何相容機器上，以相同方式運行。另一方面，在同事系統的 Python 環境上執行相同腳本，可能會運作得很好，但如果環境是不可攜的，那在你筆記型電腦上執行相同腳本，可能就會無法運作。因此，Docker 也用於使環境和它運行的基礎架構無關的目的上。

容器化並不是新鮮事：過去，VM 非常習慣用於解決類似問題，例如，在 Linux 機器上工作的人，想要在 Windows 上測試某些事情，就可以安裝 Windows VM，反之亦然。這樣做的缺點是必須安裝整個作業系統，如果只是要在另一個環境上測試某些事情，這樣有點小題大作；使用 Docker 容器，就不需要安裝整個作業系統，除非有特殊需求。例如，可以有一個指定 Python 環境的 Docker 映像檔[8]；容器使用主機的作業系統，但仍然獨立於 VM 所提供主機的其他部分。

---

8 「Containerize a Python Environment」，Docker 文件，2023 年 10 月 24 日讀取，*https://oreil.ly/fwWoP*。

Docker 映像檔（*Docker image*）是一個具備建立 *Docker* 容器（*Docker container*）指令的唯讀模板[9]。所以映像檔就像一個模具，定義這個模具的指令放置在 *Dockerfile* 內。Docker 容器是映像檔的可執行實例，可以用它執行建立、啟動、停止等動作，你可以從單一個映像檔建立多個相同容器，範例參考圖 6-1。

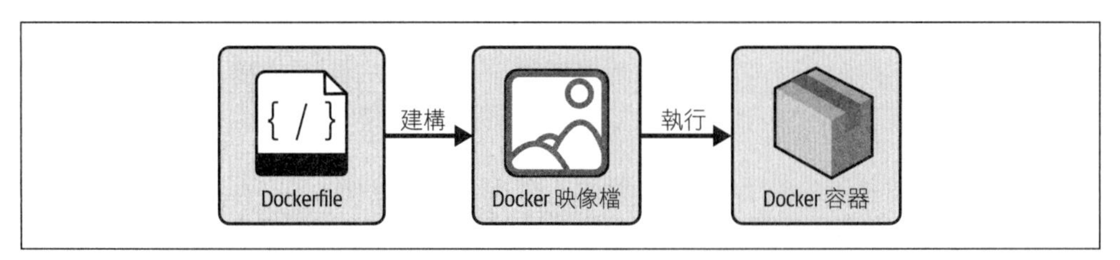

圖 6-1　Dockerfile、Docker 映像檔和 Docker 容器。

> **需要多了解 Docker ？**
>
> 作為一個主要訓練 ML 模型，但也要設定端到端 ML 部署基礎架構的人，在面試過程中，並沒有太多人問我關於 Docker 內部運作的細節。我自認職業生涯早期，最常聽到的重要問題是，是否具備使用 Docker 實用、實踐的知識。因此即使你以前沒有用過它，在其他條件不變之下，光試用，也會讓你比沒有實踐知識的應徵者占得先機。

和 Kubernetes 協作

使用者通常會期望現代 Web 服務有高度的可用性；像是 docker 化等好的實踐，有助於以一種容易可攜的方式打包軟體，這樣可以幫助應用程式在不停機的狀態下發布。不過，這只是問題中的一部分；像 Kubernetes 這樣的技術可以用自動化的方式協作容器化應用程序，在正確位置和正確時間運行。當然，負有 ML 應用程式協作責任的人，需要設定自動化並調整配置和策略[10]，而這個人會是你嗎？

9　「Docker Overview」，Docker 文件，2023 年 10 月 24 日讀取，*https://oreil.ly/JsMan*。

10　「Policies」，Kubernetes 文件，2023 年 5 月 29 日更新，*https://oreil.ly/P37UZ*。

注意，涉及協作的工作職位所負責任，可能會因公司而異；有些公司可能是由 DevOps 工程師維持協作的基礎架構。不過，我在許多比較大型以及更成熟的 ML 組織中都曾經看過，基礎架構工程師、MLOps 工程師和 MLE，都可能至少會負責 ML 應用程式在正常運行時間需求的一部分。

我在本書概述 Docker 和 Kubernetes，但因為篇幅有限，所以沒辦法涵蓋像 DevOps / MLOps 書籍所能關注的眾多內容，以下是我認為很有用的一些補充資源，來自 O'Reilly：

- Brendan Burns 等人所著，《Kubernetes: Up and Running》（*https://oreil.ly/PgXCJ*）。
- Brendan Burns 等人所著，《Kubernetes Best Practices》（*https://oreil.ly/K9HBS*）。

如果這一切對你來說都很陌生，也不必擔心。依據我的經驗，工作環境中能夠學到大部分容器化和協作工具。事實上我認為，到目前為止，我在這個領域大部分的知識，都是在工作期間內，因工作專案上的實踐學習而收獲得來。

需要了解的其他工具

我將在這裡討論一些了解後會有所幫助的其他工具：

ML 管道和平台

如今，有許多 ML 平台可以處理 ML 工作流程自動化的部分，了解它們會很有用。如果在面試前湊巧知道所要參加面試公司的使用平台，務必要查看這個平台的文件網頁，以了解它所提供的常用術語和工具。這些 ML 平台可能包括有 Airflow、MLflow、Kubeflow、Mage 等。

持續整合 / 持續交付

在有更自動化和成熟軟體團隊的組織中，可能需要多了解持續整合、持續交付（CI / CD）的工具和技術。設定好這些工具之後，在新提交的內容合併到主分支時，可以自動部署軟體，這是一個為了解而簡化的例子。當更新一直都需要靠手動來刷新的時候，這樣做可以減少大量手動工作；對於自動更新原始程式碼、建立軟體建構[11]、測試和部署的範例，可以參考圖 6-2。一些與版本控制結合的 CI/CD 工具，可能有 Jenkins、GitHub actions 和 GitLab CI/CD。

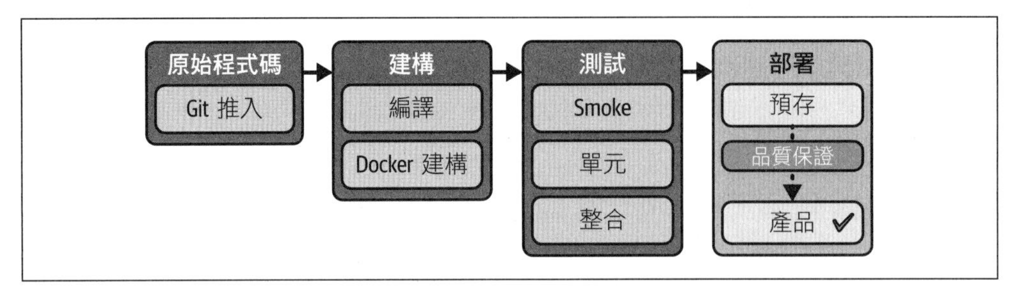

圖 6-2　程式碼變更之後用 CI / CD 自動化的範例流程圖；來源：「CI / CD Pipeline: A Gentle Introduction」，Marko Anastasov，Semaphore（*https://oreil.ly/SUkIQ*）。

設備上機器學習

在 ML 中也有一些與設備上部署或邊緣部署相關的特定領域。類似量化[12]這樣的技術能夠讓 ML 模型變得更小、更有效率，以便在行動裝置、物聯網設備和其他類型的邊緣設備上運行；這在涉及到部署的時候需要更多額外考量，是一個更為進階的主題，因此如果在面試時需要有這方面的認知，我鼓勵你補足相關知識。

可以透過以下資源多了解一些關於設備上 ML 的資訊：

- Google 提供開發者的「On-Device Machine Learning」（*https://oreil.ly/n4riR*）
- Laurence Moroney 所著，《從機器學習到人工智慧》（*https://oreil.ly/HvZtW*）（歐萊禮）
- Pete Warden 和 Nupur Garg 的報告「TensorFlow Lite: Solution for Running ML On-Device」（*https://oreil.ly/bk4dZ/*）（Google）

11　將原始程式碼檔案轉換成獨立的軟體工件，通常會稱為軟體建構，或簡稱為建構。

12　「量化」，Hugging Face，2023 年 10 月 24 日讀取，*https://oreil.ly/L-RAZ*。

專注在模型訓練的職位面試

即使你主要是應徵執行 ML 模型訓練的職位，也不要低估這些概略性知識在面試中可能會有的幫助。因為在 ML 訓練領域中有許多知識淵博的應徵者，所以在模型部署的實踐和跨團隊合作上有更多知識或經驗，可能就成為決勝因素。不過，如果你的職位不那麼重視 ML 操作，還是應該以第 3 章和第 4 章的核心 ML 訓練能力為重點。

有一件關於我的小事情，在成功得到工作邀約之餘，我也得到一些面試官的回饋訊息，他們對我將 ML 訓練連接到部署過程的方式印象深刻。例如，在面試中我提到優化 ML 輸入的方法，以確保 ML 模型仍然可以快速運行以滿足生產要求。留意端到端過程的應徵者，可以縮短從 ML 模型原型，到將模型整合到公司產品，比如購物網站上的 RecSys 所耗費的時間。

因此，不要將 ML 模型當成純粹的好奇專案，在運行時會使用盡可能多的資料，而且需要很長的迭代時間或是不會除錯，就業界來說，這方面對應徵者很重要；這在整個模型只在很短時間區間中運行的研究，或以研究為基礎的專案上，能發揮得很好。但在生產中，停機或錯誤可能會造成營收或使用者信任的損失，因此刪除一些事情並確保對相關腳本除錯很重要。

闡述我在這方面的觀點和經驗，是我之所以和那些對 ML 模型下游可用性似乎不負任何責任的應徵者不同之處。

面試會因組織的成熟度有很大差異

對於每個職位，團隊成熟度和組織規模會高度影響這工作日常所負的責任（參考圖 1-3），轉而影響面試問題的結構。

設想以下情境：你應徵兩個 MLE 職位，一個是在大型組織中，而另一個是正成立新 ML 團隊的中型組織中。

大型組織可能早已經設置所有的 CI / CD，而且所有自動化、版本控制、容器化和協作都已經完成，所以對 MLE 的招募重心會放在維持和優化。因此，面試問題可能會更專注於是否了解常見的瓶頸，以及解決這些瓶頸的方法。

至於剛成立 ML 團隊的中型組織，日常職位可能與設置自動化系統本身更為相關，所以會問你許多在從頭開始設定某些事情的環境中工作等方面問題。

模型監控

模型訓練過之後，即經由第 4 章中概述的過程，仍然必須將模型部署到生產中。但是在這之前，決定並設定監控很重要，這樣才可以盡早偵測到生產中模型的問題。例如，如果模型不斷地拒絕貸款申請人，就需要請 ML 團隊中的某個人調查原因，並可能將這原因提供給業務或產品團隊。其他要設定的監控類型可能還包括資料管道有故障的時候發出警報等。

本節將介紹監控常用的設置，像是儀表板和資料品質檢查等；也將介紹專用於 ML 相關的監控，像是準確度相關的指標。

不具備將 ML 模型部署到生產經驗的工作應徵者，可以藉由部署一些簡單的 Web 應用程式來模仿這些經驗，如本章之前所提。

監控的設置

一旦 ML 模型處於生產中，以下是一些監控它的常用方法。

儀表板

通常是監控的第一步。你可能還沒有自動的資料品質檢查，但我見過的許多公司，至少會有某些種類的儀表板監控 ML 預測。

為 ML 監控建立儀表板的時候，以下是一些重要的考量：

保持視覺化，盡可能簡單

　如果視覺化太複雜，相關人員就會停止查看，而讓建立的目的落空。

讓標示盡可能的清晰

我過去共事過和指導過的團隊成員都知道，如果任何視覺化中的標示不存在或不清晰，我會在程式碼審查中提到它們的重要性；尤其別忘了座標軸標示。

有效展示模式

有時候預設的比例不足以完整顯示差異或幅度；例如，有時候圖形會變得非常狹窄，可以使用對數轉換，讓圖形有更好的可讀性。

這些重點部分要早早確定下來，不能等到面試時才確定。例如，面試官可能會想要看看你在履歷表上連結的 GitHub 作品集，若是作品集上的儀表板或圖形非常不清楚而且缺少座標軸標示，就會在面試之前就讓人留下負面印象。

就實作而論，以下是一些視覺化和監控常用的工具：

- Custom dashboards: Seaborn（*https://oreil.ly/m-0-g*）、Plotly（*https://plotly.com*）、Matplotlib（*https://oreil.ly/s2smF*）和 Bokeh（*http://bokeh.org*）
- End-to-end platforms: Amazon SageMaker dashboards（*https://oreil.ly/zuL3R*）和 Google 的 Vertex AI monitoring（*https://oreil.ly/GEIlI*）
- 其他商業智慧（BI）工具：Microsoft Power BI（*https://oreil.ly/dSwsq*）、Tableau（*https://oreil.ly/xPRW6*）和 Looker（*https://oreil.ly/Xokd6*）

資料品質檢查

因為儀表板要手動地檢查，所以可能會想要增加自動檢查以節省時間，並確保準確度；這些檢查可能包括在傳入資料中檢查遺漏值，或甚至是檢查在資料中的分布漂移。

用於資料檢查或資料單元測試的工具有：

- Great Expectations（*https://oreil.ly/OvPXL*）（參考圖 6-3）
- deequ（*https://oreil.ly/zIGqn*）
- dbt（*https://oreil.ly/WROHG*）（管道也可以包含測試）

Great Expectations 的內建函式庫包含了超過 50 個常用的 Expectations，像是：

- `expect_column_values_to_not_be_null`
- `expect_column_values_to_match_regex`
- `expect_column_values_to_be_unique`
- `expect_column_values_to_match_strftime_format`
- `expect_table_row_count_to_be_between`
- `expect_column_median_to_be_between`

關於可用的 Expectation 完整清單，請查看 Expectations Gallery

圖 6-3 Great Expectations 的 Expectation 螢幕截圖，這些 Expectations 可用以測試資料是否符合特定的要求。

警報

在設置對資料品質下降或變化的自動偵測後，就可以開始設定警報了。警報策略包括警報邏輯，像是如果資料欄的開頭有太多 Null 值，就通知這個 Slack 頻道。圖 6-4 顯示透過 Great Expectations（*https://oreil.ly/UV9ey*）出現在 Slack 上的測試範例。

5:05 PM **批次驗證狀態**：成功

Expectation 套件名稱 `ee`

運行 ID `{
"run_name": "20200812T000517.367640Z",
"run_time": "2020-08-12T00:05:17.367640+00:00"
}`

批次 ID `e29caf5f5bacebd029a2dd6105923ea8`

概述：14 個期望中有 14 項符合

DataDocs 可以在這裡找到：

`file:///Users/work/Development/GE_sandbox/great_expectations/uncommitted/data_docs/local_site/validations/ee/20200812T000517.367640Z/20200812T000517.367640Z/e29caf5f5bacebd029a2dd6105923ea8.html`

（請複製連結並貼到瀏覽器上查看）

在 Data Docs 上了解如何驗證結果

https://docs.greatexpectations.io/en/latest/tutorials/getting_started/set_up_data_docs.html#_getting_started__set_up_data_docs

圖 6-4 Great Expectations 網站：Slack 通知範例的螢幕截圖；來源：Great Expectations 文件（*https://oreil.ly/7Nozg*）。

ML 相關的監控指標

前文曾討論整體監控的設置和資料監控，現在將深入研究衡量模型性能本身，或模型的輸出和預測指標。在面試中經常會問到這方面的問題，以確定你處理模型性能的改變方式。以下是所用指標的一些類別：

準確度相關的指標

可以監控和追蹤準確度相關的指標，儘管這可能會需要完成整個回饋的循環。例如，在流失預測模型中，你可能預測一個使用者將在一個月以內流失；一個月之後，你檢查這個預測的正確性，並對這個月的所有預測做出相同檢查。如果模型的準確度比預期低，它就會成為需要探討的事情。

預測相關的指標

模型反應速度必須快於回饋循環速度，在這件事很重要的情況下，也可以監控預測指標。例如，可以事先決定閾值，如果模型開始預測出異常大量的詐欺警報，就要探討是否有任何事情改變了。由於你在前一個步驟已經設定資料品質檢查，因此這可能會是一個很好的起點。換句話說，用模型輸出作為警報，並透過輸入或其他因素，像是最近正在流行的事或銷售量等探討，來排除故障。

面試技巧：不要只重視模型上的指標

如本節一開始所提到，ML 模型的目的在於改善產品本身，無論是客戶滿意度還是客戶維持率等相關事項。有時候，ML 最高的準確度可能會得到不正確的結果，例如，RecSys 可能會準確地預測點擊次數，但結果發現它所推薦的內容是點擊誘餌或甚至是非法的，如果不能迅速地發現這種行為並調整或更換模型，就會造成使用者滿意度和信任度都下降的後果。

雲端提供者概述

本節將提供三大雲端提供者的概述。在 ML 面試中，只要你知道這些提供者的運作方式，就算沒有實際經驗也不會有什麼太大的影響。舉個例子，我第一份工作是使用本地雲端，第二份工作主要用的是 GCP，有這種經驗很好，因為它證明我有能力使用遠端機器；第三份工作要混雜的使用 AWS 和 GCP，而且雇主一點也不介意我到目前為止只用過 GCP，且對 Azure 只有少許接觸。

一旦你習慣了主要組件，這三大雲端提供者基本上都有等效的功能性，我自己仍然經常會在 Google 上搜尋「GCP [術語] 在 AWS 上的等效項」之類的內容，其中 [術語] 可能是像服務帳戶（*https://oreil.ly/cAi6q*）之類的東西，因為它們在 AWS 中另有其他名稱，不過也可以簡單的稱為 IAM 角色（*https://oreil.ly/f5hTc*）。

當然，雇主可能會希望應徵者不需要花太多在職訓練的時間，就能參與工作並適應新的技術，就這麼簡單；在這些情況下，可能就會優先考慮有公司所使用平台經驗的應徵者。我認為這些情況已經超出了應徵者的控制和認知，如果你覺得這就是自己無法得到這份工作的原因，請不用為此感到過於沮喪。

雲端服務的名稱可能會隨著時間而改變

比專門的工具名稱更重要的是知道工具用途。本文撰寫時，我曾試著納入最著名的雲端服務，但因為經常會加進新的東西，所以我鼓勵你瀏覽每個服務概略性的首頁，去看看有什麼新鮮事。例如，Google Cloud Run 在 2019 年才提供使用[13]，而 Vertex AI 則在 2021 年才發布[14]；總是會建構出更多的工具！

GCP

GCP（Google 雲端平台）是 Google 的雲端產品；依據我在多個工作場所的使用經驗，我的看法是它非常好上手。我在資料科學 / ML 工作流程中看過的主要工具如下，當然這並非是完整的清單：

13 〈Announcing Cloud Run, the Newest Member of Our Serverless Stack〉，「Google Cloud」（部落格），2019 年 4 月 9 日，*https://oreil.ly/f5hTc*。

14 Craig Wiley，〈Google Cloud Unveils Vertex AI, One Platform, Every ML Tool You Need〉，「Google Cloud」（部落格），2021 年 5 月 18 日，*https://oreil.ly/hfL1h*。

Google Colab（*https://oreil.ly/TH4I6*）

這是用於建立、託管和共享 Jupyter Notebook 的熱門解決方案，可用於研發、探索性資料分析和模型訓練。

Google Cloud Storage（*GCS*）（*https://oreil.ly/36cYD*）和存儲桶

用來儲存模型訓練的一些輸入和輸出。

Google Cloud 資料庫（*https://oreil.ly/XKsAe*）

包括了 Cloud SQL、BigQuery、Bigtable、Firestore 等，這些是分析性的資料庫，有時候會以批量 ML 的特徵存儲。

Google Kubernetes Engine（*GKE*）（*https://oreil.ly/C4WyB*）

對於較大規模的操作，這個工具利用 Kubernetes 協作 ML 的部署，像是在需要更多運算資源時候的自動縮放。

Kubeflow on Google Cloud（*https://oreil.ly/MU_jW*）

可以在 GCP 上執行的模型管理工具，像是 Kubeflow、MLflow 等。

Vertex AI（*https://oreil.ly/YGf0I*）

本文撰寫時，它的功能正在更新和改變，但目的仍然是成為端到端 ML 的解決方案。

當然，不同的 ML 公司，可能會將不同工具混合和搭配使用，因為歸根究柢，這些組件都只是達到目的的一種手段。像我之前所說的，不需要每一個都了解；我提到其中的這些工具，只是為了幫助你識別出一般名稱，而且說得出它的用途。

依據我的經驗，要在 Google 技術堆疊上開始使用 ML，可以使用 Google Colab 非常好用的免費方案；然後，可以在每個月固定額度下使用 GCP 的免費方案（*https://oreil.ly/PAhx9*）。除此之外，Cloud Billing 信用額度（*https://oreil.ly/wnTr1*）還有高達 300 美元的免費試用；但這是本文撰寫時的可用額度。

Google 也提供免費和付費的混合 ML 課程，本文撰寫時的基礎課程網頁為：*https://oreil.ly/KGEZn*，另有 Machine LearningEngineer Learning Path（*https://oreil.ly/SVQZ2*），還有 Google Cloud Skills Boost（*https://oreil.ly/mkFKt*）：透過 Qwiklabs，提供對 GCP 的視訊講座和手動練習訓練服務。

AWS

由 Amazon 所擁有的 Amazon 雲端運算服務（AWS）是另一個非常熱門的雲端平台，它有一系列與 ML 相關的功能和服務，以下是部分清單：

Amazon Simple Storage Service（*S3*）（*https://oreil.ly/XaWmX*）
: 可用於儲存模型訓練的一些輸入和輸出儲存解決方案。

Amazon Elastic Kubernetes Service（*EKS*）（*https://oreil.ly/kwSLG*）
: 為協作 ML 部署而全面受到管理的 Kubernetes，例如在需要更多運算資源時候的自動縮放。

Amazon EC2（*https://oreil.ly/oNArn*）
: 在 AWS 上用來配置 VM 的運算層。

Amazon SageMaker（*https://oreil.ly/i-BAn*）
: 受管理的 ML 平台、模型儲存和特徵儲存，包括模型版本控制（*https://oreil.ly/Ydcvj*）、模型監控儀表板（*https://oreil.ly/8YnQA*）等。

AWS 也有提供免費方案（*https://oreil.ly/Q8OOr*），至少本文撰寫時仍然如此；另提供有官方免費課程指導平台的使用方式[15]。截至本文撰寫時，AWS Machine Learning Learning Plan（*https://oreil.ly/rinPk*）也是免費的；我建議先快速瀏覽官方免費課程，因為它們通常比較短，而且側重在提供者自己認為應該學習的最重要部分。

微軟的 Azure

以下是 Microsoft 雲端平台 Azure 上 ML 工具的部分清單：

Azure Blob Storage（*https://oreil.ly/b8jnH*）
: 可用來儲存模型訓練一些輸入和輸出的儲存方案

15 對於免費和付費課程的概述，可參考「Cloud Roles--Skill Builder」，AWS Training and Certification，2023 年 10 月 24 日讀取，*https://oreil.ly/f9jH-*。

Azure Virtual Machines（*https://oreil.ly/UrntN*）

在 Microsoft Azure 上的運算層

Azure Machine Learning（*https://oreil.ly/ci02E*）

ML 生命週期的端對端平台

想上手，可以用 Azure 所提供的免費服務（*https://oreil.ly/48cUE*）；Azure 在 Machine Learning for Data Scientists 網頁（*https://oreil.ly/LVJ_s*）也提供 ML 訓練的官方免費課程。

開發者面試最佳實踐

在面試過程中，有必要了解應徵者在適當軟體環境中是否有工作經驗。對於初階層級的應徵者，我期望他們能夠接受訓練和輔導以使用之前從未接觸過的工具；但我看過很多剛從學校畢業的人，已經使用過像 Git 這樣的工具，而且在學校作業或合作實習中也了解了程式碼審查的過程。所以應該實事求是地說，外界的競爭相當激烈；即使是在合作 / 實習生的等級，我也面試並指導過許多應徵者，例如來自我母校 Waterloo 大學的學生，他們早已經具備本節所描述，等同於全職人員一般開發者工具的使用經驗。

本節不只是能幫助那些聚焦於模型部署的人，任何從事 ML 工作的人都可受益。

版本控制

應徵 ML 職位的任何工作，都應該要有一些使用版本控制的經驗。版本控制最常見的是用 Git（*https://git-scm.com*）完成，公司通常會使用 GitHub（*https://github.com*）或 GitLab（*https://oreil.ly/coJq7*）之類支援 Git 版本控制的線上平台。版本控制的目的是追蹤程式碼的變更、回溯（重置）到程式碼之前的版本，而且能夠輕易地和其他團隊成員通力合作。當只有你一個人在程式碼庫上工作，例如個人專案的時候，可能看不到這一點，只使用複製和貼上來備份程式碼就可以了。但是，當涉及到兩個人以上從事於任何更大的程式碼庫時，就該使用版本控制，為自己省下不少麻煩。

以我個人的觀點來看，花一點時間事先設定版本控制，就會得到加倍的回報；如果沒有版本控制，你可能會浪費數百個小時，嘗試著在多人之間傳遞程式碼，或者在程式碼損壞，而且沒辦法恢復到過去能夠運作版本時令人驚慌失措；光是想到這些就會讓我毛骨悚然。

如何自學版本控制？

如果你想在工作以外獲得版本控制的經驗，可以藉由將一些程式碼放到 GitHub 或 GitLab 上開始。但不要在初始程式碼上載後就停止；嘗試學習使用 git-branch、git-commit 等做一些更改；也可以從使用 gittutorial[16] 中的指令開始。在我過去學習 Git 的經驗中，實際動手執行命令能學到最多。最初對這些命令感到很困惑是正常的，即使不確定也不要害怕嘗試，只不過為了以防萬一，還是應該善用複製和貼上局部的備份程式碼。如果你擔心弄亂學校或工作中正在使用的程式碼庫，可以建立一個測試庫，在那裡就可以隨意弄亂並依你想要的測試命令。

依賴關係管理

對於要求應徵者具備強大軟體開發技能的 ML 職位，依賴關係管理可能是面試期間討論的主題。在開發中，使用某種工具達成可移植性是最佳的實踐，但這必須在更細緻的專案層級上進行，可以像是用 Poetry（*https://oreil.ly/nyt4A*）或 Pipenv（*https://oreil.ly/Ev5kg*）來設定 Python 依賴關係管理一樣簡單。

這個清單並不完整，但它顯示你應該牢記程式碼可移植性，並作為團隊般的合作來交付軟體 / ML 解決方案。了解依賴關係管理最佳實踐和本章稍早的「Docker」部分相關，有助於顯示應徵者可以很輕易地融入到團隊共同的軟體開發工作流程中。

16 「gittutorial--A Tutorial Introduction to Git」，Git，2023 年 10 月 24 日讀取，*https://oreil.ly/C7KCS*。

程式碼審查

當你在工作中更改生產環境的程式碼時，通常會有一個審查的過程，在這個過程中，其他團隊成員可以提供回饋意見給你。你需要證明程式碼能夠如預期般的運作，而且不會破壞任何事情；測試就是這方面的常用方法。

對於剛進入這個行業或剛從學校畢業的人而言，不太可能經歷過程式碼審查的過程，面試時，這也不是很重要的事，但在行為面試中可能會測試的一件事，是應徵者能不能夠虛心地採納回饋意見，以避免應徵者加入團隊之後可能出現的衝突，而且這也是程式碼審查的一部分；能夠虛心地採納有建設性的回饋意見，而不認為是針對個人的人，會比較容易和其他人合作。深入談論程式碼審查中提供和採納回饋意見的方法，已超出本書範圍，我只是想提醒你，有些面試問題是特地設計來深入探討你在程式碼審查中可能會有的反應，這是 ML / 軟體工作流程很常見的一部分。想進一步了解，可從 Chromium Docs 中的「Respectful Changes」網頁（*https://oreil.ly/w21h1*），和 Google 的 Engineering Practices Documentation（*https://oreil.ly/bgso7*）中的「How to Write Code Review Comments」部分（*https://oreil.ly/ 0xQBP*）切入，會很有幫助。

舉一個帶點警告意味的例子，我曾經見過應徵者在面試時，感受到詰問，或覺得犯錯、遭受誤解等情況的時候，就顯現出不合作，甚至有些挑釁防禦的回應；最近，我還聽說有應徵者回答問題時因為表現不好，而在之後發郵件進一步批評面試官和汙衊公司的事。如果應徵者對於標準化、實施良好且展現專業的一個小時面試，都會有類似這樣的反應，他們對程式碼審查又會如何反應呢？而那些連一個小時互動都無法好好處理的人，同事又要如何日復一日的與之共事？又會有什麼感覺？毫無疑問，這樣的人面試時會直接遭到拒絕。

測試

在許多編碼團隊中，最佳的實踐就是為程式碼撰寫測試程式。在 Python 中，可以用像是 pytest（*https://oreil.ly/pv2TP*）和 unittest（PyUnit）等套件測試程式碼；你了解哪一種都沒關係，可以在 Pytest with Eric 部落格[17]上看到詳細的比較。

---

17 Eric Sales De Andrade，〈Pytest vs Unittest（Honest Review of the Two Most Popular Python Testing Frameworks）〉，「Pytest with Eric」（部落格），2023 年 10 月 24 日更新，*https://oreil.ly/rYCOR*。

在許多編碼面試中，都有一個為程式碼提供測試的隱藏要求，即使沒有包含在說明中，也可能會有這種情況。例如，我在 HackerRank 或 CoderPad 上參加的現場編碼面試就包含測試，但面試說明中並沒有提到這一點，而且我還參加過期望應徵者積極主動地增加測試的帶回家編碼練習。

為了保險起見，要在編碼面試期間提到一些測試案例。面試官通常會期望你至少提到測試案例，如果在面試期間測試案例超出完整程式碼的範圍，他們會告訴你；如果這是個帶回家的練習，我強烈建議為這個練習撰寫一些測試。

站在面試官這邊，我也會期望面試者徵詢他們是否應該添加測試程式，或直接主動添加測試程式；一些採用和軟體工程師有相同面試方向的面試官，甚至會期望面試者使用測試驅動開發（TDD）[18]，儘管我發現這種現象比較少見。如果面試官期望一些像是 TDD 之類的具體東西，應該會在面試的簡介中提到。

以下可用來了解更多關於為 ML 工作流程撰寫測試的資源：

- Sergios Karagiannakos 撰寫的「How to Unit Test Deep Learning: Tests in TensorFlow, Mocking and Test Coverage」（*https://oreil.ly/PBBge*）
- Anthony Shaw 撰寫的「Getting Started with Testing in Python」（*https://oreil.ly/tfkuh*）

其他技術面試的組成部分

如同圖 1-1 所示，還有其他面試類型，通常這些更進階的組成部分，會在 ML、編碼、訓練、部署等，即到目前為止第 3、4、5 章及本章介紹過的內容，各種不同組合上評估應徵者。

你可能經常聽到的其他類型有：

- 機器學習系統設計面試
- 技術深入探討面試

18 「Test-Driven Development」，維基百科，2023 年 8 月 27 日更新，*https://oreil.ly/i5tPU*。

- 帶回家的練習
- 產品知覺

我將簡要一一說明這些面試類型，以便你清楚知道準備方式。在我尋求初階層級職位的時候，不需要準備這些類型的面試，因為有 ML 理論和編碼就足夠了。但是，當我進展到資深和主任以上的職位，就會遇到越來越多的進階面試。每間公司可能只要求這些類型中的一部分或完全不用，所以面試中會遇到不同情況。例如，Meta 不只是會問「資深」層級應徵者系統設計的問題，也會問 MLE 的應徵者。

機器學習系統設計面試

ML 系統設計面試和問題，會經常要求在假設場景中設計一些東西，這可能包括從頭開始設計一個全新系統，或假設設計一個已知系統的方式。範例包括：

- 「假設你是一家電子商務公司 ML 團隊的一員，這個團隊的目的是用 ML 提高客戶保持率；請詳細說明你最初的方法，以及如何實現這個目的？」
- 「你要如何在 Google 地圖上引入基於 ML 的餐廳推薦？」
- 「我們公司開發中的網路遊戲使用強化學習改善玩家體驗，要如何設計這樣的系統？」

ML 系統設計問題通常是開放式的，和面試官之間會有很多來來回回問答，他們會提出他們認為有趣的後續問題。ML 系統設計問題可能會因為以下原因而非常具有挑戰性：

可能沒有 100% 正確的答案

因為問題通常是假設場景，所以本身也可能會即時改變。例如作為應徵者，我可能會請教面試官：「這個 ML 系統預期有多少日常使用者？」相同的問題，面試官在設計之初可能沒有定義這個場景的所有參數，而是當場編造出似是而非的數字，ML 系統設計過程中所做的許多事情可能都只是估計和粗略的數學計算，而且通常沒有所謂正確工具可供選擇；例如某些場景可以使用 XGBoost 或 CatBoost 等等。

ML 系統設計問題在各個公司、團隊和面試官之間會有很大變異

你的表現在很大程度上不只是取決於初始設計，也取決於可能朝任何方向開放式問題回答的方式。面試官可能對於你處理 ML 推理的速度感到好奇，你可以就這個主題多花 5 分鐘解釋。或者，他們可能會隨機問到訓練模型之前確保有高品質資料的方式，將這些當成是即興表演，能夠用來調整你和面試官之間的對話。

幫自己一個忙，檢查招募啟事，看看你應該專注的面向。即使在系統設計問題要求你設計端到端 ML 專案的情況下，也可以在面試期間投入更多時間專注在這個職位的核心競爭力上面。如果你參加的是訓練和評估 ML 模型資料科學家職位面試，那應該要在這方面說得更加詳細，而不用在部署上著墨太多；但是，如果是端到端系統的問題，就不能忽略 ML 系統的其他面向；如果你參加的面試是專注在部署的 MLE 職位，在這方面就要花多一點時間，而不要陷入與資料工程有關的困境中。如果有疑問，就請教面試官你是否專注在正確的事情上，以及是否有任何他們想要更深入探討的主題。

> 關於想要得到的答案，會取決於面試官而可能有不同的想法。有些面試官可能會希望你從談論資料，和可用的具體功能，如連續或分類的這些開始；而其他面試官可能就不會如此重視這些細節。作為面試者，和面試官確認他們想要的細節程度很重要。
>
> — Serena McDonnell，前 Shopify 首席資料科學家

本書已經討論過的 ML 演算法、ML 評估、ML 部署和編碼面試等資訊，可在此建構並結合，因此這裡不會提供其他範例。對於初階層級的職位，如果有系統設計問題，重點也是在前面幾章介紹過的技能上；最進階的系統設計問題大多是保留給更資深和主任以上的職位。

為了更深入這個主題，我推薦以下的資源：

- Patrick Halina 撰寫的「ML Systems Design Interview Guide」（*https://oreil.ly/QuMZw*）
- Ali Aminian 和 Alex Xu 所著，《Machine Learning System Design Interview》（ByteByteGo）

- 在 YouTube 上搜尋有關 ML 系統設計面試範例的視訊，以下範例就還不錯：Interviewing.io 的「Harmful Content Removal: Machine Learning（System Design）Staff Level Mentorship」（*https://oreil.ly/RsjeE*）。（針對 L7 主任職位。）

在 Meta 的 ML 系統設計面試

在 Meta，範例問題包括「設計人性化新聞排名系統」、「設計產品推薦系統」等。就像你能從以下細目看到的，Meta 尋求的是融會貫通本書所討論技能，而不只是其中一小部分。

面試官從應徵者那裡尋找的徵兆包括：

問題導航
: 應徵者是否能夠組織整個問題？Meta 的面試準備指引強調，應徵者應該將問題連結到業務的背景。（參考第 4 章和 226 頁的「產品知覺」部分。）

訓練資料
: 如何蒐集訓練資料並評估風險？（參考第 4 章。）

特徵工程
: 如何為 ML 工作提出相關的特徵？（參考第 4 章。）

建模
: 如何證明選擇特定模型是正確的？說明訓練過程，並說明風險，以及如何降低這些風險。（參考第 3 章和第 4 章。）

評估與部署
: 如何評估和部署這個模型？如何證明監控哪些指標是正確的？（參考第 4 章和第 6 章。）

你可以在 Meta 的軟體工程師 ML 完整面試過程的準備指引（*https://oreil.ly/MbOLH*）中，閱讀 Meta 官方資源，可以在 Meta 的求職網站（*https://oreil.ly/TkJnp*）上找到該指引。

在 Meta 的面試準備指引中，反覆提到期望應徵者能夠為他們所建議的 ML 設計，提出潛在風險和降低的方法，這對所有 ML 面試來說，都是個很有用的思維模式，而且代表的是更有效率和深思熟慮的 ML 從業者。對於可能風險討論的一個有效且重要改善方法是，多讀 AI 偏見的相關資訊，因為它們是風險中很重要的一部分。Timnit Gebru 和 Joy Buolamwini 的研究是很好的資源；例如，他們研究了性別及透過膚色分類的種族上，ML 演算法準確度的差異（*https://oreil.ly/db8Iq*）[19]。Meta 自己在 AI 公正性和透明度上的進展及學習部落格中，也提到各種風險和降低方法[20]。Meta 的努力包括建立更多資料集，來「幫助研究人員評估他們的電腦視覺和音訊模型，在不同年齡層、性別、膚色和環境照明條件下的準確度。」

技術深入探討面試

技術深入探討問題，讓你能夠回顧過去從頭開始**設計和建構**的事情，討論在這個過程中曾經遇到的權衡取捨和挑戰，以及解決辦法。我經常看到這類型的問題被歸類到與過去專案相關的行為問題下；例如，Shopify 在技術面試過程中，就非常強調技術深入探討（*https://oreil.ly/c_F8P*）[21]。

有很多公司會有這類型的面試，名稱百百種：案例研究面試（和諮詢類型的案例研究不同）、逆向系統設計、回顧性系統設計等諸如此類的名稱。本書藉用 Shopify 的名稱「技術深入探討」，來參照這類面試及其問題。

根據面試階段和不同的面試官，回答這類型的問題，通常會需要比行為面試有更多技術上的說明，和更深入的探討，而且它具有系統設計所具備的深度和截擊性。不過，它與一般的系統設計問題**不同**，線上有大量準備材料，因為這些問題

19 Joy Buolamwini 和 Timnit Gebru，〈Gender Shades: Intersectional Accuracy Disparities in Commercial Gender Classification〉，《Proceedings of the First Conference on Fairness, Accountability and Transparency》81（2018），77-91，*https://oreil.ly/spsb7*。

20 〈Meta's Progress and Learnings in AI Fairness and Transparency〉，「Meta」（部落格），2023 年 1 月 11 日，*https://oreil.ly/AOwku*。

21 Ashley Sawatsky，〈Shopify's Technical Interview Process: What to Expect and How to Prepare〉，「Shopify Engineering」（部落格），2022 年 7 月 7 日，*https://oreil.ly/QaUfA*。

重視的是假設性情況，而不是之前工作或專案中實際建構過的事情。說來有趣，當我越資深，得到的技術深入探討變形問題就越多。

> **來自面試官觀點的技巧**
>
> 在回答技術深入探討問題的時候，需要記住以下重要事項：
>
> 證明並了解系統中的權衡取捨。
>
> 為什麼要選擇 BERT-cased 而不是 BERT-uncased？為什麼要選擇基本的 Q- 學習演算法而不是深度 Q- 網路（DQN），或反過來？提出你在這期間運行的分析或基準，而且準備好以此證明你過去的選擇是正確的。
>
> 深入了解你所負責的主要組件。
>
> 如果你負責訓練模型，要準備好回答這些演算法在內部運作，甚至是數學基礎上的問題。例如，曾經問過我的問題有矩陣分解如何運作，這是因為我的專案在協同過濾背景下，使用矩陣分解。如果你負責部署基礎架構，像是任職於 MLE 的職位，就要準備好回答 Ops 方面更多細節的問題。

帶回家練習的技巧

有時候，公司會提供讓應徵者在家做的練習或評估。這些可能會自動評分，應徵者可能通過也可能失敗；也有一些開放式帶回家練習，目的不只是單獨用練習來判定應徵者通過與否，而是將練習結合面試的討論，讓應徵者向面試官說明他的解決方案。

前幾章提供的 ML 演算法和編碼技巧仍然適用：

- 確保你不只可以說明演算法，也可以說明權衡取捨，以及決定使用這種方法的原因和辦法。
- 用程式碼中的文件字串，和在面試期間的口述方式，清楚地向面試官說明你的思維過程。
- 撰寫測試！

產品知覺

在資料科學和 ML 面試中，尤其是大型科技公司，一個不說破的要求是應徵者應該具備一些「產品知覺」；這是一些公司用來描述求職者是否實際了解 ML 有益於公司產品辦法的統稱。

談到 ML 產品以及對公司產品的研究時，就可以顯示出產品知覺。了解 ML 的常見產品目標非常重要，像是：

- 增加使用者的便利
- 減少使用者流失
- 改善第一次使用產品的體驗

現在這方面變得更廣為人知，如果在搜尋引擎上尋找「資料科學產品知覺」，就會出現一些指引。不過，除非招募人員或在招募過程中曾經明確地提到，否則很多應徵者並不會想到該為這方面做些準備。作為 ML 的應徵者，可以將產品知覺整合到行為面試、系統設計面試、技術深入探討等；準備的方式則可以借鏡產品經理的面試。

從面試官的觀點看，我會這樣想，應徵者是否只關心模型準確度指標，還是也關心產品的月平均使用者數量？他們是否將建構中的 ML 連結到產品上？

不要低估了這件事，當我剛踏入 ML 領域的時候，很多經驗豐富的前輩和成功的同儕，都建議我多學些且了解業務方面的事情，這是我的職業生涯從良師益友中受益匪淺的一種方式，畢竟有很多資訊不會在題庫類型的面試指引中分享。反過來，在本書中我會盡可能的包含一些潛在資訊。

以下是一些入門資源：

- Emma Ding 撰寫的「The Ultimate Guide to Cracking Product Case Interviews for Data Scientists」（第 1 部分）（*https://oreil.ly/E83EC*）
- Exponent 在產品知覺方面的視訊，好比說這一部「Meta/Facebook Product Manager Mock Interview」（*https://oreil.ly/pLj8E*）

- Gayle Laakmann McDowell 和 Jackie Bavaro 合著的《Cracking the PM Interview》（CareerCup）（*https://oreil.ly/ESol4*）

在 MLOps 上的面試問題範例

以下是一些我曾經用來面試從事基礎架構的 MLOps 工程師和 MLE 的問題，這些面試問題也包括範例解答，以幫助為你自己可能想出的回答提供些靈感。要特別指出的是，這些問題的主軸會是詢問你的相關經驗，而 MLOps 工程師和 MLE 很有可能和其他職位共享核心編碼面試循環（第 5 章），履歷表的演練和技術深入探討問題，則將包括我在這裡所提供的問題中；就像第 5 章所提到，那些著重操作的職位，也可能與 DevOps 工程師一樣，被問到更專業類似編碼的問題。雖然我已經說過很多次，但還是要強調，你最好再次檢查招募啟事，而且可能的話，和招募人員以及招募經理確認面試的重點和期望。

本章的重點是強調，你的解答會根據自己的經驗而不一樣；以下解答只是概略性的、相對籠統的可能樣式範例。除非已經完成了範例解答中提到的工作 / 專案，否則不要在面試中把它們當作真正的答案。

面試問題 6-1：能否詳細說明改善 ML 基礎架構可擴充性的例子？

範例解答

在 Kubernetes 上的擴充性很有幫助；例如，水平擴展有助於在更多實例之間分配相同的工作負荷。在來自請求量的重度負荷情況下，我使用 Google Kubernetes Engine 的負載平衡（*https://oreil.ly/g3E7F*）。過去，我也曾在雲端平台上使用自動縮放的功能，比如說使用 GCP 的時候。

面試問題 6-2：在生產中要如何處理 ML 模型的監控和性能追蹤？

範例解答

對於機器學習，我了解在生產中監控 ML 應用與監控沒有 ML 應用之間的差異，在於資料和模型相關的監控，這包括資料漂移、模型準確度和漂移等監控。為了這個目的，我使用像是 Great Expectations 或 Alibi Detect（*https://oreil.ly/Lk4CR*）之類的工具。尤其在我之前任職的公司，對於突然的大量遺漏值或分布偏移，會用 Great Expectations 檢查。

另外，使用這些監控工具，我可以建立警報並在這些平台上執行定期的異常檢測作業，以便對錯誤或偏移提出報告。在更一般化而非針對 ML 的服務可用性方面，經常會使用像是 Grafana、ELK Stack（*https://oreil.ly/SwUDT*），即 Elasticsearch、Logstash 和 Kibana，也稱作 Elastic Stack；和 Prometheus 之類的工具。

面試問題 6-3：曾經為 ML 模型建構怎樣的 CI / CD 管道？如何建構？

範例解答

我從將 ML 管道中涉及的步驟自動化開始，比如說整理資料預處理、模型訓練和評估的腳本。然後，用 Jenkins（*https://oreil.ly/dvtoY*）將這些步驟整合到 CI/CD 管道中，當在 GitHub 儲存庫中程式碼變更的時候會觸發管道運行；這個管道包括了啟動環境、找出程式碼的錯誤和測試，接著將模型自動部署到預備環境以進一步測試。通過驗證之後，模型會複製到生產環境。這些步驟將部署的過程自動化，節省手動部署的時間，而且還能夠控制品質。

結語

本章介紹可能會因為操作和基礎架構經驗的專業知識，而接受面試的 ML 職位。接下來，也討論端到端機器學習的一些層級和範例，這些內容會依據資料團隊的規模和成熟度而有所不同。

你也了解了不同類型的雲端環境、私有雲端和公共雲端之間的權衡取捨，以及用於 ML 模型部署和協作的常用工具。然後，本章討論模型完成部署後的一些模型監控設定。我簡要地概述了熱門的雲端提供者，指出大多數雲端提供者都有類似的工具套件，如果使用本書未提到的提供者，你還是有可能找到同等服務，只是採用其他名稱而已。

我提出一些操作和軟體繁重職位基礎的開發人員最佳實踐，其中許多事情可以從工作經驗中自然學到，但對於只有學校或集訓營經驗的人，仍然可以透過在小組專案或開源專案上的貢獻展現這些技能。

最後，我介紹 ML 職位的其他類型面試，像是系統設計、技術深入探討和產品知覺等。下一章，將進入行為面試，以及通過行為面試方法的範疇。

第七章

行為面試

面試的目的，是衡量應徵者是否適合特定職位，這包括他們能否與團隊相處融洽。無論應徵者在技術能力上有多令人讚嘆，如果他們無法與同事在交付的專案上共同攜手合作，也就無法將專案交付給他們。這種面試透過一些評量，以識別出優秀的應徵者，他們 ML / 編碼的能力雖然很重要，但面試官不會只看重這一項。本章將聚焦在評估你是否適合團隊而設計的面試問題。

從另一個角度說：對技術能力會有最低的要求，應徵者至少要有足夠認知才能通過技術面試，會設定這個標準是為了讓招募員工的公司能確定，從技術觀點來看，應徵者能夠適度做好工作。但通過這個標準的應徵者之間仍然會有差異；例如，有些應徵者可能需要稍微久一點的時間，才能正式參與工作，但如果雇主希望他們能在公司待上一年或更久的時間，那從長遠看，他們在程式設計技能上的微小差異可能不會有多大影響。

讓在技術面試中表現優秀的應徵者更加脫穎而出的特點，究竟為何呢？面試官會參照其他衡量方式，比如說應徵者溝通的能力、與同事合作的能力、對回饋的回應是否夠好、是否具有成長的思維模式等等。例如，一個具備不錯技術能力而且能夠通過標準的應徵者，再加上強大的溝通能力，最後的表現可能會比一個具備大幅度超越標準技術能力，但讓人難以忍受與之共事的應徵者更好。

> 行為面試通常是整個面試中最重要的部分。在我的經驗中，多數破局都是因為應徵者的價值觀和過去行為，不符合公司或團隊的原則；相對於技術或軟技能，這通常是更高的標準。
>
> — Eugene Yan，Amazon 資深應用科學家

一般人只要有自知之明，而且在溝通上有常識技巧，就不會影響到面試的評價。我的看法是：應徵者只要表現出難以共事的樣子，就會很快從面試中淘汰。招募團隊了解，傲慢、沒有自知之明的人，可能會對團隊很帶來害處，不會是一個理想受僱者。

行為面試問題和回應

為了衡量面試時技術部分沒有衡量的其他因素，面試官會採用*行為問題*（*behavioral questions*），這可以在專門的行為面試中提問，也可以在技術面試中穿插於技術問題之間提問。「行為問題」和「行為面試」的術語可能在地區或行業之間有所不同，一般而言，這種類型的面試大概會與俗稱的軟技能有關。

除非你經營的是類似個人新創公司之類的公司，否則具有這些軟技能會直接影響到你對 ML 專案的技術貢獻能力，了解這點相當重要。

以下是行為面試和問題衡量指標的一些範例：

- 溝通技巧
- 共同合作和團隊合作
- 領導能力
- 解決衝突的能力
- 應徵者回應回饋方式
- 應徵者處理不確定性並學習新的技術 / 工具方式
- 應徵者是否意識到，他們的技術工作對招募團隊建立中的業務 / 產品能有的貢獻？有時候又稱作*產品知覺*

問題可能會採用以下形式：

- 「跟我說說之前你……」例如，「跟我說說之前你在所從事的 ML 專案中，成功應付衝突的經歷。」
- 「描述你處理急迫期限的情況，以及應對方式。」
- 「關於 ML 專案有無成功展示的範例？準備過程又是如何？」

目的是基於你描述過去對類似情況的應變方式回應，來衡量你會是個怎樣的同事。注意，行為問題通常與過去真實經驗相關；不要將它們和假設的情況混淆，比如說，「在某種虛構的情況下，如果你和團隊發生衝突，你會怎麼辦？」

因此，將行為面試的準備視為 ML 面試準備的一部分也很重要；你應該從盤點過去的專案、工作經驗和其他相關經驗開始。

練習

寫下一些過去在工作、志工或學校中引以為榮的經歷；在準備行為問題的時候，這些都將充當為基礎。往下討論本章時，你會持續精鍊這個清單上的主題。

用 STAR 方法回答行為問題

一般而言，在 ML 面試和技術面試中，用於建構答案的一種著名技術是 STAR 方法[1]。這方法具備確保你能夠提供面試官足夠背景資訊的結構，包括描述過去經歷過的情況，以及你的行為所造成的影響。STAR 方法詳細說明於表 7-1 中。

表 7-1　STAR 方法

情況	提供所提範例發生情況的背景資訊。
工作	說明範例期間你負責的工作。
行動	說明這個範例情況下，所能奏效的步驟和行動。
結果	說明你的行動導致的效果和結果。

1　這篇文章可以看到與 STAR 方法更多相關資訊，「Using the STAR Method for Your Next Behavioral Interview」，MIT Career Advising and Professional Development，2023 年 10 月 24 日讀取，*https://oreil.ly/ wiO9h*。

以下是一個範例問題和採用 STAR 方法的答案：

問題

「告訴我你在專案中遇到的棘手阻礙（這是商業界用來指稱進展受阻情況的說法），你是怎麼排除這些阻礙的？」

回答

[情況] 那時候我正在為公司的購物網站建立一個推薦系統的 Y 專案。

[工作] 我負責訓練機器學習模型，為購物網站的使用者生成推薦。

[行動] 我和資料工程師合作以獲得所需資料，並開始用 XGBoost 訓練基準模型。在過程中，我發現對模型更有益的新資料來源，最後迭代出兩種類型的模型：一種在新使用者上表現比較好，另一種在現有使用者上表現比較好。

[結果] 模型在線上運行並且和線上實驗的對照組比較；最後，基於 ML 的方法在參與度指標上，比基準對照組提升了 2 倍。

這個回答表現出色之處在於：

- 它避免過多的專門術語。
- 它提到 ML 模型和對照組比較下的提升（改善）。

作為面試官，我覺得還可以提供更多關於購物網站的細節，但是在實際情況下，面試官應該已經問過他在這個專案的負責內容，所以答案可能已包含在之前的背景資訊中。另外，作為面試官，對於我想更深入了解的地方，也會提出後續問題，像是「你訓練的兩種模型是什麼？」

用英雄之旅方法增強你的答案

有時候，只用 STAR 方法還不夠，尤其是在應徵者機械地按照樣板回答的時候，這會使回答面試問題顯得枯燥而且難以記憶。我建議使用英雄之旅方法來增強以 STAR 方法建構的答案，目的是進一步描述你所克服的挑戰，以及你為了達到這個成功目標所付出的巨大努力，從而使答案更有影響力[2]。

---

2 我第一次看到類似的方法，是 Steve Huynh 發布在「A Life Engineered」上的影片（*https://oreil.ly/K8GW9*）。

英雄之旅，或稱為單一神話[3]，是指一位英雄動身展開他的探險之旅，在過程中經歷各種考驗和艱難的故事；最後，英雄獲得勝利，帶著改變或脫胎換骨的回到家鄉。這類故事在主流媒體上的一些範例包括《獅子王》、《飢餓遊戲》和《星際大戰》等。當你想到這些電影的時候，你最記得故事中角色所經歷的哪一部分？通常應該是他們的旅程和克服的挑戰，而不是搭建世界和背景故事的最初場景，或是當英雄歸來和舉行慶祝活動的最後幾個場景。

電影的結構大致上也是這樣設定的：可能用 15-20% 的場景設定背景，在旅程和挑戰上占 60-70%，最後的 10-15% 用於振奮人心和歡欣鼓舞的結果。

當然，這種結構會因故事不同而改變。我想要強調的重點是，大部分的時間都花在旅程和挑戰上；這也就是為什麼我建議在 STAR 方法之上納入這個結構。如圖 7-1 所示，這種能夠激動人心故事的形式，強調的是在冒險期間中所遭遇挑戰的描述，以及最初的催化劑和結果。

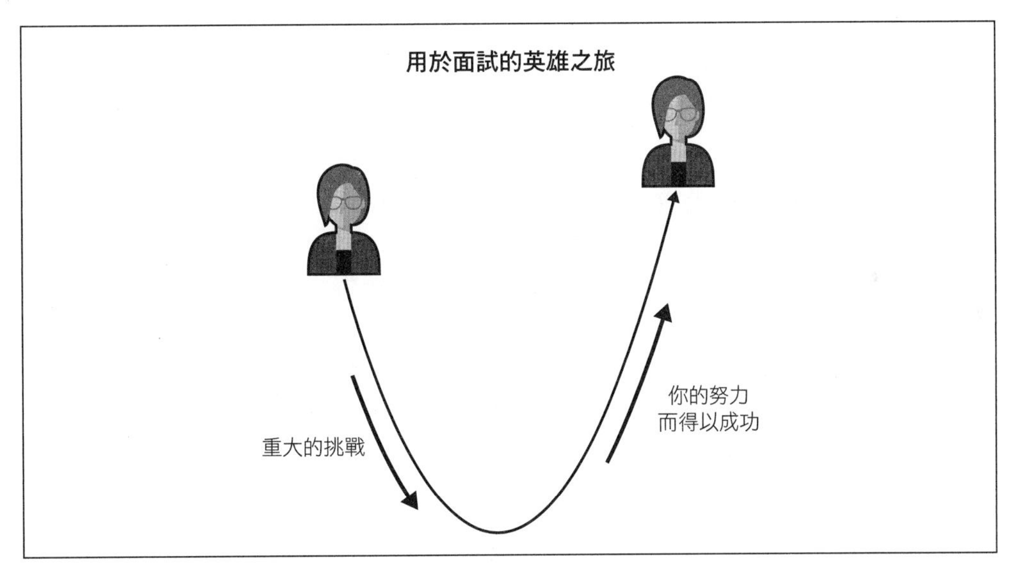

圖 7-1　用於行為面試問題的英雄之旅。

3 〈Monomyth: The Hero's Journey〉，「Berkeley ORIAS」，2023 年 10 月 24 日讀取，*https://oreil.ly/zjWAc*。

現在，我將演練一個行為問題的回答範例，儘管這個回答遵循 STAR 框架，但沒有辦法讓人留下深刻印象或有影響力。回想前一節面試問題的範例：「告訴我你在專案中遇到的棘手阻礙，你是怎麼排除這些阻礙的？」

之前只用 STAR 方法回答這個範例，以下是透過英雄之旅提升這個答案的範例：

[情況]

那時候我正為公司的購物網站建立一個推薦系統的 Y 專案。

[工作]

我負責訓練機器學習模型，為購物網站的使用者生成推薦。

[行動]

我和資料工程師合作以獲得所需資料，並開始用 XGBoost 訓練基準模型。

[英雄之旅，重在挑戰]

在訓練 XGBoost 模型時，發現一個隱藏的困難：模型整體的表現不是那麼理想。我分析結果以找出進一步研究的步驟，資料來源的品質正確無誤，所以排除資料品質問題。資料集是由匿名客戶特徵所組成，例如上次訪問購物網站的時間，以及上次購買的花費等，不過，這個模型無法捕捉客戶行為進一步的細微差異，因為資料中沒有這些細微差異。我向經理和團隊中的資深開發人員建議，我們需要更多關於客戶行為的遙測資料，他們指明我可以使用點擊流量的資料集。合併新資料之後，仍然有一些後續工作，新模型在新客戶上的表現很好，但在現有客戶上的表現就沒那麼好了。因此，我拆分了資料，並根據使用者的帳齡，為每個種類型的使用者分別使用兩種模型，從而達到最佳的整體性能。

[結果]

在我向團隊和產品團隊的眾多資深成員展示模型訓練的詳細結果之後，該模型得以核准而上線運行。在線上實驗中比較模型與對照組，最後，基於 ML 的方法，在參與度指標上比基準對照組提升了 2 倍。

> **大聲說出的練習，理論只能發揮有限的作用**
>
> 我建議練習大聲說出各種行為問題的回答，如本章的一些範例。真實面試時，很容易會僵在那裡，並忘了 STAR 方法或英雄之旅。我建議和朋友一起練習，我有一些同儕在像是 Pramp（*http://pramp.com*）之類的平台上練習過，並獲得不錯的經驗，這個平台會將你和陌生人配對以模擬面試，平台有免費和付費的選項。

從面試官的觀點看最好的實踐和回饋

以下是身為面試官的我對範例回答的一些評論，這些通常也是最好的實踐：

描述已克服的挑戰，有助於建立面試官對你這位面試者的信心

作為面試官，這個在 STAR 框架中增加英雄之旅方法的回答，比第一個範例回答描述更多面試者在開發 ML 模型時面對的挑戰。為什麼這對面試官來說很重要？因為這樣的回答方式，更可以展現你是一個能夠讓自己，甚至是整個團隊脫離困境的員工，如果你描述過去曾經遭遇過困境的難度，也就是具有挑戰性的情境，表示如果你加入這家公司，也能夠做到同樣的事情，面試官會因此而對你有信心。

挑戰能讓人留下更深刻印象

另外，作為面試官，當我聽到並了解應徵者遭遇過困難的程度時，會加深我對他們的記憶點，我可以很簡單的向同事解釋，會為這位應徵者擔保，而不是其他那些看起來似乎一帆風順應徵者的原因。沒有詳細描述所面對挑戰的面試者，有可能比那些描述挑戰的面試者，解決過更困難的問題，但是（1）我無從知道，因此（2）它讓我的印象不深，而且很難在應徵者審核調查期間，向其他同事轉述。

解釋互動和合作，並給予應有的認可

這個回答不只是進一步描述情況和挑戰，而且還提到面試者的隊友。面試官可能會好奇面試者是否具備涉及跨團隊溝通的技巧，或至少要能夠和經理或直接面對同事溝通。因為面試時間的限制，面試官可能沒有時間明確地問到有關團隊方面的問題，最糟糕的情況是，當面試者沒有提到任何合作者的時候，可能會讓面試官懷疑，因為面試者宣稱這是一份需要團隊合作的工作。

主動說明面試官可能不知道的背景資訊，及任何專門術語

我看見過求職者常犯的一個錯誤，是太快直接回答問題而沒有先說明背景訊息。和同公司工作的人交談時，假設同事已具有一定程度的熟悉是有道理的，而且通常可以跳過說明某些術語；但這種常見情況出現在面試中，會讓人忘了你是和不同公司的人交談。與其說「我正在為 MyShopping 開發 ML 模型」，不如說「我正在為 MyShopping 開發 ML 模型，這是客戶可以用來瀏覽商店網頁，並且以線上付款方式購物的行動應用程式。」對於沒有工作經驗但正在描述學校專案的面試者，也要注意，不要直接使用學校術語而未說明。例如，多倫多大學將電腦科學課程標示為 CSC，像是 CSC 110Y1；但 Waterloo 大學，同樣的課程標示卻是 CS，如 CS 115。最好還是向面試官說明縮寫字，即使你認為這些縮寫字的意思再清楚不過。

提供面試官熟悉的相似技術來說明術語

不要假設每個人都會記得所有技術的名稱和用途。例如，講到 Trino 的時候，你可以提到它在名稱變更之前稱做 Presto；或者，如果你正說明在過去專案使用 Airflow 的方法，最好提到這是用來建立和管理資料工作流程的平台；另外，也可以提到這個平台和 MLflow 或 Dagster 有類似之處。如果你知道參加面試的公司使用某種工具或技術，而且你可以用那種技術來說明使用工具的方式，那會更加完美，比如說，「我使用使用 Airflow，和你們提過的 MLflow 方式類似，……」。根據我的經驗，這樣做和面試官能有更順暢的溝通，他們會知道我一直留意我們之間的討論，而且我事先研究過這家公司，或是在和招募人員通電話時，問過詳細問題。

依據聽眾調整細節程度

能夠用不同細節程度說明技術和非技術概念非常重要。在某些面試中，包括現場最後一輪的面試，你可能會與即將合作的產品經理，或與 ML 團隊有密切合作組織的主管等利害關係人進行一兩場面試，在我參加的 ML 職位面試

經驗中，就曾經遇到過類似這樣的面試，通常每個場次約一個小時。和產品導向人員的面試場次，我會比較強調將技術工作和產品建立關聯的方法上，或者影響業務的辦法，而非反覆解釋我選擇某種 ML 評估指標的原因。從這條規則延伸出去，和直接從事 ML 工作的面試官交談時，仍然應該提供一些背景資訊，例如，我在日常工作中沒有太多電腦視覺方面的經驗，因此在講到電腦視覺領域中的某些縮寫詞時，我可能需要一些解釋。如果你大部分的經驗是在強化學習的領域上，但面試公司或團隊並不重視強化學習，面試官可能就需要聽到你多多說明強化學習相關事項。

在由 ML 專家主持的行為面試中，你仍然應該提供背景資訊。建立這觀念的一種方法是記住他們是為另一家公司 / 團隊工作，而且他們可能是另一個領域的 ML 專家。

如圖 7-2 所示，展現你的了解程度或技能專精程度不是最重要的事；如果在面試期間無法和面試官有效溝通，他們也就無法了解你所有強項，和能帶給團隊的所有價值。花點時間提升在行為面試期間以溝通作為媒介的手法，讓面試官更了解你，這將有非常高的投資報酬率。

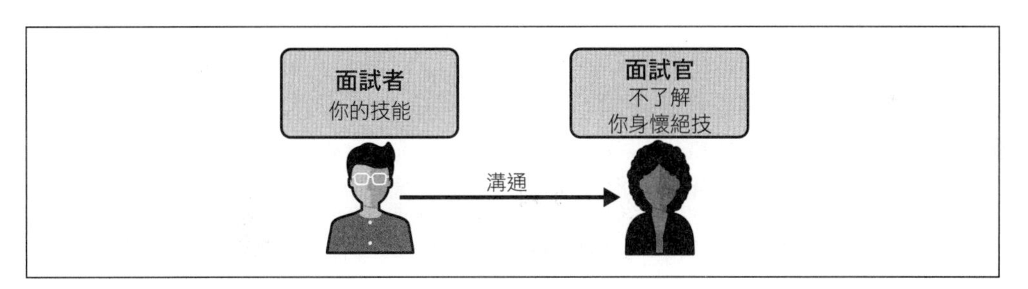

圖 7-2　面試期間的溝通至關重要；如果無法好好溝通，無論技能多麼傑出，面試官都無法了解。

常見行為問題與建議

在介紹組織行為面試問題的回答辦法後，來直接探討一些常見問題。

關於溝通技巧的問題

1. 假設你必須幫助不是你直屬團隊的隊友或同事，了解一段程式碼或設計的經驗，你如何處理這種情況？

   面試官的觀點：這個問題想知道的是，應徵者是否有辦法從非團隊的觀點說明，例如，是否主動提供更多的背景資訊。

2. 假設你必須向非技術利害關係人簡報，要如何準備，又會如何進行？

   面試官的觀點：作為面試官，問應徵者他們的準備程度，能讓我更洞悉他們重視的內容，以及是否善於觀察可能的溝通間隙。另外，透過詢問準備方式，也能讓我洞悉為了讓簡報順利，他們填補察覺到間隙的方法。

3. 描述一次你與帶有負面情緒隊友或經理共事的經驗，要如何處理這種情況？

   面試官的觀點：應徵者最好能夠舉出嘗試解決衝突，以及解決需要妥協情況的辦法案例，他們對這個問題的回應，也能幫助我評估在艱難或高壓情況下，和他們合作的難易程度。

關於共同合作和團隊合作的問題

1. 請說明你犯過的錯誤，以及處理方式。

   面試官的觀點：了解應徵者處理所犯錯誤的情況，對我來說很有用，他們會不惜一切代價隱瞞錯誤嗎？還是會讓錯誤越滾越大，讓情況越來越糟？或者他們會承認目前的情況並提出解決方案？在回答類似這樣的問題時，要試著向面試官表達你重視合作和溝通的訊息。

2. 有沒有曾經在某個專案有過艱難對話的經驗？對話對象可能是隊友或你正在指導的人。

   面試官的觀點：當然，這個問題也觸及到溝通面向，從團隊合作的面向來看，我認為很重要的是，了解這個人是否能當家作主、具責任感，而且即使在困難對話和情況下，也能為團隊找到更好運作方法等等。

3. 告訴我你領導專案的經驗。

   面試官的觀點：這是一個不拘形式的問題，而且答案可能會觸及資深職位的一些重要面向。對於初階層級的人員而言，這是一個了解你的領導能力，以及對待團隊成員方式的好問題。

對回饋做出回應的問題

1. 請舉例說明你收到批評性回饋的經驗。
2. 關於提供和接收回饋，你最重視的是什麼？請一一舉例。
3. 如果可以改變過去所做的任何決定，會是哪一個？為什麼？

> **花點時間想想再回答**
>
> 如果對某個問題真的毫無想法，讓面試官知道你需要一些時間思考也沒關係。碰到這種情況，我一律回答：「我需要花些時間整理對這個問題的想法。」我到目前為止還不曾碰過有任何面試官，對應徵者要求花點時間準備答案有異議。當我面試其他人的時候，我也會遵守時間；而且說來有趣，我也注意到直接回答的應徵者，他們的答案更有可能是瞎掰的。暫停一下能幫助你拿出更好表現，而且只需要幾秒鐘的時間而已！

在處理挑戰和學習新技能的問題

1. 請舉例說明你處理例如急迫截止日期之類的高壓經驗，以及應對方式。
2. 請舉例說明你對自己的工作或專案不滿意的經驗，又如何改善？再重來一次，有什麼事情你會採取不同做法？
3. 你曾經為了某個專案而去學習新的程式語言或任何新技能嗎？要如何確認這樣很值得？請舉例說明。

面試官的觀點：弄清楚時間安排以及將已習得知識貢獻到專案上非常重要，分享用來脫離困境的方法，和能意識到該尋求幫助的時機更會加分。這些對於技術工作者來說都是重要的技能，而且不只是在 ML 領域中，因為意識到排除障礙，包括在嘗試可用解決方案之後尋求其他人協助等方法，都可以表現出為避免專案延誤的積極主動做法。

這不是個一清二楚的標準，但依據我的經驗，最重要的不是成為「萬事通」，而是囊括「初學者心態」和學得快的人。這對於長期從事 ML 和一般技術工作來說至關重要，因為技術每年都在快速地演變。

為大多數類型的行為問題準備一些場景，並重複引用

行為面試類型有很多種，不可能記住所有場景的答案，所以我會準備過去 3 到 5 個專案的清單，並且在不同情況下重複引用。例如，對於領導力的問題和溝通相關問題，我就會引用這個例子：過去指導並在職訓練過的新團隊成員，最後進入 RecSys 專案；然後再準備另一個可以回答「如何處理困難情況」，或「如何處理回饋」問題的場景。總而言之，我並沒有真正使用眾多場景，而且可以快速地調整過去場景，以符合當下的問題。我的建議是，將面試看成不拘形式的表演，而且能夠即時調整，而不是靠死記硬背所有完整答案，這種答案通常聽起來都不太自然。

關於公司的問題

1. 你如何規劃自己的職業生涯？這個招募啟事符合你的目標嗎？

   面試官的觀點：公司希望確保你們有一致利益。如果你對這份工作不感興趣，可能很快就會離職；也就是說，你有離職的風險。

2. 關於本公司的產品、團隊，你有先做功課嗎？

   面試官的觀點：在面試之前花個 10 分鐘看看公司的網站、產品清單和招募啟事，好喚起記憶，做為面試準備的一部分。

關於工作專案的問題

1. 請舉例說明你從頭開始建構一些事情的經驗。
2. 請介紹最讓你引以為傲的專案？

   注意：這些問題也可能出現在技術面試，但還是需要好的行為面試結構，才能夠答得漂亮。

3. 你曾經用資料改善過流程或技術嗎？

> **沒有遇過符合這個問題的場景時，就用類似經驗代替**
>
> 如果真的沒有和問題有關的範例，例如，題目要你舉例指導他人的經驗，但你從來沒有正式指導過；這時應該誠實表達想法，而不是匆匆忙忙地編造一些事情。對我而言，最有效的說法是：「我真的沒有碰過這種情況。但是，我協助過一位隊友的在職訓練，可以談談那次的經驗嗎？」或者：「您的意思是正式指導某個人嗎？我未曾參與過正式專案，但我協助過隊友參加程式碼庫的在職訓練和講授，這樣可以嗎？」

不拘形式的問題

1. 工作中有什麼事能激勵你？
2. 工作之餘有哪些嗜好？

行為面試最佳實踐

在看過一些範例問題後，以下是回答行為面試問題時最佳實踐的總結：

我建議在準備面試答案的時候，回顧這些範例問題和最佳實踐，以確保自己面面俱到。

確保在較長的回答或說明期間，偶而停頓一下

不要一直說個不停，而讓面試官無法插入提問。現在越來越多面試會透過虛擬方式舉行，偶而的停頓好讓面試官能夠回應特別重要。如果看不到面試官的肢體語言，這種停頓將有助於讓對話更加自然。

快速向面試官總結關於這個問題的說明

這樣做可以確保你是否真的了解問題，並讓面試官在你花許多時間回答錯誤問題之前，有機會更正任何誤解；總結問題雖然需要花上幾秒鐘的時間，但它可以省下更多時間！另外，我發現這會為大腦創造一些思考時間，而不是在問題提出後立即試著回答。當然，如果你注意到自己的時間已經快用完了，請忽略這一點。

疑問時，應該和面試官澄清

與前一點一樣，這是為了確保對某件事情不確定的時候，不會讓自己陷入困境，我寧可多問一些也不要出錯。有些人不敢提出問題，因為擔心這樣會讓自己看起來不確定或沒有自信，但我認為恰好相反：如果無法確定方向是否正確，可能會讓人覺得你對於這個問題過於緊張。簡單的試探：「我應該繼續談論模型訓練方法，還是您希望我轉移到模型評估上？」應該就可以了。

面試就是溝通

面試時絕對適用一般的溝通規則，不要毫無來由的做出不禮貌舉動，也不要奚落他人或對面試官置之不理，而且要專業。參考圖 7-3 中，以避免對面試官置之不理的範例。

> 在 Uber 的時候，我記得這個改變是為了確保每個招募循環中，都有女性面試官參與。
>
> 但奇怪的事發生了。
>
> 我們開始因為應徵者不願意和女性面試官有目光接觸，或對她視而不見，而不錄取這些人
>
> — Gergely Orosz（@GergelyOrosz），2022 年 5 月 4 日

圖 7-3 引用 Gergely Orosz 的 Tweet 貼文（完整貼文見：*https://oreil.ly/-pOmb*）。

找到使用過去經驗的方法，無論是什麼經驗

在 ML 工作面試中，要找到一種能夠將過去經驗與來此面試聯繫在一起的方法。有些人可能認為提到非 ML 或非技術技能會有些言過其實，但我覺得在許多不同的領域中，可轉移的技能非常重要。

沒有相關工作經驗之下，回答行為問題的辦法

如果是學生

擁有一個可自我主導的專案，而不僅僅是把所有事情都交給你處理，才能顯示出你的自我主導性。這需要額外工作，但是你能夠藉由定義自己的專案，來建立自身經驗，比如說為 ML 預測服務的 Web 應用程式。你可以分解建構它所需要的工作，並且執行這些分解後的工作，通常會稱為**副項目**（*side projects*），而且不需要花費數千美元，或是參加其他線上課程或訓練營。可以使用這個經驗回答大量技術和行為問題。

如果在其他領域工作

毫無疑問的，這可以帶來可轉移的溝通和領導技能。如果你曾經管理過廚房、做過服務業或當過收銀員，很可能會有一些令人難以忘懷的故事，可以用來回答行為問題，如「請舉例你在工作中遇過的困難。」不要忽略手上擁有的牌。

發揮創意，打造自己的經驗

我有一次以電話方式輔導一位英語博士候選人，他自學數量可觀的 Python 技能，但不知道該正式展示這些技能的方法。我推薦他採用我曾經做的事：找到可以將資料科學或 ML 崁入到自主學術作業中的方法；在英語的課程中，他們可以很輕易地找到在正式學校課程中應用 NLP 技術的方法。這相當於一石二鳥：一個可以在 ML 履歷表上展示的優秀專案，同時又能夠獲得學分。

就我而言，在進修碩士學位期間，我會盡可能使用 Python 完成計量經濟學作業，這樣是沒問題的，也可以選擇 Stata、R 或其他工具，因為大部分教材都是用 Stata 或 R 語言撰寫，所以我必須竭盡全力的做這件事，而且我還在 Google 上搜尋將這些程式中的指令轉譯成 Python 語言辦法。正如你所見，這不只能夠說出很好的技術問題答案，也能夠完全回答學習新技能和所遭遇挑戰的行為問題。

資深 + 行為面試技巧

主任或首席之類資深職位以及更高層級的 ML 面試，也都會有行為面試，這裡會使用「資深 +」代表這些職位。回答這些問題的基礎通常都會遵循本章所有原則，但我想指出其中的一些差異。

在科技上的層級

在科技行業中的職稱和層級並不一致，如表 7-2 所示，但根據經驗，在資深層級之後是主任和首席層級。有些公司可能只有主任，或只有首席，有時候在主任之後是首席，甚至也可能會顛倒過來。

表 7-2　截至 2019 年，不同科技公司的不同職稱範例，摘錄自 Uber 工程經理 Nikolay Stoitsev 的演講「The Career Path of Software Engineers and How to Navigate It」（*https://oreil.ly/dOusN*）

Uber	Google	Facebook
軟體工程師	SWE 2	E3
軟體工程師 II	SWE 3	E4
資深軟體工程師	資深 SWE	E5
資深軟體工程師 2	主任 SWE	E6
主任軟體工程師	資深主任 SWE	E7
資深主任軟體工程師	首席工程師	E8
首席工程師	傑出工程師	E9
	Google 研究員	

可以在 *levels.fyi* 查看每間公司的非官方來源；要強調這是非官方的，所以最好還是和該公司、組織或團隊內的人員確認一下。

資深 + 的面試將強調是否可以突顯自己與初階層級受僱者的差異，而且必須能在面試中證明這一點。資深 ML 貢獻者要負的責任範例包括：

- 能夠獨立完成專案，也可以帶領團隊完成專案嗎？
- 在遇到困難的情況下，能夠找到解決辦法並掃除自己的障礙嗎？
- 能否利用開發人員的優勢讓團隊更有生產力[4]？
- 能夠指導初階層級的隊友嗎？

4　想了解更多內容，可參考我部落格的貼文〈From Entry Level to Senior+ Developer—Multiply Impact with Developer Leverage〉，2021 年 6 月 20 日，*https://oreil.ly/TOgB4*。

- 是否了解組織和公司建構中產品之間的關係，能否利用這種關係而獲得成功？
- 是否能夠和其他團隊有效通力合作；另外，能夠和利害關係人建立信任感嗎？

想順利通過資深 + 職位的面試，對於面試問題的回答，將和為初階層級職位準備的答案有所不同。例如，在初階層級，可能會有人分派工作給你，如果你不了解為幫助產品所建立 API 全部的基本原理，也沒什麼關係，但在資深的層級，你的問題是要求獨立性和創意想法，即除了了解根本原因外應該有更高標準，而且能夠藉由幫助每個人，使他們更具生產力，因而成為團隊的增力器。

對於主任和首席的職位，你需要展示上述所有能力，而且要有更高幅度。資深人員可能會和自己直屬的團隊以及一些鄰近團隊通力合作，但是主任 + 的工作則需要與更大組織以及其他組織建立信任和關係。例如，主任 + 職位可能會與行銷、財務、產品等部門，在公司生產的主要產品上通力合作。

對於大型科技公司具體準備的範例

如果參加的是一些大型科技公司的面試，有一些已知準備方法，需要付出額外努力來確保答案合適，但這些努力是值得的。

了解每間公司都有它重視的事情，必須用這些來量身訂做行為面試的問題。例如，我非常努力確保我經常使用的領導力行為面試問題，也能涵蓋 Amazon 領導準則中的「崇尚行動」原則。

以下是一些範例。

Amazon

Amazon 會告訴每位 ML / DS 面試者，應該了解 Amazon 領導準則（*https://oreil.ly/Zw9Nr*），而且在面試中要能夠充分展現出這些價值觀。

截至本文撰寫時，其中一些準則是：

- 客戶至上
- 當仁不讓

- 創新簡化
- 好奇求知
- 堅持最高標準
- 胸懷大志
- 崇尚行動
- 贏得信任
- 批判與承諾
- 達成業績

因為偶而還會加入一些新準則（*https://oreil.ly/4kY5m*），所以建議至 Amazon 官方網頁查看看最新準則：*https://oreil.ly/healj*。

以下是一些範例問題和相關準則：

堅持最高標準

　舉例說明你提升團隊 / 專案的水準 / 標準的時間。

好奇求知

　舉例說明由於你的好奇心，而做出更好決定的經驗。

當仁不讓

　舉例說明你所做超出正常職責的經驗。

注意，這些問題也許和其他面試問題沒有什麼不同，但如果你參加的是 Amazon 面試，應該將這些問題盡可能對應到 Amazon 領導準則上，並確保在回答中會觸及到這些準則。

> Amazon 面試的獨特之處是行為問題占極高比例，這讓行為面試敘述的準備方式更加密集和有價值。領導準則非常重要，而且一旦你進入 Amazon 後，這些準則將會更重要。
>
> — Ammar，Amazon 工程師

Meta / Facebook

Meta 有 6 個核心價值（*https://oreil.ly/rfkoO*），截至本文撰寫時，分別是：

- 快速行動
- 重視長期影響力
- 打造令人驚嘆的東西
- 活在未來
- 對同事坦誠和尊重
- Meta、Meta 夥伴、我

重複我之前提過的技巧，你必須將這些原則與行為問題的回應建立關係，而不是把它們列出來而已。

Meta 在行為面試期間有 5 個要評估的徵兆，分別是：

- 解決衝突
- 持續成長
- 接受不確定性
- 注重實效
- 有效溝通

> 選擇這（5 個徵兆）重點範圍，是因為它們對於在 Meta 工作環境中茁壯成長最重要。所以，在參加 Meta 面試的時候，要在這些範圍中有特別突出的卓越表現。
>
> — Igor，Meta 的 MLE

如同前述，我建議你到 Meta 的官方網頁（*https://oreil.ly/vqORg*）查看核心價值和文化的最新資訊。一位 Meta 的招募人員建議查看 Meta Career Profile 中的資源，受邀參加面試的時候，可以為這個面試建立個人檔案。Meta Career Profile 建議的公開可用資源包括：

- 「Interviewing at Meta: The Keys to Success」（*https://oreil.ly/7Exl0*）
- 「Software Engineer, Machine Learning Engineer: Full Loop Interview Prep Guide」（*https://oreil.ly/DIwaq*）
- 「Five Ways to Grow Your Career at Meta」（*https://oreil.ly/kYbkY*）
- 「Embracing Change to Evolve Her Engineering Journey」（*https://oreil.ly/80MTt*）
- 「Opportunity and Trust: Growing an Engineering Career at Facebook」（*https://oreil.ly/XMPeH*）

Alphabet / Google

眾所周知，Google 會試圖衡量面試者的「Googleyness」[5]，而且在「關於」的網頁貼文中，有一篇標題是〈Ten Things We Know to Be True〉的貼文（*https://oreil.ly/1_aaE*），列出一些對 Google 來說很重要的價值觀。

要定義 *Googleyness* 恐怕不是那麼容易，但這裡有一個例子；Google 前人力運營主管、《Work Rules!》（*https://oreil.ly/WEroL*）作者 Laszlo Block，將「Googleyness」定義為：

> 像是享受樂趣（誰不是呢？）、有一定智慧的謙遜（如果你無法承認自己有可犯錯，那就很難繼續學習）、強烈的責任感（我們需要的是有心主導者，而非只是員工）、在不確定環境中能夠感覺自在（因為無法得知未來業務將會如何發展，而且處在 *Google* 內部，更需要應對很多不確定性）等以上特質，以及你在生活中曾經採取過的一些大膽或有趣行動的證據。

其他資源包括來自「Business Insider」一篇文章，簡要說明 Google 希望在員工身上尋找的 13 種特質（*https://oreil.ly/6HjNA*）。此外，像是邏輯思考能力、與職位相關的知識和經驗以及領導力等特質，能夠在行為面試中提到也很重要[6]。

---

5 Mary Meisenzahl，〈Google Made a Small but Important Change in 2017 to How It Thinks About 'Googleyness,'a Key Value It Looks for in New Hires〉，《Business Insider》，2019 年 10 月 31 日，*https://oreil.ly/HKQ3X*。

6 〈How to Ace Your Google Behavioral Interview: A Guide〉，「Google Exponent」（部落格），2023 年 10 月 24 日讀取，*https://oreil.ly/kcsHf*。

> 他們關心「Googleyness」的原因是，因為 Google 希望開發人員有強烈獨立性，即使這些人的資歷非常資淺也一樣。
>
> — 審閱本章的 Google 工程師

Netflix

Netflix 也有自己的「文化集」（*https://oreil.ly/UXQqD*），「Jobs and Culture」網站上列出 Netflix 這間公司所持有的一些重要價值觀。截至本文撰寫時，這些價值觀包括：

- 重視的行為，如勇氣、溝通、包容等
- 真誠而且有建設性的回饋
- 夢幻團隊
- 自由與責任
- 掌握全盤的領袖
- 提出異議並積極投入
- 代表性至關重要
- 藝術力的表達

要更詳盡了解每一點，建議查看 Netflix 的官方網頁（*https://oreil.ly/UXQqD*），包含每個價值觀的詳細資訊。

> 不管是技術還是非技術，在 Netflix 的面試過程都與團隊更為相關，而面試過程也更專注在公司價值觀和文化契合度上，這就是文化集在 Netflix 內如此重要的原因；可以參考《No Rules Rules》這本書，以了解 Netflix 運作方式。
>
> — Luis，Netflix 的 ML 工程師。

這個範例清單並不完整，但初衷是希望你對每間公司都能夠做好準備，不論公司規模大小，我建議你都能夠快速地搜尋公司的求職網頁，看看是否有列出類似的價值觀，面試官可能會以此來評估你！

花點時間研究這些資訊，也是「猜測」必考題的捷徑。例如，在 Elastic（Elasticsearch），這些價值觀稱為 Source Code（*https://oreil.ly/UkVY*），面試時，我們會問應徵者是否清楚 Source Code，清楚的話，他們最喜歡的 Source Code 觀點為何等等。

遭收購的公司可能會使用新母公司組織範疇；例如，幾年前我參加 Amazon 收購的 Twitch 面試時，Twitch 一位從 Amazon 借調來的員工，就建議我也去看看 Amazon 領導準則。注意，這可能會因團隊不同而異；如果有疑問，就請教招募人員。

結語

本章討論建構行為面試問題回應的各種方法，包括 STAR 方法和英雄之旅。接著，檢視行為面試問題的常見類別，並對每種類別提供範例問題；然後，檢視行為面試問題的各種最佳實踐。最後，複習大型科技公司的最佳實踐，包括 Amazon、Meta / Facebook、Alphabet / Google 和 Netflix 的具體範例；結論則是針對其他公司，量身打造自己行為面試回答的一些技巧與作為。

第八章

結合這一切：你的面試路徑圖

你現在已經經歷整個 ML 面試過程，是時候擬定規劃了。在第 1 章和第 2 章中，你知道許多 ML 工作的類型，並且自我評估自己最適合哪些工作；以此為基礎，你也了解到應該提升的技能。在接下來的幾章，你獲悉面試中經常會問的題目類型；有哪些類型是需要加強準備嗎？本書目的是讓你開始消除鴻溝，而不是光讀讀有關消除鴻溝的內容而已。

為了能順利通過面試並且獲得工作，採取行動絕對能幫助到你；而不只是光想著要採取行動而已。

面試準備檢查表

按照這個檢查表規劃面試過程，可以回顧本書相關內容或過去練習，以幫助你完成該表：

- 寫下你在工作中有興趣參與 ML 生命週期的部分；有關 ML 生命週期的提示，參考第 1 章圖 1-5。
- 寫下該職位所需要的技能，並用第 2 章的技巧自我評估這些技能。
- 確認可能和該職位有關的面試類型；查看第 1 章關於面試過程的概述。

- 確保履歷表經過整理，並含有所挑選職位相關的要點；想知道更多履歷表相關技巧可以參考第 2 章。
- 寫下準備面試並開始應徵時間安排的目標；例如：我的目標是用 3 個月準備面試，然後開始應徵。

現在這些組成部分都已經到位了，是時候建立路徑圖了。

面試路徑圖樣板

表 8-1 是一個路徑圖範例，可以作為你建立路徑圖的參考。試著寫出整體規劃，但要了解這不會固定不變；我建議用週作為基礎來調整規劃，首先在一個時間範圍內設定可以達到的目標；例如，想在一週內讀完一本有 9 章的 ML 書籍，表示每天要讀完 1.3 章。將工作分解成章節或練習問題的層次，對於可行性與不可行性將一目了然。第一週結束後，如果證明每天讀完 1.3 章不合理，也可以將時限延長，或每天花更多時間準備；如果每天能夠輕鬆地讀完兩章，也可以再調整第二週應讀內容。

第 5 章為了準備程式設計而填寫過路徑圖，那是因為編碼面試的準備需要肌肉記憶和反覆練習，所以我認為將那個路徑圖獨立出來很重要。本章路徑圖專注在整體的面試過程，所以現在是增加任何其他 ML 相關研究和準備規劃的大好時機。

表 8-1　路徑圖範例；時間：在上課 / 作業和晚上之間，每天兩到三個小時

路徑圖範例						
第一週：規劃						
週一	週二	週三	週四	週五	週六	週日
了解 ML 面試	了解 ML 面試	了解 ML 面試	[忙於明天到期的作業][a]	[忙於今天到期的作業]	製定面試準備行事曆 [b]	製定面試準備行事曆
第 2 週：資料和 ML 問題						
週一	週二	週三	週四	週五	週六	週日
重新整理 NumPy 和 pandas 的知識	練習 NumPy 上的問題	練習 NumPy 上的問題	[社團活動]	練習 pandas 上的問題	練習 pandas 上的問題	[和朋友烤肉]

路徑圖範例

第 3 週：腦筋急轉彎程式設計問題

週一	週二	週三	週四	週五	週六	週日
在滑動窗口模式上的 3 個問題 [c]	在雙指標模式上的 3 個問題	在 [模式] 上的 3 個問題	[忙於明天到期的作業]	[忙於今天到期的作業]	在陣列和字串操作上的問題（與前兩個類別重疊）	嘗試解 3 個問題，並計算花多久時間

第 4 週：從頭開始學習 SQL

週一	週二	週三	週四	週五	週六	週日
觀看 SQL 介紹的視訊，跳過其中一些內容	觀看 SQL 介紹的視訊	嘗試解 3 個問題，查看解答	嘗試多解 3 個問題，查看解答	在不看解答的情況下，嘗試解 2 個新問題	[休息]	[休息]

第 5 週：SQL 練習問題 + 腦筋急轉彎，計時

週一	週二	週三	週四	週五	週六	週日
在不看解答的情況下，練習 5 個 NumPy / pandas 問題	在不看解答的情況下，練習 4 個所有主要模式中的 LeetCode 問題	查看之前卡住的問題解答	在不看解答的情況下，試著在 1 小時內練習 3 個 LeetCode 問題	在不看解答的情況下，練習 3 個 SQL 問題	查看前一天 SQL 問題的解答，看看是否有更好的解決方法	追上未完成工作的進度

a 看得出來我將這些作業放在這個準備的行事曆中，但這並不表示在行事曆以外的時間，就不做作業、準備考試和參加社交活動。這個行事曆每天只設定兩到三個小時的活動，如果你在這裡列出學校或個人事項，表示你仍然可以因為緊急事情、作業或社交活動等，從面試準備時間中騰出一些時間。

b 在這個範例中，第 2 到 4 週的活動填寫於規劃週期間的專屬時間內。

c 你可以從挑選 2 個較為簡單的問題開始，再加上 1 個難度中等的問題。在每個問題上花費 30 分鐘到 1 個小時；如果 1 個小時之後仍然卡住，就查看一下解答。

用表 8-2 中的樣板填寫自己的路徑圖。考慮其他生活上要做的事和自身體力，你每天還能夠空出多少時間？（如果需要比這個樣板設置的時間還多，只需要再添加一些列，並建立自己的版本。）

表 8-2 面試準備路徑圖樣板—填入自己的內容！

路徑圖樣版						
第一週						
週一	週二	週三	週四	週五	週六	週日
第二週						
週一	週二	週三	週四	週五	週六	週日
第三週						
週一	週二	週三	週四	週五	週六	週日
第四週						
週一	週二	週三	週四	週五	週六	週日

有效率的面試準備

除了撰寫 ML 相關及技術職場的文章以外，自 2017 年起，我也撰寫有效時間管理和生產力方面的文章。這些都是生活中必須具備的重要技能，而且這些技能讓我可以用較少時間獲得更多成就。有了正確的時間管理技能，就可以有更多時間與親人相處、做家務、玩電動遊戲、享受生活，同時達成職業生涯的目標。

這和面試準備沒有什麼不一樣；每個人都想要在相同或較少時間內完成更多事情。對於相同的 ML 工作，能夠在面試準備上做到遵守紀律、有效率以及有效果的競爭對手，將比那些做不到的人，更有可能爭取到這個職位。

成為更好的學習者

以下是我在學習中用來精益求精的主要技巧，後續部分還會更詳細地討論。這些技巧不只是對準備面試有用，而且也能快速地適應新工作，對較快獲得晉升來說也有益處：

- 藉由盡快地實踐來快速學習。
- 了解系統。
- 問題不在於較短時間的範圍，而是每次花費時間所獲得的進展。
- 遞迴地找出知識缺口。

盡快地實踐

學習只靠潛移默化是沒有效的，看遍無數 YouTube 視訊或讀很多 Reddit 貼文與書籍也行不通；我會這樣說是因為我以前這樣做過。在進行表面程度瀏覽和閱讀的時候放鬆一下沒關係，但是如果想要有明顯的進步，那在學習的同時就要盡快地實踐。寫個小型的神經網路，在不看答案下完成一個 LeetCode 問題，弄清楚不知道的地方並填補這個空隙；重複這整個過程。

當我準備 CFA Level 1 考試的時候，我在讀完所有教材之前就先模擬測驗；雖然我只得到 35% 的正確率，但它幫助我迅速地找出應該更熟讀的教材，以及可以乾脆跳過的教材。

了解系統

標準化考試可以測試對教材的了解程度，以及對考試本身系統和結構的了解程度。即使是以英語為母語的人，如果根本不準備，也會因為對問題形式的猝不及防而在 IELTS 測驗（國際英語語言測試系統，*https://www.ielts.org*）中失手。如果嘗試在不查看課程教學大綱下就準備大學考試，你將會處在非常不利的情況下。事實上，不事先檢查教學大綱，你可能不知道怎麼準備學校考試。工作面試也一樣，許多應徵者沒有仔細留意招募人員對於接下來幾輪面試中的問題說明，所以沒辦法採取後續行動。我曾經試著詢問澄清性問題，而盡可能詳細了解：「當您說編碼面試的時候，是指 LeetCode 風格這樣一般的 Python，還是專注在用 pandas 之類的資料操作語言？」

每次花費時間獲得的進展都等於效率

我提到過事半功倍，這並不意味著當別人需要花兩週的時間時，我用一週的時間準備面試就可以了。讓我用比例來解釋效率：邁向目標的進展 / 花費的時間。

如果我花了 5 個小時，這 5 個小時最好有其價值。能夠用 5 個小時完成的事情，我不喜歡花上 10 個小時，雖然難免還是會有這種情況。對於每天自己時間非常有限的人來說，若是只有一個小時，提升效率自然更加重要，不要和那些有很多時間可以使用，而且可以在一週之內完成準備工作的人比較；相反地，要是將每天的一個小時專注在正確的事情上，也許就能夠在一個月內達到目標，而不是讓時間膨脹成三個月。和自己比較，並且專注在自己可以使用的時間上與目標上；不要浪費時間，而是要盡可能地提升效率。

迭代地填滿知識缺口

當你閱讀本書的時候，可能會碰到一些不那麼了解的術語；這同樣也適用在當你研究新工作職位的時候。不要忽略這些術語，將它們寫下來並了解它們的定義，這樣下次再碰到的時候，就不會再有相同的問題了！

以下用 ChatGPT 為例，說明在碰到新術語或技術時，用迭代填滿知識缺口的範例：

ChatGPT

GPT 模型：在研讀這些內容的時候，碰到**變換器**這個新術語

變換器：研讀這個內容的時候，又碰到了**編碼器 / 解碼器**和**自注意力機制**這些新術語

- 編碼器 / 解碼器：研讀這個內容的時候，似乎能夠了解大部分內容
- 自注意力機制：研讀**注意力**，似乎說得通了

目標是盡可能的深入探討，直到它回過頭來與你已經擁有的知識產生連結，或是直到你獲得這些知識為止。這也是基礎知識之所以重要的原因：為了能進一步了解和保留知識，可以使用這個基礎知識作為建構區塊，讓知識和新的概念產生連結。

時間管理和責任感

準備面試通常是一種利用有限資源，如時間、精力等，好將結果優化的練習。優良的時間管理有助於在花費同樣時間下，將產出最大化；責任感可以幫助你完成你規劃的事項。以下是一些在時間管理上的技巧，後續部分會更詳細討論：

- 訂出專注的時間。
- 使用番茄工作法。
- 避免精疲力盡。
- 捫心自問：你需要一個有責任感的夥伴嗎？

專注時間

我建議在行事曆上訂出專門用來準備面試的時間，並盡力保持。假設訂出週四晚上下班後要準備，如果有朋友找你出去喝啤酒，最好先拒絕，下次再約。好吧，除非是一年才見一次面，從外地來的朋友，那就從週四改到週五吧；別忘了這件事就好！

我個人喜歡訂出一個小時或更長時間，因為我的大腦需要 30 分鐘暖機，所以最好是兩到三個小時。重點是盡可能提前訂出時間，如果要等到當天才來訂時間，就更容易因拖拖拉拉而將時間耗光。

使用番茄工作法

以下是番茄工作法用於時間管理工作上的辦法：

- 設定計時器，預設為 25 分鐘。
- 在這段時間內，除了手上工作以外，不要做其他任何事情。查看社群媒體、閱讀不相關的電子郵件等都不允許。但查找直接和工作相關的術語或網站可以。
- 計時時間到了之後，休息一下，預設是 5 分鐘。
- 重複進行。

我喜歡設定計時器的原因是，它能提升效率，即每次花費時間的進展。如果我花一個小時準備，也許能夠完成兩個練習問題；但如果我玩手機或分心，可能一個小時我只完成一個練習問題！只是達到設定計時器的一半效率。顯然地，這可能會影響準備面試所需要的時間。

如果你還沒使用專注計時器（Pomodoro），強烈地建議你嘗試用它以大幅提升效率。如果你是個多少有些隨波逐流的人，並且也已經試用過計時器，但是不管用，就去選擇對你來說有用的方法。

你需要一個有責任感的夥伴嗎？

在許多時候，和某人分享進展也很有用，即使他們沒有和你一起準備面試。我在念書時，發現同儕在努力準備面試的時候，即使不是參加同一家公司面試，我也會因此而更努力。如果你是自己單獨準備，在隻身一人的情況下，要保持積極性可能會更加困難。在這種情況下，有以下幾種選擇：

- 盡可能了解路徑圖的動態，讓自己成為那個有責任感的夥伴。
- 告訴朋友或家人你的進度。他們不需要知道太多細節，除非你希望他們知道。
- 加入社群中的線上學習小組，例如校友小組。
- 也可以聘請職場教練，他們可以幫助你培養責任感。

作為自己有責任感的夥伴，我個人是覺得效果不錯，有視覺化的路徑圖和行事曆並一一填滿的感覺很不賴。我也喜歡玩電動遊戲，所以也許能夠看到進展讓我非常滿意，缺點是，我是唯一知道這份進度的人，所以可能會開始拖延，而且會不斷地調整時間表：一週變成兩週，再變成三週……，反正沒有人知道。

如果要找一個人聽你說，從自己周圍身邊的人尋找可以匯報最新進展的人會比較容易。以下是發送給朋友的範例：「我一直在準備面試。我可以將每週準備進展用簡短訊息發送給你嗎？你不需要詳細回應，我只是想要找個人報告。」對於這種事，我的朋友向來都很樂意，在一週結束時，我可能會這樣說：「這週進度不錯，我完成規劃要執行的兩章和 10 個問題。不過，我還差目標 3 個問題，會在下週趕上。」

你可以試試不同方法，看看哪種對你有用。就像要在家運動還是要到健身房一樣，這種事情會因人而異；至於如何讓準備有進展？你會找出自己的策略。

避免精疲力盡：代價高昂

說到番茄工作法要包含休息時間的原因，真的是天才；這不只是時間管理而已，這也是精力 / 專注的管理。你是否有過在數學問題上忙了好幾個小時、陷入困境的時刻？但去上個洗手間或散一下步，回來時就奇蹟般地知道該如何解這道題目了？在我練習 LeetCode 問題而且卡住的時候，經常出現這種情況，我會出去散散步，理清一下思緒，神清氣爽之後再回來解決問題。更好的方式是直接收工，去睡覺，我就讀研究所的時候，稱這種方法為「睡眠方法」。

有休息的持久練習是避免精疲力盡的最好方法。舉一個極端例子，如果真的累垮了，損失的可能是幾週或幾個月的積極性，我就有過那樣的經驗，好幾次，感覺一點都不好；因為當時太年輕，讓自己工作到精疲力盡的地步，而無法有充沛的精力或動力，花了幾個月才能恢復過來，也讓目標因此耽擱好一陣子。我們的身體不是機器，而且大腦在長時間使用後會感到疲憊。照顧好自己，如果可以的話應該避免讓自己過度勞累。不過，就像我自己一樣，我猜想很多人在真正達到自己的極限之前，可能都不知道極限在哪裡，但這也沒關係；只要你能記住這一點！

冒名頂替症候群

你可能聽過這句諺語：「招募啟事是願望清單，不是要求[1]。」如果應徵資格你只符合 60%，而因此猶豫不決，我鼓勵你試著先應徵其中的一些工作，可能會得到比預期更好的結果！如果你對符合大部分資格的工作還是猶豫不決，只想應徵超過絕對能勝任的工作，那退一步想想，你可能有所謂的*冒名頂替症候群*。記住，在擁有足夠資源的公司，即中型以上組織，初階層級的工作越多，團隊就越有心理準備，要花更多時間在職訓練和指導新進員工。

---

1 Alison Green，「Are the Requirements in Job Postings More like Wish Lists or Strict Requirements?」（部落格），2016 年 2 月 18 日，*https://oreil.ly/i5osl*。

我也經歷過嚴重的冒名頂替症候群[2]，而且感覺自己沒有資格從事這些工作，即使是目前正在從事的工作。我學到的一件事，就是先將目光拉遠並以大局為重。我和誰比較而讓自己感到不足？是否真的拿自己和更廣泛的人群比較？例如，有多年工作經驗的人？如果周圍同儕似乎都比我聰明，這也許是一件好事而不是壞事；在高度競爭的碩士課程學習時，我就經歷過這種現象。

建議閱讀 Eugene Yan 相同主題的部落格貼文，了解有關識別和管理冒名頂替症候群的技巧[3]。這不是會直接消失的事情；也許它永遠都不會完全消失，因為當你在職業生涯中往上爬的時候，總是會有新的事情需要學習，而且感覺自己像個冒名頂替者！

簡而言之：

- 你可能會拿自己跟那些具有更多年工作經驗，而且表現傑出的人比較；不要再這樣做，或把它當成一件好事。
- 列張清單寫下自己的成就，經常反思；也可以更新清單，並且在日記或自己的豐功偉業文件中追蹤這個清單[4]。

結語

本章介紹為面試準備的簡要檢查表和路徑圖，讓你了解有效率的學習、更有效的管理時間以及避免精疲力盡等。最後，我描述在 ML 職業中可能的冒名頂替症候群，以及識別和管理辦法。

---

2 參考我的部落格文章〈My Imposter Syndrome Stories, and Lessons I Learned〉，2021 年 4 月 18 日，*https://oreil.ly/Ifblb*。

3 Eugene Yan，〈How to Live with Chronic Imposter Syndrome〉，Susan Shu Chang（部落格），2021 年 4 月 11 日，*https://oreil.ly/3xJVp*。

4 Julia Evans，「Get Your Work Recognized: Write a Brag Document」（部落格），2023 年 10 月 24 日讀取，*https://oreil.ly/AMCS1*。

第九章

面試後及後續行動

你已經讀到本書的這個部分，我希望你能將所學應用到求職上！這可能是一場持久賽：在我過去參加面試的時候，我大約應徵 70 個職位空缺，而且得到 10 次招募人員的面試，和兩次最後一輪的面試，而拿到一份工作邀約；面試過程長達好幾個月，而且在面試期間也會不斷地碰到新的場景和問題。

在你的面試過程中可能也會碰到同樣的問題。假設你已經受邀參加一些面試，而且正迫不及待地等待他們的回應，那*這個階段你該做什麼*？當然，理想的結果是你可以順利地進入下一個階段，但從統計上看，有的時候你會聽到招募團隊已經轉向其他應徵者的不幸消息。那*在這種情況下你該做什麼*？

本章將完成從面試後到拿到工作邀約的最後步驟，包括我從求職者那裡得到的常見問題與解答。我會陳述一些個人以及許多求職者都處理過的情景，而且也將分享能夠得到最好結局的建議。我還會介紹在你新 ML 工作中前 30 / 60 / 90 天的一些技巧，為你和你的 ML 職業生涯奠定基礎！

面試後的步驟

在面試之後，我常常會放鬆一下並忘記這個面試。但是大多數時候，也都會在面試之後採取以下一些行動來優化求職。老實說，有時候我並沒有完成每一個步驟，但是我肯定如果大多數時候都能完成這些步驟，就會增加在工作面試中改善和獲得工作的機會！

記下在面試中的事情

我喜歡記下問題以及當下大概的回應方式，這能幫助我了解提問類型，以及是否有共同模式。利用這些資訊可以採取的另一個步驟是，透過 Google 搜尋 Reddit 或 Glassdoor 這類的資源，以便再次確認問題，看看與其他應徵者接收到的問題是否一致，而且有時候其他求職者也會分享他們的答案。

我發現面試流程非常固定的公司，通常就會重複使用相同問題，但對於習慣採取對話方式的面試，或提供帶回家測驗的公司就很難說了。不管怎樣，如果在面試後能找到改善回答問題的方法，在下次遇到相同或類似問題時，都能幫助你拿出更好的表現。很容易會忽略這個步驟，但是如果下一位面試官問到類似問題，而你一樣回答得很糟糕，最後面試失敗，你真的不會感到後悔嗎？

確保沒有遺漏重要資訊

請教招募人員或招募團隊接下來的步驟，以及大概會在多久時間內收到回覆。有時候，答案是他們也不知道需要多久的時間，這也算是合理，只要確定你請教過了，無論是面試過程、後續電子郵件，還是在打給招募人員或招募團隊的電話中。

應該寄封感謝郵件給面試官嗎？

常常有人問我這個問題，而且我在開始第一份工作的時候，也請教過朋友 / 老師是否應該這樣做。作為一個主持過很多次 ML 面試的面試官，我想說這真的沒有什麼太大的差別。當然，簡單隨意的便箋讀起來還不錯，但面試結果實際上仍然取決於面試本身是否順利；寫得再好的感謝信，都不會改變你的表現。

作為應徵者，我有時候會發送簡短的感謝電子郵件，現在有了在另一邊當面試官的經驗，我知道感謝信真的不會讓應徵者忽然脫穎而出，但我在面試團隊中，還沒有碰過有人覺得簡單、有禮貌的感謝信很討厭；當然，如果是收到粗俗無禮的後續便箋，我寧願應徵者壓根就不要發送任何信件。

感謝便箋樣板

如果你真的想發送感謝便箋，建議如下：

- 保持簡短。
- 可以強調對這個職位的期待。
- 不要試著辯解面試中犯的錯誤，或為某些事情辯護；面試官可能早已經忘記這些事情，這樣只會弊大於利。

有位招募經理建議求職者，不要反其道而行，以免顯得太過極端，比如說發送一封極為冗長的感謝電子郵件，這就有些誇張了，還包括了像是「這是畢生難得的機會」，或「為你工作將是莫大的榮幸」之類的溢美之詞。雖然照常理，面試官只會看重這封電子郵件的表面價值，而不會判斷它「極端」的面向；但實際上，這些事情多少都會發揮作用。

你所在的地區可能會有不同社會規範，尤其是專業信件該有的冗長度或表現的感激程度。我都在加拿大和美國的公司工作，所以溝通規範也是以北美為中心；你應該根據自己的情況適時調整！

以下是我個人的面試感謝便箋樣板，你可以用自己的情況替換括號內文字：

> 嗨 [*Xue-La*]，很高興在今天的面試中遇見你 [和團隊]。感謝你能抽出時間 [在最後回答我有關工作文化的問題]；這讓我更期待能加入 [公司名稱] 和你們在 [推薦系統] 中建構的事！
>
> 祝一切都安好，
>
> *Susan*

面試後不要做的事

擷取自金融科技 ML 領域的 CTO 和招募經理：「有次面試後，我們收到面試者一封長篇大論的謾罵，批評我們不專業，說這個面試根本是浪費時間。」

但面試流程是該公司實施的標準流程，有數百位應徵者經歷過，而且很多位面試官參與。這位應徵者在電子郵件中似乎因為無法回答問題而感到懊惱，也表現出其他粗魯的行為；當然，面試過程立刻就將他剔除了。

面試後，應該等待多久再採取後續行動？

理想情況下，應該會告知你從招募人員和 / 或面試官那裡得到回覆的預期時間。如果沒有收到回覆，而且他們沒有告訴你大概的回覆時間，我認為在一個工作週之後再採取後續行動比較恰當。有些公司在招募時確實需要花上幾個月的時間，特別是公司規模比較大且行政程序繁瑣時，因此，即使你在一週後發送電子郵件詢問，他們也可能無法馬上提供你適當的回覆，但至少你已經展開面試後的交流；也有些公司的回覆只需要一週或更短的時間；這些通常是新創公司。

面試之間該做的事

如果你已經安排幾次面試，在面試之間可能會空出一些時間，無論是多個階段的面試，還是參加不同公司或不同職位的面試之間；或者可能是收到一些回覆，但你還沒有接受工作邀約之後的時間。這是一段容易有變化的時間長度，因此不需要強調區分「面試後」和「面試之間」之間的差異上，因為會有一些重疊。

收到拒絕的回覆方式

我自己也是求職者的時候，知道拒絕是整個過程不可避免的一部分，也就是收到那些「可惜，我們已經決定繼續與其他應徵者合作……」的電子郵件。如果這是我非常看好的工作，而且預料會有正面回覆的時候，我會給自己一些懊惱時間，並向值得信賴的人，如朋友或家人合理地發洩；一般來說，情況已無法逆轉，也只能保持禮貌和專業。你有可能是備位人選，如果第一順位者拒絕這個工作邀約，還是有可能會再次聯繫你，但如果發送憤怒的後續電子郵件，這情況當然就不可能發生了。

不喜歡的話，也不需要回覆拒絕通知，但如果是在面試過程中有較多接觸的團隊，因為我已經認識這些人，所以出於禮貌，還是會發送一封電子郵件。

用於回覆拒絕的樣板

通常在收到自動回覆的拒絕電子郵件後，我不會作任何回覆。但是，如果這封電子郵件是在我和招募人員交談之後，或在我通過了許多輪面試，並實際和團隊有更多互動之後由招募人員所發送，那我會用電子郵件回覆。以下是我的樣板：

你好[招募人員或招募經理]，

謝謝你最新的訊息和抽出的時間。能夠遇到你和團隊，而且在這個過程中了解更多關於[公司名稱]的資訊，真的很感激。[這裡可以選擇性的附加一些句子。]

祝一切都安好，

Susan

注意：只有在我進入與團隊見面的後幾輪面試，且當下處得不錯時，我通常才會添加更多內容，如選擇性的附加句子。如果我覺得我們之間關係融洽的話，也可能會說些像「保持聯繫！」之類的話，但這最後還是取決於你的個性。

一如既往，將括號內的文字用自身情況取代，並記住你所在的地區是否重視其他類型的溝通，我畢竟是用北美觀點撰寫。

一位 ML 專業人士提到，這也是當他們要求對面試過程提供回饋意見（如果適用）的時候，有時候他們也確實會從招募團隊那裡得到回饋的意見。很少有人要求我回饋，或在要求後收到回饋，這也許是為了避免法律問題[1]，特別是一間有流程要遵循的大公司。

回覆拒絕通知時，最好能保持專業、有禮貌和正面。

工作應徵是一個管道

根據我的經驗，並不是所有投履歷的公司都會邀請我面試，因此應徵多一點適合我的 ML 技能和特徵的工作也無防。至於是否要量身訂做應徵，記住第 2 章提到的每個應徵有效性。

1 〈The Real Reason Why Big Companies Don’t Give Feedback to Unsuccessful Applicants〉，《Forbes》，2018 年 2 月 8 日，*https://oreil.ly/0V09R*。

即使你覺得自己有點不夠格，仍然要應徵！通常，成功的應徵者可能甚至不具備清單上的所有經驗。例如，我看到許多 ML 工作描述都提到 Kubernetes，但如同前幾章所述，不是所有 ML 職位都需要有 Kubernetes 的深厚經驗。當然，你仍然應該盡量滿足這些經驗期望值，或是成功地說服招募團隊，你能夠在合理的時間內學會並有所貢獻。

你可能讀過或聽過這個統計資料：男性符合 60% 的資格就會應徵工作，而女性只有在 100% 符合資格時才會應徵[2]，這可能是合格應徵者投比較少履歷的原因之一，這是他們自信的展現方式。如果你也是這樣，一定要確保你不是妄自菲薄。

所以，如果收到討厭的拒絕電子郵件，還是要繼續建立這個應徵管道，繼續應徵，繼續瀏覽，並繼續更新自己的履歷表！利用每次的拒絕，幫助自己增加下次成功的機會；否則，在這個過程中你可能需要花費更多時間。

利用人脈網絡增加面試管道

每次和推薦人聯繫時，並不總能帶來面試機會，而且也不是每次面試都能得到工作邀約。我在第 2 章以及部落格貼文〈Why Networking is like Investing in an Index Fund〉（*https://oreil.ly/q3h8g*）分享許多這方面相關訊息，詳細說明我靠著參加一些聚會和研討會，就認識兩位主管層級的最後一輪面試官辦法；建立人脈網絡和推薦是提升每次應徵效率的好方法。

如果你的空閒時間和精力，只能每個月甚至每兩個月參加一次活動，也確實能夠積沙成塔。我設定一個每次活動認識一位新朋友的低目標，這是長期策略，但有時候你可以聯絡和你應徵工作相關的人，如果他對你留下好印象，你就會得到回應。這方面可以參考第 2 章的一些範例。

2 Tara Sophia Mohr，〈Why Women Don't Apply for Jobs Unless They're 100% Qualified〉，《Harvard Business Review》，2021 年 11 月 2 日，*https://oreil.ly/z4VGh*。

更新和客製化履歷表和測試各種變化

有時候，履歷表確實會產生很大影響，能降低一開始就遭拒絕的機會。我之前曾經提供一些其他人履歷表的回饋意見，他們也都表示應徵回電的次數增加了。我自己在應徵不同類型的 ML 職位時也會使用這種策略；改善履歷表能增加我收到偏重 ML 模型開發工作面試的次數，而且還能幫助我避開不符合的技能工作面試邀請。

如同第 2 章提過的，依照你想要的特定 ML 職位量身訂做履歷表；例如，對於 MLE 的職位，檢查履歷表中是否應該強調你的 ML 模型開發技能或是 Kubernetes 技能；如果履歷表上的空間夠，也可以兩項都強調。

工作邀約階段的步驟

現在你已經經歷過幾次面試，希望你拿到工作邀約了！即使第一個工作邀約可能不是你最想要的結果，我認為也是一個重大里程碑；第一個總是最難的！

讓其他進行中的面試知道你已經收到工作邀約

有時候其他面試的時間會有些耽擱，但是如果你讓其他公司知道你已經收到工作邀約，有些公司會願意加快面試你的流程；當然，這無法保證，但是讓其他公司知道你拿到工作邀約也沒什麼壞處。最好的情況是他們加速你的流程，而最糟的情況也只是沒有任何改變而已。這些公司現在知道另一家公司在爭取你，因為你現在有了外部認可，所以能夠提升你這位應徵者的價值。

我沒有在本書涉及太多協商談判，因此在下面提供一些許多人認為有用的文章供你參考：

- 來自 Kalzumeus Software 的「Salary Negotiation: Make More Money, Be More Valued」（*https://oreil.ly/kCEaF*）
- 來自 Interviewing.io（*https://oreil.ly/hufqy*）的「Exactly What to Say When Recruiters Ask You to Name the First Number… and Other Negotiation Word-for-Words」（*https://oreil.ly/8Fbm3*）

工作邀約要求的回覆期限非常短，該怎麼辦？

在這裡我要非常誠實的說：新工作是職業生涯和生活上重大的轉變，不可小覷。我通常需要一週，或至少也要一個週末不受干擾的時間，來考慮這個工作邀約。有時候你沒有那個閒情逸致，而且馬上就需要有工作，那也沒關係，我在這裡簡要說明回覆工作邀約時我的思考過程，假設你出現緊急財務狀況、急需快速簽證或處在其他類型的個人情況，對於接受工作邀約可能會有自己的考量，而且我在這裡提供的考慮因素，也不一定適用你的情況！

我個人會要求盡量爭取一段時間做決定，最好至少一個週末。假設你在週二拿到工作邀約，而他們希望在週四前得到回覆，但你沒有足夠時間研究所有細節並比較工作邀約。以下是一些能夠回覆的範例：

- 「我需要在週末和家人一起討論，能夠在下週二回覆您嗎？」
- 如果你還在參加其他公司面試：「因為我也在參加另一場面試的最後階段，所以需要多一點時間考慮。我很榮幸能獲得這個工作邀約，而且對這個機會感到非常興奮，但如果沒有與另一家公司再次確認他們最後的細節，似乎不太好。下週一前應該能夠知道他們的決定，我可以在下週三前和您聯繫嗎？」
- 如果需要搬遷：「在接受這個工作邀約之前，我想多花些時間研究這個區域和生活開支，我能夠下週二再回覆您嗎？」

根據你的情況，在這個可能會徹底改變你日常生活的合約虛線上簽名之前，有許多實際和重要原因，需要你謹慎處理並花一些時間。

了解你的工作邀約

在做出任何決定之前，我強烈建議要從整體上了解你的工作邀約。以下是一些可能不會立刻聯想到的面向，但它們對於你的工作邀約卻非常重要，而且重要性還超過明擺著的基本薪。

職場文化

Indeed 將**職場文化**描述為「在工作環境中構成經常性氛圍的態度、信念和行為總合」[3]。工作占據我們生活中大量時間：一天 8 小時，這還不包含通勤時間，且一週 5 天，表示一週大約有 24% 的時間花在工作上。假設每天睡 8 個小時，一天醒著的時間是 16 個小時，工作就占了 36%。因此，如果職場文化不適合你和你的價值觀，所造成的後果可能會是心理和身體健康上的問題，重新調理將需要花費大量金錢和時間。從 ROI 上看值得嗎？需要為此付出人生嗎？

有時候，在面試期間很難搞清楚真正的職場文化，但對此要牢記在心。健康的職場文化可能包括公平、合作和透明這樣的行為，但不健康的職場文化可能會刺激霸凌、歧視或非法行為。在北美，有一些受保護的階層[4]，以確保種族、年齡、性取向和性別認同、退伍軍人身分、宗教等階層，在法律上免受歧視[5]。舉我自己的例子來說，在北美我也是相對少數的群體，而且有些我知道像我這樣的人，的確會碰到充滿敵意的工作場所，因此，找到有反對基於性別和性取向騷擾工作文化的公司，對我個人來說很重要。

工作 - 生活的平衡

在評估工作邀約的時候，要問自己的一個重要問題是：你有時間陪伴對你來說重要的人嗎？俗語說：「從現在開始的 20 年後，只有你的孩子會記得你工作到很晚。」很多人感嘆因為工作缺乏彈性，而錯過孩子重要的成長歷程，像是他們走的第一步，或其他重要文化歷程等這些情況。如果你沒有孩子，其他親友[6]也一樣，比如說父母、重要的人、寵物等等你明白的。同樣邏輯可以延伸到嗜好上，像是創作藝術、社交、參加音樂盛會等。

---

3 Indeed 編輯團隊，〈What Is Work Culture? Definition, Elements, and Examples〉，Indeed，2023 年 8 月 21 日更新，*https://oreil.ly/Dij-Y*。

4 參考美國 Equal Employment Opportunity Commission 在 *https://oreil.ly/AKD4a* 上的「Who Is Protected from Employment Discrimination?」，或查看當地政府網站，以知道你所在地區的任何相同資訊。

5 自撰寫本文以來，這些清單可能已經更新，因此要謹慎處理。

6 Tim Urban 的文章〈The Tail End〉給了我改變一生的觀點，強烈推薦這篇文章強烈推薦；出自 Tim Urban「Wait but Why」（部落格），2015 年 12 月 11 日，*https://oreil.ly/sxXWk*。

避免精疲力盡也很重要。世界衛生組織將**精疲力盡**定義為「一種因為得不到有效管理的長期工作壓力，所造成的概念性症狀」，影響包括「經歷枯竭或精疲力盡的感覺」[7]。從長遠看，精疲力盡的代價可能高於過度工作的暫時利益。人通常會後悔因工作而摧毀了自己的健康，無論是心理的還是身體的。

另一方面，我認識一些人，他們將自己全部心力都投入到工作上，用工作逃避其他事情；還有一些人堅決相信公司的使命，並擁有很多公司的股權，因此更努力的工作，會為他們帶來更多精神和經濟上的成就感。根據你的情況，相應地評估自己工作邀約的這些面向。

基本薪

這是工作邀約中最明顯的部分：每次收到報酬都可以從銀行的帳戶中看到金額。基本薪通常可視為工作邀約中最重要的部分之一，這也是理所當然的；錢可以用來付帳單並讓你擺脫災難性生活事件的困境；流動資金不足的話，很難做得到這些。

例如，你有一間上市公司的限制性股票單位（RSU），要出售這種股票會有禁售期（*https://oreil.ly/IETGI*）[8]，因此在緊急情況下，你也無法清算這些限制性股票。當然，如果你的儲蓄比較多，有少量流動性基本薪也沒什麼關係；接下來會討論更多有關非基本薪選項的範例。

在某些地區，可以查看 Glassdoor 或 *levels.fyi* 知道平均薪資報酬。但要記住，特定情況下可能沒有足夠資料，因此對這些數字仍要持保留態度。例如，我是加拿大人，所以對我而言，這些網站通常都沒有足夠資料，還是要從導師和網路上的口耳相傳，才能獲悉大部分薪資報酬資訊。當然，如果人們夠信任你，會分享實際金額；沒錯，你必須花些時間建立這種信任感（參考第 2 章）。

---

7 〈Burn-out an 'Occupational Phenomenon': International Classification of Diseases〉，世界衛生組織，2019 年 5 月 28 日，*https://oreil.ly/S8Xf1*。

8 Christina Majaski，〈Blackout Period: Definition, Purpose, Examples〉，《Investopedia》，2021 年 4 月 15 日更新，*https://oreil.ly/65360*。

獎金、股票和其他類型的薪資報酬

有些公司在基本薪以外可能會提供其他類型的薪資報酬，經常見到的包括 RSU、股票期權、年終獎金、利潤分享和佣金等；一定要核對這些金額，例如，期權和 RSU 不一樣。在過去的工作場所，儘管我有很多期權，但它們碰巧最後的價值都歸零了。

工作邀約中有些事情你必須了解，包括股票或期權的歸屬期、行使期權方法等。我不是金融專家，你可以在 *Harvard Business Review* 的「Everything You Need to Know About Stock Options and RSUs」（*https://oreil.ly/RHNSD*）中了解更多關於這方面的資訊，也可查看線上指引和 / 或針對與你的領域和就業情況有關的特定規則、法律和稅務等，請教所在地區的專家。

福利

福利可能不會包含在基本薪內，但它們說不定具有極大經濟價值。例如，我根本不知道我的公司在一年內，光透過雇主提撥，就向退休基金繳納超過 10,000 美元；我知道雇主會提撥，但在考慮這個工作邀約的時候，並沒有實際計算過提撥的金額，事後看來，絕對應該算一下。在美國，良好的健康福利實際上可以省下好幾千美元；有產假和育嬰假的制度，更表示能夠讓你和家人無後顧之憂。

根據人生階段的不同，相關福利清單可能會隨著時間而改變。以我個人為例，年輕時，我不是很在意健康和牙科福利，但當我開始需要在特定牙科治療上定期保養之後，支付 20% 的治療費用，當然比支付 0% 的費用更為昂貴，這分別是我之前兩份工作的牙科福利；我的建議是，不要低估這些福利。

綜合這一切

現在你已經全面審視過這個工作邀約，應該考慮一下接受這個邀約，對你的生活和職業生涯將代表的意義；如果你想要澄清任何事情，建議你一定要和招募人員或招募經理再次確認。他們已經向你提供一個工作邀約，在這個階段，他們應該寧願回答你的問題，並在合理範圍內調整工作邀約，總比要再花幾十個小時，面試另一位應徵者來得好。因此，不必擔心花一些時間看看合約、問些問題，並謹慎處理。

請仔細閱讀合約

在這裡我將分享個人案例。我接受工作邀約，招募人員口頭提到基本薪以外的額外薪資報酬內容，不過，這份薪資報酬實際上沒有列在要簽署的合約中，而我天真地認為它會自己搞定。很快的過了幾個月之後，我終於問有關這份薪資報酬的事情，結果發現合約中的遺漏是個失誤。如果我在簽訂合約之前簡單問一下，就可以避免這種情況！幸好，以我這個案例來說，經理很快就修正這個問題，但是如果沒有書面證據，我可能就沒有那麼幸運了；另外，如果招募經理離開公司，或者在這段期間我被指派給另一位新經理，事情可能就無法如此圓滿解決。

新 ML 工作的前 30 / 60 / 90 天

所以，在經歷面試過程中大量艱苦奮鬥之後，你已經拿到一個，甚至是數個工作邀約，恭喜你！現在也已經接受選擇的工作邀約，並開始工作！

除了在職訓練以外，還有很多在 ML 工作的頭幾個月期間對你有益的事情可以做。正規教育並沒有教我這些事情，有時候甚至連過去的工作經驗，也不會讓你意識到這些有用的技巧，以下行動在過去工作上給了我很大的幫助，我認為在新 ML 工作的頭幾個月期間牢記住這些行動很重要：

- 獲得領域知識。
- 增加程式碼熟悉度。
- 拜會相關人士。
- 幫忙改善在職訓練的文件。
- 隨時掌握你的成就。

現在我將詳細說明每項行動的細節。

獲得領域知識

如果你是銀行業的資料科學家，你即將參與並了解所要處理的銀行產品和這些產品的運作方式；如果你是電子商務和推薦系統的 MLE，你需要確保能夠了解客戶和企業的價值觀。如果你無法充分了解這些事情，最後可能會開發出不合適公司試圖優化的模型或基礎架構，讓你工作的績效沒那麼漂亮。

另一方面，充分了解目標將有助於你更有效地建構 ML；誰知道呢，這可能會影響你的晉升時間；如果你有晉升目標的話！

增加程式碼知識

我認為這是最不容易忽視的行動，因為在 ML 職位中，幾乎可以保證你要使用程式碼和資料，或接受一些訓練。但是為了完整起見，以下是我一定要做到的事情：

- 能夠設定開發環境。
- 檢查需要的權限並申請這些權限（或請經理申請這些權限）。
- 瀏覽主要專案和程式碼儲存庫。

如果有不熟悉的函式庫，請教同事是否在使用它們；是的話，可以請求經理在你的在職訓練過程中包含這些函式庫。我會先提到檢查的原因是，許多公司和團隊都有一些可能不再需要更改的舊版程式碼，對這些程式碼就不需要太費心了。例如，在我過去的一個工作場所中，有一些資料夾和作業在 Scala 環境上運行，我因為好奇所以請教經理這些作業是否還在使用，得到的結果是正在逐漸汰除，所以當時的我並不需要過分關心這些作業，專注在熟悉 Python 和 shell 腳本更為重要。

拜會相關人士

公司是由人組成的，即使是在使用程式碼和機器的科技業也一樣。在技術方面，要與那些在類似技術方面負責的首席、主任層級的同事和其他同儕多接觸，這樣有某些事情卡住你的時候，會對你有所幫助，因為你知道該請誰伸出援手以脫離困境。例如，作為一名新員工，我很早就和一些人有過接觸，這使我在工作上變得更有效率，當我不知道該如何追蹤資料來源的時候，我有一個可以發送訊息的通訊錄，或一份應該閱讀的文件清單，是由前人寫下來並發送給我的。

如果你正從事開發如社群媒體動態上推薦系統之類的特定產品系列，就會知道這個產品做決策的人是誰，而可以和產品經理或相關人員聯絡。不要低估與非技術人員的接觸；有時候困住你的不是程式碼，或資料問題或程式錯誤，而是因為一些你不了解的產品邏輯。

作為新進員工，安排跟團隊和組織中的人來場 30 分鐘的咖啡聊天，虛擬或當面皆可，這樣可以幫助你更快了解且加入他們，因為他們可以和你分享一些重要的背景訊息。

一旦和某人喝完咖啡聊天之後，問問他們接下來應該拜會的人，然後安排和那個人喝咖啡聊聊天！

幫忙改善在職訓練的文件

所有我工作過公司的在職訓練期間中，總會遵循一些文件，而且有時候還要和同事或經理開會研討程式碼、資料和專案。有時候在職訓練的夥伴可能會口頭告訴你，在文件網頁上有些斷開的連結或過時的簡介。主動修改這些文件；這是開始提供貢獻的好方法，而且如果文件儲存在程式碼儲存庫中，例如，呈現在內部 Wiki 網頁 GitHub 上的 Markdown 檔案，這就會是你在第一個工作週，甚至是第一個工作日就可以做的簡單拉取請求（PR）。

隨時掌握你的成就

安頓好之後，要牢記你的長期發展。這意味著要記下為績效審查和晉升流程所做的任何準備事項；Julia Evans 的炫耀文件（*https://oreil.ly/YMc9d*）是重要資源，那是一個讓你可以記錄在工作中獲得成就的一份文件，定期更新你的紀錄，當未來你在 ML 領域飛黃騰達的時候，它將會是重要資源！

結語

本章討論一些面試後的常見問題與解答，比如說後續行動、回覆拒絕等等，也詳細說明對工作邀約一般考量的內容，希望能夠提供一些觀點。接著，為你開始的第一份 ML 工作提供一些技巧，以幫助你在頭幾個月期間一切順利。

恭喜你已經走到這一步了！現在我希望你能將所學付諸實踐。如果有我想讓你帶走的事情，就是要學會調整和找到自己的立足點。這就像是在攀岩，雖然我根本沒有真的攀岩過：當你抓住另外一隻手可以抓住的地方時，保持平衡和抓緊的方式會和其他人不一樣，因為他們有不同的腿力和抓力（圖 9-1）。ML 職業生涯就是我們所有人要攀的巨石，要用自己的方式來應付。祝你好運，我支持你！

圖 9-1　找到自己 ML 職業生涯的路徑有點像攀岩；照片由 yns plt（*https://oreil.ly/YxBVG*）在 Unsplash（*https://oreil.ly/Rvf7P*）上拍攝。

後記

ML 面試不容易，除了本書中詳細介紹的所有內容以外，面試還需要意志力和持之以恆，這些特質將使你在 ML 職業生涯中有更大成就。我很期待能聽到你們成功的故事；對於未納入本書的其他討論和額外提供教材，切記要到伴隨網站（*https://oreil.ly/o8EwV*）上去看看！

展望未來，將有許多需要探索的事情，而且你會很興奮的發現用 ML 和資料可以做到的事；除此之外，你可能會研究在職業生涯中的進一步成長，並成為技術領導者或經理。我將繼續在我的 Substack（*https://oreil.ly/NKQMn*）和 LinkedIn（*https://oreil.ly/lBihq*）中，撰寫踏入這個領域之後自己成長的歷程，以及從初階層級發展到首席層級的方法，因此這些資源同樣地能對你的歷程提供幫助。

索引

※ 提醒您：由於翻譯書排版的關係，部分索引名詞的對應頁碼會和實際頁碼有一頁之差。

A

B

C

D

E

F

G

H

I

J

K

L

M

N

O

P

Q

R

S

T

U

V

W

Y

Z

關於作者

Susan Shu Chang 是 Elastic（Elasticsearch）的首席資料科學家，在金融科技、電信和社群平台方面具有相關的 ML 工作經驗。她也是位國際性演講者，在全球六個 PyCon 上演講過，而且在 Data Day Texas、PyCon DE & PyData 以及 O'Reilly 的 AI Superstream 上發表過主題演講；她也在自己的電子報 *susanshu.substack.com* 上撰寫有關機器學習職業生涯發展的文章；閒暇時，她在 Quill Game Studios 下領導過遊戲開發團隊，在遊戲機和 Steam 上發布多款遊戲。

出版記事

本書封面上的動物是短吻真海豚，即**真海豚**（*Delphinus delphis*），牠們的總數量大約為 600 萬頭，是世界上數量最多的鯨目類動物之一。

短吻真海豚體長約約 1.8 公尺、體重約 77 公斤，雄性通常比雌性大一些。牠們擁有圓的額頭，就是所謂如瓜一般的額頭；普通長度的吻突約有 50 到 60 個小而尖銳且緊密連接的牙齒；光滑身體有一個在背部中央高突的三角形背鰭。沿著背部有深灰色的披肩，腹部是白色的，兩側有明顯沙漏圖案，正面是灰色、黃色或金色，而背面看起來呈深灰色。

全球有很多短吻真海豚群居群體，規模約從數百到數千頭，牠們喜歡生活在熱帶地區的清涼海水中，通常可以在水下的隆起物、海底山脈和大陸棚周圍發現蹤跡，因為這些地方會產生上升的水流，來自深海、寒冷、營養豐富的水朝向水面上升，也帶來豐富獵物；牠們典型的食物包括魚和頭足類動物。

雖然這些海豚是無危物種，但牠們正蒙受商業漁具的威脅，而且由於流刺網捕魚的作業而面臨高死亡率。許多 O'Reilly 書籍封面上的動物都瀕臨滅絕，牠們對世界都很重要。

封面圖片是 Karen Montgomery 依據**英國四腳獸**仿古線雕刻創作的插圖；這套叢書是由 Edie Freedman、Ellie Volckhausen 和 Karen Montgomery 設計。

機器學習面試指南

作　　者：Susan Shu Chang
譯　　者：劉超羣
企劃編輯：詹祐甯
文字編輯：江雅鈴
設計裝幀：陶相騰
發 行 人：廖文良

發 行 所：碁峰資訊股份有限公司
地　　址：台北市南港區三重路 66 號 7 樓之 6
電　　話：(02)2788-2408
傳　　真：(02)8192-4433
網　　站：www.gotop.com.tw
書　　號：A766
版　　次：2025 年 01 月初版
建議售價：NT$780

國家圖書館出版品預行編目資料

機器學習面試指南 / Susan Shu Chang 原著；劉超羣譯. -- 初版.
-- 臺北市：碁峰資訊, 2025.01
面；　公分
譯自：Machine learning interviews
ISBN 978-626-324-979-0(平裝)
1.CST：資訊軟體業　2.CST：面試　3.CST：機器學習
542.77　　113019991